El Código Cósmico

Partes II y III

El Código Cósmico

Un enigma celeste

Historia, relatividad y agujeros negros

Partes II y III

Ernesto Novillo

ISBN: Softcover 978-1-4535-7275-7
eBook 978-1-4535-7276-4

Print information available on the last page.

Rev. date: 02/23/2016

To order additional copies of this book, contact:
Xlibris
1-888-795-4274
www.Xlibris.com
Orders@Xlibris.com
588981

Con todo mi cariño y reconocimiento a:

Marité . . . el aliento y vida de este libro.
Monona . . . el mérito y la paciencia para su diseño.

CONTENIDO

Introducción

El enigma de los espacios curvados está en la gravedad . . .
la que es una fascinación especial

Todo empezó hace miles de millones de años con una explosión que creó el tiempo, el espacio y la materia. Esta última llegó a tomar la forma de minúsculas partículas de polvo desparramadas por todo el Cosmos. Y una insignificante fuerza, la más débil de todas las que hoy se conocen, agrupó a esas partículas a lo largo de miles de millones de años y formó galaxias, estrellas y planetas . . . entre ellos el nuestro. ¿Le debemos entonces a la gravedad nuestra existencia? La respuesta es si. Por lo tanto, saber sobre ella es nada menos que saber sobre nuestro origen y sobre como funciona nuestra "casa", ese gigantesco Universo. Y para contar esta historia, nació este libro.

Éste no es un tratado científico de la gravedad, sino solamente una "narración científica" simple de las ideas sobre la gravedad y el Cosmos, desde aquéllas que tuvieron los antiguos griegos, hasta la teoría relativista de Einstein de 1915. También se agregan a nuestra narración los descubrimientos posteriores sobre el comportamiento de los cuerpos en campos gravitatorios intensos, como los creados por agujeros negros y estrellas de neutrones. Ha sido escrito a modo de "recopilación hilvanada" y con aires históricos, que cuenta de los hombres que sacaron adelante, aunque no totalmente, este enigma que es la gravedad. Una vez contada esta historia, el libro entra en sus consecuencias cósmicas más interesantes y fantásticas.

La obra consta de tres partes. La Parte I es la interesante historia de los hombres y sus ideas sobre el Cosmos y la gravedad. Esta parte incluye también una descripción del nacimiento y muerte de las estrellas y sus apasionantes "exhibiciones artísticas". La Parte II es la más abstracta, porque explica la teoría de la Relatividad General y sus conclusiones sobre la curvatura del espacio-tiempo provocada por las masas. Es aquí donde conoceremos el origen del Código Cósmico, que son las ecuaciones del campo gravitatorio de Einstein. Y finalmente, la Parte III usa la idea de la curvatura del espacio-tiempo y las ecuaciones del Código Cósmico, para describir algunos fenómenos fantásticos que existen en el Universo. Esta última parte exhibe un trabajo de investigación sobre los fenómenos gravitatorios en la proximidad de los agujeros negros. Sus conclusiones se presentan bajo la forma de un Atlas de Trayectorias de astros que están bajo la influencia del intenso campo gravitatorio creado por aquéllos.

Pero para exponer el mundo fantástico de la gravedad, será inevitable usar las Matemáticas, ese lenguaje universal tan temido y tan sencillo a la vez. Y por eso es conveniente que quien lea las Partes II y III de este libro, tenga conocimientos básicos de la Mecánica Clásica y algo de Cálculo.

Además, quien desee entender la Relatividad General, más allá de sus aspectos conceptuales, necesitará conocer, aunque sea someramente, el Cálculo Tensorial, y es por eso que el Capítulo 5 introduce conceptualmente esta disciplina, pero sólo para aquellos que gusten de las matemáticas. Para quienes no les interesen los engorrosos (o enojosos) tensores, el libro se ha escrito de manera que ellos puedan ser obviados y así pueda usted entrar directamente en los fenómenos que provocan los campos gravitatorios intensos, descriptos en la Parte III. Claro que esto lo obligará a aceptar la ecuación que describe la curvatura del espacio-tiempo deducida por Schwarzschild, hecho lo cual, no necesitará atender a la deducción matemática de aquélla, incluida en el Capítulo 7.

En cualquier caso las matemáticas están presentadas mediante explicaciones elementales, frecuentemente carentes de rigor matemático, pero suficientes como para interpretar las ecuaciones desde un punto de vista físico.

No quisiéramos que se considere a este libro como "un curso básico" de Relatividad General, ya que no tiene un fin académico, sino el de despertar la curiosidad por el Cosmos y esa enigmática curvatura del espacio-tiempo que es la gravedad. También deseamos conseguir que usted disfrute de la historia de esta ciencia y sepa como su aplicación describe el universo extraordinario en el que vivimos.

Al concluir el libro habremos paseado por el Cosmos desde nuestro rincón de lectura, usando a la Relatividad General a manera de "telescopio virtual". Después de este "paseo científico-fantástico", usted habrá adquirido una idea conceptual de lo que es la gravedad, su historia, la interpretación relativista de ella, su enorme poder sobre el desarrollo pasado y futuro del Cosmos y los comportamientos extraños que ella produce en el Universo.

Y lógicamente, esperamos que al concluir la lectura de este libro, Ud. pueda asegurar también que;

El encanto de la gravedad es su enigma. El enigma de la gravedad es su debilidad, su tremendo poder cósmico, su origen y . . . su lejanía del sentido común.

Ernesto Novillo
Abu Dhabi, Mayo 2009

Parte II

EL ENIGMA DE LA CURVATURA

Capítulo 4

MÉTRICA Y CURVATURA DEL ESPACIO Y DEL TIEMPO

De cómo la gravedad no es una fuerza sino una curvatura del espacio-tiempo

Recordemos dos comportamientos de la Naturaleza que son clave para interpretar el fenómeno gravitatorio. El primero de ellos se refiere al espacio-tiempo. La Relatividad Especial ha determinado sin lugar a dudas que existe una íntima relación entre el espacio y el tiempo, a consecuencia de la cual un observador en movimiento inercial verá que los espacios se acortan y los tiempos se dilatan, toda vez que el fenómeno observado se mueva a una velocidad relativa próxima a la de la luz respecto del observador. Nada puede hacerse para que se produzca solamente uno de estos dos fenómenos. Y dado que esta alianza es indisoluble, cualquier teoría gravitatoria deberá tener en cuenta esta importante propiedad del espacio-tiempo.

El segundo comportamiento a recordar es que la aceleración y la gravedad son equivalentes. ¿Qué significa esto? Que no podemos diferenciar dentro de un sistema en movimiento si éste está acelerando o si se encuentra sumergido en un campo gravitatorio. Por lo tanto existe una equivalencia entre los sistemas acelerados y los campos gravitatorios, lo que lleva a concluir que la masa inercial y la masa pesante son iguales. Esta conclusión es el conocido Principio de Equivalencia de Einstein.

1. Síntomas de una gravedad diferente

La gravedad es un "fenómeno díscolo" porque no hay forma de conseguir que las ecuaciones gravitatorias clásicas respeten a la Relatividad Especial. Como sabemos ésta está desarrollada para un espacio sin gravedad, del cual lo menos que podemos decir es que se trata de una idealización. La ausencia de gravedad es imposible porque los campos gravitatorios inundan todo el espacio del Cosmos. Solamente una distancia infinita a todas las masas de éste, nos daría una región en la que los campos gravitatorios valen cero. Casi podemos decir entonces que la Relatividad Especial es válida solamente cuando el fenómeno observado se encuentra en el infinito. Pasaron diez años desde que se publicó la Relatividad Especial (1905) hasta que se conoció la Relatividad General y recién entonces se pudo entender porque la gravedad era tan rebelde.

Pero veamos esta rebeldía de aquellos tiempos antes de 1915, en dos sencillas ecuaciones de la Mecánica Clásica: la ecuación de Poisson y la ecuación del movimiento en un campo gravitatorio. Veremos que en ellas el tiempo no participa en la descripción del fenómeno gravitatorio descubierto, aunque si lo hace el espacio, y esto no es admisible para la Relatividad Especial, ya que tiempo y espacio están indisolublemente unidos. Esto nos hará entender porque la Relatividad Especial no pudo incorporar a la gravedad.

i. La ecuación de Poisson:

$$\Delta\Phi = 4 \cdot \pi \cdot G \cdot \rho \qquad 4.1$$

Esta ecuación no incluye el tiempo bajo ninguna forma. Por lo tanto supone que una masa transmite su acción gravitatoria a velocidad infinita, lo cual sabemos que es imposible de acuerdo a la Relatividad Especial.

ii. Ecuación del movimiento:

$$\frac{d^2x}{dt^2} + \nabla\Phi = 0 \qquad 4.2$$

La aplicación de la transformación de Lorentz a esta ecuación es imposible a menos que su primer sumando, la aceleración, sea transformado en un cuadrivector de la forma $d^2x^\mu/d\tau^2$ y que el potencial gravitatorio Φ dependa del tiempo, lo cual no es así en la Mecánica Clásica.

Y después de mencionar sumariamente estas dos frustraciones sufridas por la Mecánica Clásica y la Relatividad Especial, vayamos a los resultados que arrojan dos experimentos desconcertantes para estas dos ciencias y que nos llevan a pensar que "en algo" hay que hacer cambios y aceptar que la gravedad es diferente a lo que se pensaba.

Veamos el primer experimento que hemos mencionado. Nos referimos al conocido caso de la órbita del planeta Mercurio. De acuerdo a la Mecánica Clásica, su trayectoria está definida por la siguiente ecuación, que es totalmente independiente del tiempo:

$$r(\varphi) = \frac{\frac{l^2}{G \cdot M_g}}{1 + \epsilon \cdot cos\varphi} \qquad 4.3$$

Donde:

l = momento cinético del astro por unidad de masa

G = constante de gravitación universal

M_g = Masa creadora del campo gravitatorio

ϵ = excentricidad de la órbita

r y φ son las coordenadas polares de la posición del astro, respecto de M_g

La ecuación 4.3 describe una elipse absolutamente fija respecto de las coordenadas polares usadas para observar el movimiento de un planeta. Nada hace ver que la posición de dicha elipse pueda ir cambiando con el tiempo a menos que otros astros influyan sobre la órbita. Sin embargo, las observaciones astronómicas del planeta Mercurio indican que el semieje mayor de la órbita gira 43" de arco por siglo, adicionales a los 531" que le producen los astros próximos. Véase el punto 3.1b. Por supuesto que este giro adicional no lo puede explicar la Mecánica Newtoniana, aunque se ensayaron algunas hipótesis como la existencia de un planeta entre el Sol y Mercurio, al que anticipadamente se le llamó Vulcano. Todo esto quedó en la nada cuando la Relatividad General demostró que esa precesión adicional era debida a la curvatura del espacio-tiempo.

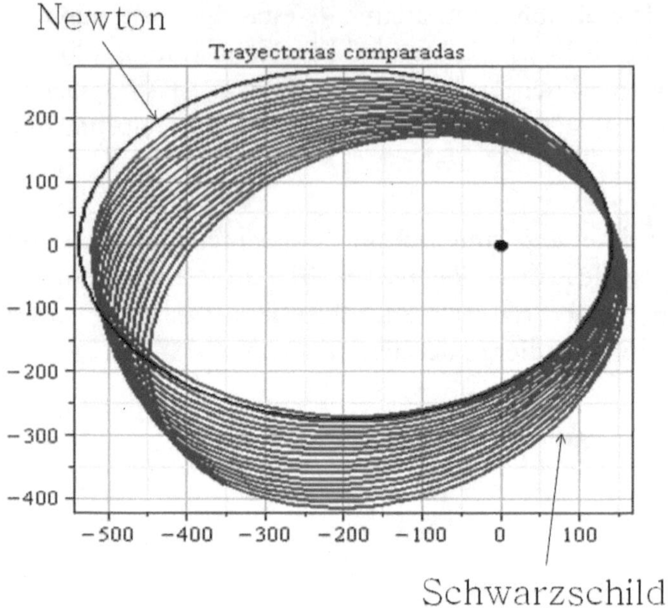

Figura 4.1. Trayectoria con fuerte precesión. Solución de Schwarzschild y de Newton

El fenómeno exhibido por Mercurio se denomina precesión y hace que la órbita no sea una elipse perfecta sino la trayectoria mostrada por la Figura 4.1 indicada como Schwarzschild. La forma de ella sugiere que la posición angular de la elipse cambia en cada revolución. El gráfico de la Figura 4.1 no corresponde a Mercurio sino a otro planeta cuya precesión es mucho mayor que Mercurio, lo que permite mostrar este efecto relativista con mayor claridad. Se ha agregado también la curva que seguiría la solución newtoniana, para ese mismo planeta. El punto negro es el foco de la elipse en el cual se encuentra la masa gravitatoria; el Sol en el caso del Sistema Solar. La curva de Schwarzschild fue calculada sobre la base de la solución desarrollada por para el caso de una masa gravitatoria perfectamente esférica y sin rotación. La trayectoria indicada como Newton es el resultado de aplicarw la ecuación 4.3 de la Mecánica Clásica.

Veamos ahora con fórmulas lo que explicamos en el punto 3.1c y que ilustramos con la Figura 3.1, respecto del experimento ideal realizado con una rueda giratoria con varillas a su alrededor. Imaginemos una rueda de radio *r*, formado por pequeñas varillas rígidas, todas de longitud igual a

L_r. La Geometría de Euclides que aprendimos en la escuela nos dice que la cantidad de varillas que forman la circunferencia completa es igual a:

$$q_c = \frac{2 \cdot \pi \cdot r}{L_r} \qquad 4.4$$

Pongamos además varillas de la misma longitud L_r a lo largo de uno cualquiera de sus infinitos diámetros. La misma Geometría Euclidiana nos dice que la relación entre la cantidad de varillas circunferenciales q_c y la cantidad de las varillas diametrales q_d es igual a:

$$q_d = \frac{2 \cdot r}{L_r} \qquad 4.5$$

Ahora imaginemos que la rueda comienza a girar. De acuerdo a la Relatividad Especial un observador externo verá que las varillas que están sobre la circunferencia comenzarán a contraerse y que su longitud en movimiento es:

$$L_m = L_r \cdot \sqrt{1 - \left(\frac{v}{c}\right)^2} \qquad 4.6$$

Donde v es la velocidad lineal de las varillas circunferenciales y c la velocidad de la luz. Indudablemente que la longitud de cada varilla en movimiento (L_m) es menor que su longitud en reposo (L_r), por lo tanto el número de varillas necesarias para cubrir totalmente la circunferencia es ahora mayor que cuando el círculo estaba en reposo e igual a:

$$q_m = \frac{2 \cdot \pi \cdot r}{L_m} > q_c \qquad 4.7$$

Dado que las varillas diametrales no se mueven en su sentido longitudinal, el observador externo verá que mantienen la misma longitud que tenían en reposo, lo cual está establecido por la Relatividad Especial. Por lo tanto q_d no ha variado con el movimiento de giro de la rueda. Entonces, la relación entre varillas circunferenciales y varillas diametrales, cuando el círculo está rotando, es mayor que π :

$$\frac{q_m}{q_d} = \frac{\pi}{\sqrt{1 - \left(\frac{v}{c}\right)^2}} > \pi \qquad 4.8$$

Este resultado demuestra que la Geometría Euclidiana no se cumple cuando el círculo comienza a girar. Y como un cuerpo en movimiento circular representa un movimiento acelerado, podemos concluir que cuando se observan fenómenos ubicados en sistemas no inerciales, la Geometría de Euclides deja de cumplirse.

2. Influencia de un campo gravitatorio sobre el tiempo y el espacio

La influencia de la gravedad sobre el tiempo y el espacio no necesita del Cálculo Tensorial para demostrarla. Solamente con fórmulas de la Mecánica Clásica y de la Relatividad Especial es suficiente. Veamos cómo hacer esta demostración en el experimento de la rueda con varillas circunferenciales de la Figura 3.1. Igualamos la fuerza centrífuga por unidad de masa, a la que está sometida cada varilla, con el valor del campo gravitatorio que crearía la misma fuerza por unidad de masa.

Fuerza centrífuga sobre cada varilla:

$$F_c = \frac{1}{2} \cdot m_v . \omega^2 \cdot r \qquad 4.9$$

Energía potencial por unidad de masa de cada varilla:

$$e_p = -\frac{F_c \cdot r}{m_v} = -\frac{1}{2} \cdot \omega^2 \cdot r^2 \qquad 4.10$$

Igualando esta energía potencial con el valor de la energía potencial gravitatoria $\Phi(r)$ equivalente, obtenemos:

$$\Phi(r) = -\frac{1}{2} \cdot \omega^2 \cdot r^2 \qquad 4.11$$

Considerando que $\Phi(r)$ es negativo, resulta que la velocidad lineal de las varillas circunferenciales es igual a:

$$v_l = \sqrt{2 \cdot \Phi(r)} \qquad 4.12$$

Al deducir las fórmulas que siguen hemos considerado el signo negativo de $\Phi(r)$.

El campo gravitatorio, equivalente a la rotación de las varillas, será igual al gradiente de la función del potencial gravitatorio $\Phi(r)$:

$$g(r) = \nabla\Phi(r) = -\bar{u} \cdot \omega^2 \cdot r \qquad 4.13$$

Donde $\bar{u}$ es el versor en la dirección de *r*.

En la fórmula de la contracción de Lorentz reemplazamos la velocidad por el potencial gravitatorio de la ecuación 4.12. Y así obtenemos que la longitud $L_{observada}$ de una varilla circunferencial medida por un observador externo, respecto de la longitud L_{reposo} de la varilla en reposo, medida por un observador local está dada por:

$$L_{observada} = \sqrt{1 - \frac{2 \cdot \Phi(r)}{c^2}} \cdot L_{reposo} \qquad 4.14$$

Como vemos, un campo radial produce el acortamiento de los espacios en sentido perpendicular a las líneas del campo gravitatorio (Ver Figura 3.2). La conclusión más general es que donde hay un campo gravitatorio, la geometría de su espacio se aleja tanto más de los postulados de la Geometría Euclidiana, cuanto mayor sea el potencial gravitatorio que genera a dicho campo.

Veamos ahora que pasa con el tiempo. Recordando que la Relatividad Especial demuestra que la contracción de los espacios está inexorablemente asociada con una dilatación del tiempo, es indudable que el tiempo se va a modificar también. Según la transformación de Lorentz la dilatación del tiempo está dada por:

$$\Delta t = \frac{\Delta\tau}{\sqrt{1 - \left(\frac{v}{c}\right)^2}} \qquad 4.15$$

Donde $\Delta\tau$ es el tiempo llamado local o propio, medido por un reloj sumergido en el campo gravitatorio observado. Es análogo al tiempo propio de la Relatividad Especial medido por un reloj que está dentro del sistema observado, donde ocurre un determinado fenómeno.

El tiempo que mide el reloj de un observador externo, no sumergido en el campo gravitatorio, es Δt . Al igual que el anterior, su análogo en la Relatividad Especial es el tiempo medido por un observador que no está en el sistema donde se encuentra el fenómeno observado. Es por eso que también se lo conoce como el "tiempo medido por un observador externo".

En nuestro ejemplo, $\Delta\tau$ es el tiempo que mide un reloj fijo a una de las varillas circunferenciales. En tanto Δt es el tiempo medido por un observador externo al círculo en rotación. Y reemplazando a la velocidad v de la fórmula 4.15 por la fórmula 4.12 obtenemos:

$$\Delta t = \frac{\Delta\tau}{\sqrt{1 - \frac{2 \cdot \Phi(r)}{c^2}}} \qquad 4.16$$

Y la conclusión es también evidente; dado que el denominador del segundo miembro es menor que 1 el tiempo observado es siempre mayor que el propio. Por lo tanto los campos gravitatorios dilatan el transcurso del tiempo medido por un observador externo.

Como consecuencia de lo anterior, las ondas luminosas emitidas por un cuerpo inmerso en un campo gravitatorio, tienen una menor frecuencia para un observador externo que en ausencia de gravedad. Si $\Delta\tau$ es el período de la luz emitida y Δt su período observado, la relación entre la frecuencia emitida o propia y la observada será:

$$f_{observada} = \sqrt{1 - \frac{2 \cdot \Phi(r)}{c^2}} \cdot f_{propia} \qquad 4.17$$

Dado que la frecuencia observada es menor que la propia del cuerpo luminoso, el observador externo verá un corrimiento al rojo de la onda de luz emitida por cualquier cuerpo sumergido en un campo gravitatorio.

Para valores del potencial gravitatorio pequeños frente a c^2, las fórmulas anteriores se pueden aproximar, con un error despreciable, a las siguientes:

$$\frac{L_{observada}}{L_{reposo}} = 1 - \frac{\Phi(r)}{c^2} \qquad 4.18$$

$$\Delta t = \frac{\Delta\tau}{1 - \frac{\Phi(r)}{c^2}} \qquad 4.19$$

$$f_{observada} = \left(1 - \frac{\Phi(r)}{c^2}\right) \cdot f_{propia} \qquad 4.20$$

Podemos entonces concluir que a causa de la íntima relación entre tiempo y espacio, demostrada por la Relatividad Especial y el Principio de Equivalencia, una teoría gravitatoria es válida solamente si tiene definida una métrica del espacio-tiempo que le permita predecir los fenómenos gravitatorios. Esa métrica no es euclidiana y especialmente en presencia de campos gravitatorios intensos. Agreguemos además que esta teoría deberá respetar el Principio de Relatividad y por lo tanto deberá ser válida en cualquier sistema de referencia, inercial o no inercial.

3. La métrica en un campo gravitatorio

Ya sabemos que en un campo gravitatorio la Geometría de Euclides no nos sirve. ¿Cuál es entonces la que necesitamos? La respuesta no es tan fácil porque no podemos saber a simple vista el tipo de geometría que un campo gravitatorio genera en el espacio-tiempo. Vayamos entonces a las bases de la ciencia de la Geometría para entender lo que necesitamos en nuestra teoría gravitatoria. Primero recordemos que una geometría es creada a partir de la forma en que ella mide la distancia entre dos puntos. Sobre un plano es muy simple; un par de ejes cartesianos y el teorema de Pitágoras nos dan una fórmula de medición toda vez que conocemos las coordenadas de dos puntos. Esta sencilla y conocida fórmula es la métrica del espacio plano y sabemos que no es la que nos sirve para medir distancias dentro de un campo gravitatorio.

Afortunadamente allá, hacia fines del siglo XVIII y comienzos del XIX, vivía en Alemania Carl Friedrich Gauss, quien desarrolló los principios de la geometría que permiten estudiar figuras sobre una superficie de forma cualquiera. Para hacer esto Gauss imaginó una superficie curva arbitraria, ubicada en un espacio euclidiano tridimensional, y determinó la métrica de esa superficie razonando de la manera que sigue.

La distancia entre dos puntos sobre una superficie curva no se puede medir con el teorema de Pitágoras porque éste no respeta la curvatura de aquélla, pero si trazamos dos ejes sobre la superficie, que sigan la curvatura de ésta, tendremos un "sistema de referencia curvilíneo" al cual podremos referir dos puntos cualesquiera sobre aquélla. Y lógicamente, podremos expresar la distancia entre esos dos puntos en función de las coordenadas curvilíneas de ellos.

La exposición que sigue determina la ecuación métrica general para espacios multidimensionales, pero inicialmente no nos complicaremos con las expresiones de los espacios multidimensionales curvos sino que expondremos un caso muy sencillo en dos dimensiones, cuyos resultados se pueden extrapolar a cualquier espacio de *n* dimensiones, sin pérdida de su valor general. En el resto de este libro usaremos siempre X mayúsculas para las coordenadas cartesianas y x minúsculas para las curvilíneas. Debido a que la distancia sobre la superficie curva es infinitesimal, podemos a expresar a ésta, con un error despreciable, en función de coordenadas cartesianas. Aplicando el teorema de Pitágoras obtenemos:

$$de^2 = dX_1^2 + dX_2^2 + dX_3^2 \qquad 4.21$$

Las coordenadas X_i corresponden a un sistema de ejes cartesianos, cuyo origen coincide con el de las coordenadas curvilíneas, según muestra la Figura 4.2. A continuación reemplazaremos los dX_i de la fórmula 4.21 por sus expresiones en coordenadas curvilíneas.

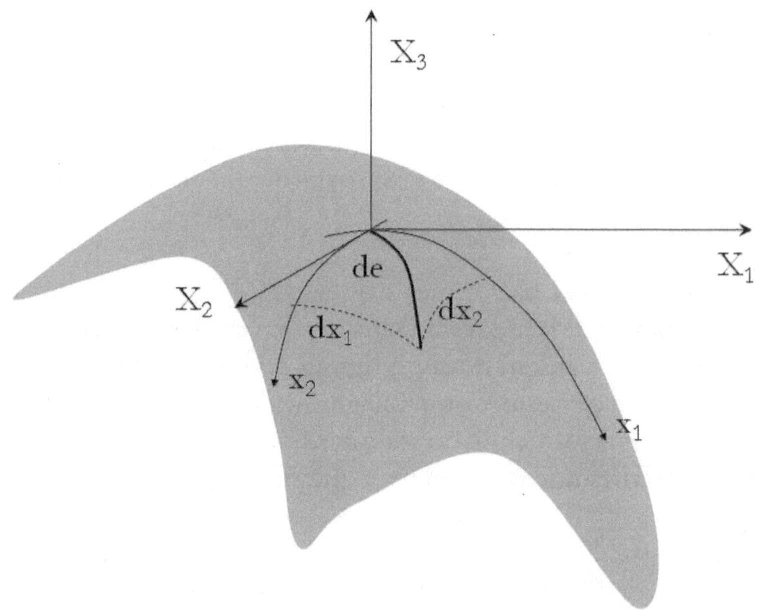

Figura 4.2. Coordenadas curvilíneas y cartesianas sobre una superficie curva

El resultado será una expresión de la distancia entre dos puntos sobre una superficie curva, en función de las coordenadas curvilíneas de aquéllos. Y este resultado será la métrica buscada.

Dado que cada coordenada cartesiana es una función de las dos curvilíneas, sustituiremos los diferenciales de aquéllas por la siguiente expresión, bien conocida en el Análisis Matemático:

$$dX_i = \frac{\partial X_i}{\partial x_1} \cdot dx_1 + \frac{\partial X_i}{\partial x_2} \cdot dx_2 \qquad 4.22$$

Y el cuadrado de la distancia entre los dos puntos en función de las coordenadas curvilíneas queda igual a:

$$de^2 = \sum_{i=1}^{3} \left(\frac{\partial X_i}{\partial x_1} \cdot dx_1 + \frac{\partial X_i}{\partial x_2} \cdot dx_2 \right)^2 \qquad 4.23$$

Desarrollando esta última expresión y agrupando según los exponentes de dx_i llegaremos a la ecuación métrica de una superficie curva inmersa en un espacio tridimensional:

$$de^2 = g_{11} \cdot dx_1^2 + g_{12} \cdot dx_1 \cdot dx_2 + g_{21} \cdot dx_1 \cdot dx_2 + g_{22} \cdot dx_2^2 \qquad 4.24$$

Donde:

$$g_{11} = \left(\frac{\partial X_1}{\partial x_1}\right)^2 + \left(\frac{\partial X_2}{\partial x_1}\right)^2 + \left(\frac{\partial X_3}{\partial x_1}\right)^2 \qquad 4.25$$

$$g_{12} = g_{21} = \frac{\partial X_1}{\partial x_1} \cdot \frac{\partial X_1}{\partial x_2} + \frac{\partial X_2}{\partial x_1} \cdot \frac{\partial X_2}{\partial x_2} + \frac{\partial X_3}{\partial x_1} \cdot \frac{\partial X_3}{\partial x_2} \qquad 4.26$$

$$g_{22} = \left(\frac{\partial X_2}{\partial x_1}\right)^2 + \left(\frac{\partial X_2}{\partial x_2}\right)^2 + + \left(\frac{\partial X_3}{\partial x_3}\right)^2 \qquad 4.27$$

Es importante notar que los valores g_{ij} son coeficientes formados por derivadas respecto de una coordenada del espacio-tiempo y por lo tanto no dependen del sistema desde el cual se las mida, sino de la curvatura de la superficie en ese punto. Y con esto hemos encontrado que en la geometría de las superficies curvas, existen parámetros g_{ij} independientes del sistema de coordenadas elegido, que determinan la distancia entre dos puntos.

Podemos ahora escribir la expresión generalizada que dedujo Gauss de la métrica de una superficie curva en tres dimensiones, de la siguiente forma:

$$de^2 = \sum_{i=1}^{n} \sum_{j=1}^{n} g_{ij} \bullet dx_i \bullet dx_j \qquad 4.28$$

Donde *n* es el número de dimensiones del espacio curvo. El caso de la fórmula 4.24, es el de una superficie bidimensional. Einstein se percató que el signo sumatoria está de más y que es suficiente con establecer que las sumas deben realizarse sobre los índices repetidos, con lo cual la anterior, extendida a tres dimensiones, se expresa de la siguiente manera:

$$de^2 = g_{ij} \cdot dx_i \cdot dx_j \quad 4.29$$

Donde *i* y *j* son índices que se repiten en diferentes sumandos y que varían de 1 a *n*. A partir de ahora, cada vez que veamos esta expresión pensemos que estamos en presencia de una sumatoria sobre los índices repetidos y por lo tanto tienen una longitud considerable si la desarrollamos completamente. El cálculo de esta suma se hace fijando primero $i = 1$ y sumando las *n* componentes que se forman haciendo $j = 1$ a *n*. Luego se repite lo mismo para $i = 2$ y así sucesivamente. Llegaremos así a un valor formado por la suma de q_c^n sumandos, donde q_c es el número de dimensiones curvilíneas del espacio en estudio. Para una superficie bidimensional el número de sumandos es igual a 4, tal como muestra la fórmula 4.24. El espacio-tiempo de 4 dimensiones, donde se desarrollan los fenómenos estudiados por la Relatividad General, tiene 16 sumandos.

Para un número de dimensiones superior a 3, se usan por convención las letras griegas. De esta manera la expresión general de la métrica de una superficie de *n* dimensiones es:

$$ds^2 = g_{\mu\nu} \cdot dx_\mu \cdot dx_\nu \quad 4.30$$

La aplicación de esta fórmula al espacio tiempo hace que μ y ν varíen entre 0 y 3, donde el subíndice 0 se usa para la coordenada temporal y 1 a 3 para las espaciales.

El grupo de números $g_{\mu\nu}$ se denomina "tensor métrico". La curvatura de la superficie es una función de las derivadas segundas de los componentes del tensor métrico, lo que indica que la curvatura es una propiedad intrínseca de aquélla y que tampoco depende del sistema de referencia utilizado.

Recordemos que de acuerdo a la Relatividad Especial la distancia de universo *ds* es igual a $c \cdot d\tau$, donde τ es el tiempo propio o medido por un observador que está fijo al mismo sistema al que está fijo el fenómeno observado. Además, la Relatividad Especial también demuestra que la distancia de universo *ds* es independiente del sistema de referencia desde el cual se la mida y por lo tanto es un invariable. Desde cualquier sistema de referencia que se la mida siempre arroja el mismo valor.

4. Aparecen los tensores

Para seguir avanzando debemos hacernos una pregunta inevitable: si la Geometría de Euclides "deja de funcionar" dentro de los campos gravitatorios ¿cómo hacemos para medir distancias dentro de ellos? No hay duda que necesitamos crear otra geometría y reemplazar las viejas coordenadas cartesianas de ejes rectos. Y como dijimos antes necesitamos también definir el tensor métrico de la geometría aplicable en los campos gravitatorios.

¿Qué son los tensores? Son grupos de números que aplicados a la Física se usan para identificar determinadas propiedades físicas de un ente. Lógicamente que se aplican a propiedades suficientemente complejas que necesitan varios números para ser descriptas. Los tensores tienen la importante propiedad de que sus valores son invariantes con el sistema de referencia. Por lo tanto, una propiedad física que pueda ser representada mediante un tensor (no todas pueden) es un invariante. En conclusión, una magnitud tensorial no depende del sistema desde el cual se la observe y en esto radica la importancia de los tensores para la Relatividad General.

En este "paseo" por la Relatividad General, encontraremos tres importantes tensores, más sus variedades:

a.) Tensor métrico

b.) Tensor de curvatura

c.) Tensor de energía

En este punto centraremos nuestra atención en el tensor métrico, el que lógicamente se restringe a las cuatro dimensiones del espacio-tiempo. Su forma desarrollada es la siguiente:

$$g_{\mu\nu} = \begin{vmatrix} g_{00} & g_{01} & g_{02} & g_{03} \\ g_{10} & g_{11} & g_{12} & g_{13} \\ g_{20} & g_{21} & g_{22} & g_{23} \\ g_{30} & g_{31} & g_{32} & g_{33} \end{vmatrix} \qquad 4.31$$

El tensor métrico $g_{\mu\nu}$ tiene dieciséis componentes pero dado que es simétrico existen dentro de él las siguientes relaciones:

$g_{01} = g_{10} \quad g_{02} = g_{20} \quad g_{03} = g_{30} \quad g_{12} = g_{21} \quad g_{13} = g_{31} \quad g_{23} = g_{32}$ 4.32

De manera entonces que el tensor métrico tiene diez elementos independientes y no dieciséis. Dado que estos elementos definen la métrica en un campo gravitatorio veremos que ellos juegan el mismo rol que el potencial gravitatorio en la ecuación de Poisson; son por lo tanto la expresión del potencial creado por las masas. La diferencia con el potencial único de la Mecánica Clásica es que son diez y que tienen naturaleza geométrica. No representan la energía potencial como en aquella ciencia, sino que definen la curvatura sufrida por el espacio-tiempo como consecuencia de la acción de las masas.

La fórmula de los potenciales $g_{\mu\nu}$ para el espacio-tiempo, surge fácilmente de considerar una región infinitesimal en el espacio-tiempo, la que por ser tan pequeña puede suponerse, con un pequeño error, que su espacio es plano, pese a la presencia de campos gravitatorios.

En tal caso la mínima distancia medida sobre la superficie curva de cuatro dimensiones x_μ es igual a la distancia de universo y también igual a la que se observa desde un sistema cartesiano plano formado por cuatro dimensiones X_μ. El segmento curvo *ds* es un elemento de la geodésica. Se demuestra en la Relatividad Especial que éste es un invariante, por lo que toda la Relatividad General se basa en esta propiedad fundamental del tensor métrico. La invariancia de *ds* permite expresar la equivalencia entre su expresión en coordenadas cartesianas y su expresión en coordenadas curvilíneas con la "ecuación de la equivalencia", cuya forma es la siguiente:

$$ds^2 = dX_\mu^2 = g_{\mu\nu} \cdot dx_\mu \cdot dx_\nu \qquad 4.33$$

Donde dX_μ^2 es el cuadrado de la hipotenusa en el espacio tiempo, según lo establece el teorema de Pitágoras. Recordemos de la Teoría de la Relatividad Especial que ds^2 es siempre menor que cero, porque su componente temporal X_0 elevada al cuadrado es negativa, ya que $X_0 = i \cdot c \cdot d\tau$.

Es decir que siempre se cumple que: $|X_0|^2 > |X_1{}^2 + X_2{}^2 + X_3{}^2|$.

Pero dado que $X_\mu = f(x_1, x_2, x_3, x_4)$, su valor diferencial es $dX_\mu = \dfrac{\partial X_\mu}{\partial x_\nu} \cdot dx_\nu$.
Si reemplazamos este diferencial en la ecuación 4.33, se obtiene la siguiente expresión de la distancia de universo:

$$ds^2 = \left(\frac{\partial X_\mu}{\partial x_\nu} \cdot dx_\nu\right)^2 = g_{\mu\nu} \cdot dx_\mu \cdot dx_\nu \qquad 4.34$$

En la sustitución realizada se generó la expresión de $g_{\mu\upsilon}$ para cuatro dimensiones, cuya expresión desarrollada es la siguiente:

$$g_{\mu\nu} = \frac{\partial X_0}{\partial x_\mu} \cdot \frac{\partial X_0}{\partial x_\nu} + \frac{\partial X_1}{\partial x_\mu} \cdot \frac{\partial X_1}{\partial x_\nu} + \frac{\partial X_2}{\partial x_\mu} \cdot \frac{\partial X_2}{\partial x_\nu} + \frac{\partial X_3}{\partial x_\mu} \cdot \frac{\partial X_3}{\partial x_\nu} = \frac{\partial X_\alpha}{\partial x_\mu} \cdot \frac{\partial X_\alpha}{\partial x_\nu} \qquad 4.35$$

Donde α, μ y ν varían de 0 a 3. Compárese esta expresión con las obtenidas para el caso de dos dimensiones. Véanse las ecuaciones 4.25, 4.26 y 4.27.

En un espacio plano el tensor métrico se deduce fácilmente de la fórmula de la distancia de universo *ds*, toda vez que la medición se haga sobre el camino más corto entre dos puntos.

Distancia de universo en un espacio plano:

$$ds^2 = dX_0^2 + dX_1^2 + dX_2^2 + dX_3^2 = \eta_{\mu\nu} \cdot dX_\mu^2 \qquad 4.36$$

Nótese que en un espacio-tiempo plano se usa η en vez de *g*.

Para que la expresión 4.36 sea válida se debe cumplir:

$$\eta_{\mu\upsilon} = \begin{vmatrix} -1 & 0 & 0 & 0 \\ 0 & 1 & 0 & 0 \\ 0 & 0 & 1 & 0 \\ 0 & 0 & 0 & 1 \end{vmatrix} \qquad 4.37$$

También podemos decir que la condición para que un espacio-tiempo sea plano, se debe cumplir la siguiente condición en su tensor métrico:

$$\text{Para } \mu = \nu \quad \text{es } g_{\mu\nu} = 1 \text{ o } -1 \qquad 4.38a$$

$$\text{Para } \mu \neq \nu \quad \text{es } g_{\mu\nu} = 0 \qquad 4.38b$$

Este tensor se denomina tensor galileano o de Minkowski.

Y con esta última expresión ya tenemos "dibujados" los coeficientes del tensor métrico bajo su forma más compleja $g_{\mu\nu}$ (Ecuación 4.35) para espacios que contienen campos gravitatorios y bajo su forma más simple $\eta_{\mu\nu}$ (Ecuaciones 4.38a y 4.38b) para espacios planos carentes de campos gravitatorios.

5. Gauss y Riemann; las bases de una gravedad geométrica

a. La curvatura

Ya hemos hablado de curvatura. Pero . . . ¿Qué exactamente es la curvatura? Conceptualmente es el alejamiento de una figura geométrica respecto de una forma completamente plana. La Relatividad General establece que la gravedad se manifiesta a través de la curvatura del espacio, por lo que podemos decir que la curvatura es una medida del campo gravitatorio. Como consecuencia, para entender la gravedad es necesario interpretar el concepto de curvatura geométrica.

La curvatura de una superficie en un espacio euclidiano se mide por el comportamiento que tiene un vector tangente a ella. Si este vector se desliza y en el trayecto varía su posición angular de un punto a otro de la superficie, ésta es curva y no plana. Si una curva sobre la superficie está referida por sus coordenadas polares, el vector tangente a ella está dado por:

$$\bar{T} = \frac{d\bar{r}}{dl} \qquad 4.39$$

Donde r es el radio coordenado del punto en cuestión y l la longitud medida sobre la curva. La variación del vector tangente $\bar{T}$ entre dos puntos consecutivos de la curva mide la curvatura de aquélla y esta variación se mide mediante la derivada del vector tangente:

$$\kappa = \frac{d\bar{T}}{dl} = \frac{d^2\bar{r}}{dl^2} \qquad 4.40$$

Puede hacerse una derivada gráfica de acuerdo a la Figura 4.3, considerando el traslado paralelo del vector T_1 de la Figura 4.3 hasta coincidir con el inicio del vector tangente T_2 que está a una distancia *ds*. El vector trasladado es el T_{1a}. La diferencia vectorial entre ambos vectores es dT. En forma análoga podemos definir la curvatura de una superficie para un espacio no euclidiano de la siguiente forma.

Definimos primero un vector tangente a una hipersuperficie, medido a lo largo de una de sus coordenadas curvilíneas, según sigue:

$$\bar{T}_\mu = \frac{dx_\mu}{ds} \qquad 4.41$$

La variación de este vector tangente dado por su derivada, es la curvatura de la superficie. Pero hay que tener en cuenta que la variación del vector tangente estará afectada porque el sistema de coordenadas curvilíneas no es el mismo de un punto a otro de una superficie y por lo tanto las componentes del vector tangente presentan una variación debida a la curvatura variable de la superficie. Veremos esto cuando revisemos la operación de transporte paralelo de un vector tangente a una superficie. De cualquier manera podemos escribir ahora la forma de esta derivada que se denomina curvatura primera de la superficie:

$$\kappa_\mu = \frac{d\bar{T}_\mu}{ds} = \frac{d^2 x_\mu}{ds^2} \qquad 4.42$$

Véase la Figura 4.3 para interpretar la definición de curvatura que estamos dando.

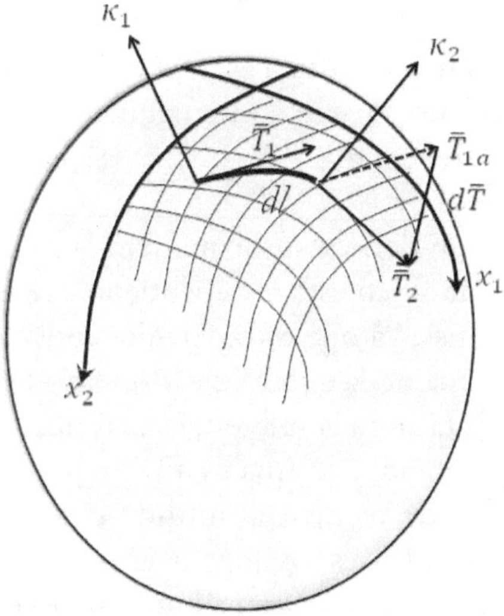

Figura 4.3. Interpretación gráfica de la curvatura sobre una superficie elipsoidal

La ecuación 4.42 demuestra que la curvatura es en realidad un vector perpendicular al vector tangente a la superficie, por lo tanto la curvatura de una superficie es un vector normal a ella en cada uno de sus puntos.

En una superficie, que sea derivable en toda su extensión, existen infinitos valores de curvatura en cada uno de sus puntos. Esto se debe a que cada uno de ellos pertenece a infinitos planos normales a la superficie y cada plano define una curva en la intersección con la superficie.

Dentro de estos infinitos valores de curvatura hay siempre un valor mínimo y uno máximo, que se usan para definir los siguientes parámetros:

a.) Curvatura gaussiana:

$$\kappa_g = \kappa_{min} \cdot \kappa_{max} \qquad 4.43$$

b.) Curvatura media:

$$\kappa_m = \frac{\kappa_{min} + \kappa_{max}}{2} \qquad 4.44$$

Para una esfera y por evidentes razones de simetría es $\kappa_{min} = \kappa_{max}$ por lo tanto resulta:

$$\kappa_g = 1/R^2 \qquad 4.45$$

Para un cilindro la curvatura mínima es nula y por eso su curvatura gaussiana es igual a cero. Lo mismo sucede con cualquier otro cuerpo de superficie desarrollable como la del cono.

La curvatura se mide con derivadas, de manera que su valor no depende del punto en que se la mida. Y en esta independencia reside la importancia del descubrimiento de Gauss, ya que esto permite concluir que la curvatura es una propiedad intrínseca de la superficie y que no depende del sistema de referencia utilizado. Es famosa la referencia a las hormigas en algunos libros de Física, donde se asegura que una hormiga podría medir la curvatura gaussiana sin necesidad de recurrir al mundo exterior a la superficie en la cual se encuentra. Esta idea es análoga a la posibilidad que tenemos los hombres de medir el radio de la Tierra sin necesidad de irnos a la Luna para hacer esa medición.

La forma de computar este radio es muy sencilla: hay que medir la desviación de la longitud de un círculo respecto del producto $2 \cdot \pi \cdot r$, donde r es la distancia medida sobre la superficie entre el círculo y su centro. Véase la interpretación gráfica de este concepto en la Figura 4.4. El método desarrollado por Gauss para computar la curvatura de una superficie consiste en medir la longitud *C* de un círculo sobre la superficie y luego introducir este valor en la siguiente:

$$\kappa_g = \lim_{r \to 0}(2 \cdot \pi \cdot r - C) \cdot \frac{3}{\pi \cdot r^3} \qquad 4.46$$

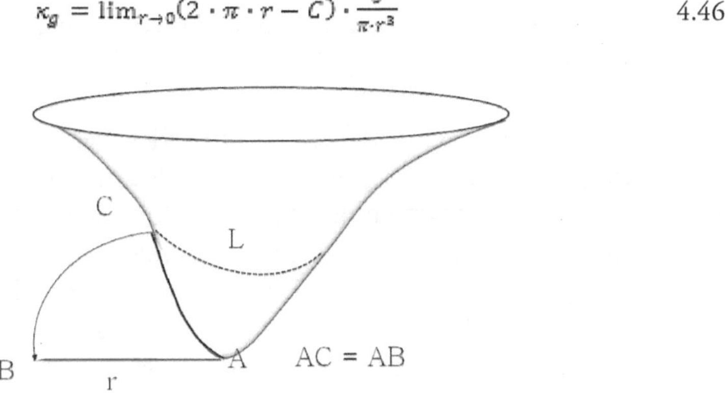

Figura 4.4. Definición de curvatura de Gauss κ_g

El término entre paréntesis mide la diferencia entre la longitud *C* de un círculo de radio *r* trazado sobre la superficie curva y la de un círculo de igual radio trazado sobre un plano. Esta diferencia se la divide por la cuarta parte del volumen de una esfera de radio igual a *r*. De esta manera la curvatura se mide en términos de la inversa del cuadrado de una longitud. En el caso de una geometría plana es $C = 2 \cdot \pi \cdot r$ y la fórmula anterior se hace, lógicamente, igual a cero. Si se trata de una superficie elipsoidal, la longitud *C* es menor que la del círculo plano y la curvatura κ_g resulta ser positiva. En una superficie hiperbólica sucederá lo contrario y la curvatura κ_g será negativa.

El signo de la curvatura gaussiana define la geometría no euclidiana que debe aplicarse, lo cual veremos en el punto siguiente.

b. Las geometrías no euclidianas

Recordemos que las geometrías no euclidianas se construyen sobre superficies no planas. Va de suyo que el tipo de superficie sobre la cual se construyen las figuras identifica a la geometría en estudio. Para nuestras necesidades es suficiente mencionar que las geometrías no euclidianas más conocidas son aquéllas desarrolladas sobre elipsoides o sobre hiperboloides. Se diferencian entre ellas por el signo de su curvatura gaussiana. Si la curvatura gaussiana es positiva la superficie corresponde a la Geometría Elipsoidal o de Riemann. Si es negativa, la superficie es hiperbólica y su geometría es conocida también como Geometría Hiperbólica o de Lobachevsky. Y si es nula se trata simplemente de la Geometría Plana o de Euclides. Y esto es fácil de entender observando la Figura 3.3, que muestra las superficies sobre las cuales se construyen las dos geometrías no euclidianas mencionadas.

De la simple observación de las dos superficies es fácil deducir que en la Geometría de Riemann la suma de los ángulos interiores de un triángulo es siempre mayor que 180^0 y que la longitud de una circunferencia cualquiera sobre ella es menor que π·D. Además es imposible trazar tan sólo una línea paralela a otra línea cualquiera. En estas superficies, el Quinto Postulado de los "Elementos" de Euclides, que ya cuenta con casi 2,400 años de existencia, no se cumple. La Geometría de Riemann fue desarrollada por éste en el siglo XIX para *n* dimensiones y la Relatividad General se basa en ella usando los desarrollos para cuatro dimensiones solamente, lo cual ya trae una considerable complejidad al entendimiento de la gravedad.

Tabla 4.1. Propiedades de las Geometrías

Geometría	Curvatura	Paralelas exteriores	Σ ángulos interiores	Hipotenusa	Circunferencia
Plana	0	1	π	$= \sqrt{b^2 + c^2}$	= π·D
Hiperbólica	<0	>1	$<\pi$	$> \sqrt{b^2 + c^2}$	> π·D
Elipsoidal	>0	0	$>\pi$	$< \sqrt{b^2 + c^2}$	< π·D

En la Geometría de Lobachevsky las cosas son completamente diferentes. La suma de los ángulos interiores de un triángulo es siempre menor que 180^0 y por un punto exterior a una recta se pueden trazar infinitas paralelas. Nuevamente, pero en sentido opuesto a la Geometría Elipsoidal, se contradice el Quinto Postulado de Euclides ya que se pueden trazar más de una paralela en un punto exterior de una línea recta. Y también encontramos que cualquier circunferencia tiene una longitud superior a π·D, lo cual es opuesto a la Geometría de Riemann. Una acotación interesante es que si el espacio-tiempo fuera hiperbólico, la Relatividad General demuestra que éste se expandiría eternamente.

Un breve resumen de las geometrías de Euclides, Riemann y Lobachevsky puede verse en la Tabla 4.1.

Para una superficie con más de dos dimensiones la fórmula de la curvatura gaussiana antes vista ya no es aplicable. Riemann desarrolló los métodos para medir la curvatura en *n* dimensiones y obtuvo una compleja expresión, denominada "tensor de curvatura de Riemann". Este tensor, aplicado a un espacio de cuatro dimensiones, es el que mide la curvatura provocada por una masa gravitatoria y por lo tanto es una expresión de la intensidad del campo gravitatorio existente en esa región del espacio.

El tensor de curvatura de Riemann es función únicamente de las derivadas segundas de los coeficientes $g_{\mu\nu}$ y *si recordamos ahora que en la ecuación de Poisson las derivada segunda (laplaciano) del potencial gravitatorio es proporcional a la masa que genera el campo, intuiremos que los* $g_{\mu\nu}$ *son los potenciales gravitatorios de la Relatividad General.* Además aceptaremos que las masas que los crean son proporcionales a las derivadas segundas de ellos, en forma análoga a lo que establece la ecuación de Poisson. Cuando discutamos las ecuaciones del campo gravitatorio de Einstein, veremos con mayor claridad este breve anticipo de lo que establece la Relatividad General.

6. Representando el espacio-tiempo

Nada podemos hacer para representar un espacio de dimensiones superiores a 3 y mucho menos observar su curvatura; es imposible. Sin embargo podemos representar una superficie curva referida a un sistema cartesiano de tres ejes. En ese caso podemos ver las relaciones entre el espacio tiempo curvado por la gravedad, que será la superficie que mencionamos, y el espacio tridimensional plano donde se encuentra el campo gravitatorio.

En la Geometría de los espacios curvos, se demuestra que si una superficie curva, de *n* dimensiones, está referida a un sistema de ejes cartesianos en el espacio n-dimensional y a un sistema de coordenadas curvilíneas dibujadas sobre la superficie, la cantidad de coordenadas entre el sistema cartesiano y el curvilíneo es la siguiente:

$$q_p = \frac{q_c(q_c+1)}{2} \qquad 4.47$$

Donde q_p es la cantidad de dimensiones (coordenadas) en el espacio plano y q_c la cantidad de dimensiones en el espacio curvo. El espacio-tiempo tiene cuatro dimensiones curvilíneas, por lo tanto se necesita un dibujo en diez dimensiones planas para poderlo visualizar. El dibujo es imposible de hacer. Sin embargo, hay un caso que nos permite ver la superficie curva y el espacio plano, en un dibujo sobre papel. Se trata de una superficie curva de dos dimensiones, la que se puede representar "embutida" en un sistema cartesiano de tres dimensiones en un espacio plano. Véase la Figura 4.5.

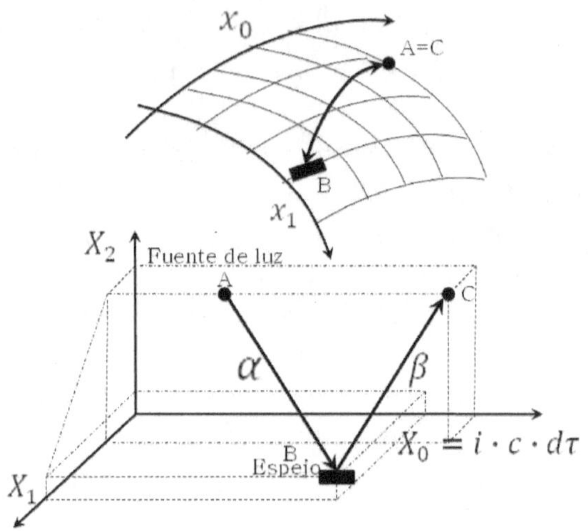

Figura 4.5. Fenómenos no simultáneos en diferentes ubicaciones

Es importante entender que en este caso estamos viendo un mundo de dos dimensiones solamente, curvado por la gravedad. Esta configuración que se llama "variedad bidimensional" ($q_c = 2$) o con su designación en inglés: "manifold" bidimensional. En una variedad bidimensional el número de coordenadas curvilíneas es igual a 2. Y aplicando la fórmula 4.47 encontramos que se las puede representar en un espacio plano de tres coordenadas cartesianas.

Véase la Figura 4.5 para su interpretación gráfica. Lógicamente, la relación entre un punto en el espacio-tiempo curvo (la superficie) y otro del plano es biunívoca. Debe notarse que la correspondencia entre puntos tiene como condición la simultaneidad en el tiempo, ya que la expresión anterior carece del sumando temporal tanto en el sistema cartesiano como en el curvilíneo.

7. Relaciones entre sistemas cartesianos y sistemas curvilíneos

Veremos en este punto el caso especial de un manifold bidimensional, curvado por la gravedad, en el que una de sus coordenadas curvilíneas es espacial (dx_1) y la otra temporal (dx_0). El espacio plano en el cual está inserta esta superficie es de tres dimensiones, de las cuales una es la temporal (X_0) y las otras dos son espaciales (X_1 y X_2). No deben confundirse estas tres dimensiones con un espacio tridimensional. En realidad, el sistema en coordenadas cartesianas tiene solamente dos coordenadas espaciales y una temporal.

a. Sucesos no simultáneos en el mismo lugar

Se trata dos sucesos que ocurren en un mismo lugar pero en diferentes instantes de tiempo. Como consecuencia, la distancia de universo tiene la componente espacial nula ($dx_1 = 0$) y la temporal no nula ($dx_0 \neq 0$). Por lo tanto la ecuación de la equivalencia entre los dos sistemas queda expresada de la siguiente forma:

$$ds^2 = dX_0^2 = g_{00} \cdot dx_0^2 \qquad 4.48$$

Donde:

$$g_{00} = \frac{\partial X_\alpha}{\partial x_0} \cdot \frac{\partial X_\alpha}{\partial x_0} \quad \alpha = 0 \qquad 4.49$$

Aquí es importante destacar que ds^2 es siempre negativo porque el trayecto recorrido por la luz es siempre forzosamente mayor

Y dado que $ds = i \cdot c \cdot d\tau$ y $dx_0 = i \cdot c \cdot dt$, podemos reemplazar estas fórmulas en la 4.48 y despejar de ésta la expresión el tiempo propio. La fórmula resultante relaciona a éste con el potencial gravitatorio g_{00} y con el tiempo dt que mide el sistema curvilíneo.

$$d\tau = \sqrt{g_{00}} \cdot dt \qquad 4.50$$

La interpretación física de esta fórmula es muy simple: el intervalo entre dos fenómenos que ocurren en un mismo lugar, medido desde un sistema cartesiano, es directamente proporcional al intervalo medido desde un sistema curvilíneo, pero el valor de su coeficiente de proporcionalidad depende de la ubicación en el espacio donde ocurren los dos fenómenos. Cuando veamos la solución que le dio Schwartzschild a las ecuaciones de campo de Einstein, veremos que g_{00} puede valer cero en una región del espacio, muy especial, conocida como horizonte de eventos. En ese caso el tiempo observado externamente se hace infinito. Físicamente esto significa que ese tiempo no transcurre; los fenómenos observados se ven "congelados", pese a que el tiempo propio de ellos transcurre normalmente. Más abajo veremos una explicación un poco más detallada de este fenómeno.

La fórmula 4.50 puede también escribirse de la siguiente forma para mostrar la derivada del tiempo respecto del tiempo propio:

$$t = \frac{1}{\sqrt{g_{00}}} \qquad 4.51$$

Pero esta fórmula vale solamente para este caso de sucesos no simultáneos en el mismo lugar. Más adelante veremos otras fórmulas para la derivada del tiempo, que se relacionan con la energía mecánica del astro en movimiento y que son aplicables a otros casos.

b. Sucesos simultáneos en lugares diferentes

La distancia de universo tiene en este caso la componente temporal nula ($dx_0 = 0$) y la componente espacial no nula ($dx_1 \neq 0$). Por lo tanto la ecuación de la equivalencia queda:

$$ds^2 = dX_i^2 = g_{11} \cdot dx_1^2 \quad i = 1 \text{ a } 2 \qquad 4.52$$

Y despejando la distancia en el espacio plano dX_i resulta:

$$dX_i = \sqrt{g_{11}} \cdot dx_1 \qquad 4.53$$

Donde:

$$g_{11} = \frac{\partial X_i}{\partial x_1} \cdot \frac{\partial X_i}{\partial x_1} \qquad 4.54$$

Y la conclusión es análoga a la del caso anterior: la distancia entre dos puntos, medida desde el sistema cartesiano, es directamente proporcional a la distancia medida desde el sistema curvilíneo, pero el valor de su coeficiente de proporcionalidad depende de la ubicación en el espacio donde se encuentren los dos puntos. Tanto en este caso como en el anterior, el coeficiente de proporcionalidad es igual a la raíz cuadrada del coeficiente métrico (espacial o temporal según corresponda) del punto donde se encuentran los fenómenos observados.

c. Caso general de un manifold bidimensional

Veamos ahora qué relación existe entre la distancia entre dos puntos medida dentro del campo gravitatorio (sistema curvilíneo) y la que medimos desde afuera de él (sistema cartesiano). El tema tiene su intriga porque se trata de visualizar, en una simple fórmula, la influencia del campo gravitatorio sobre el espacio dentro de él. Las conclusiones que sacaremos se basan en un experimento óptico imaginario observado desde un sistema cartesiano formado por tres ejes: X_1, X_2 y X_0 y desde un sistema curvilíneo formado por los ejes x_1 y x_0.

La inclusión de las coordenadas temporales X_0 y x_0 indica que tenemos un reloj en cada uno de los dos sistemas de referencia, y que el tiempo será medido durante el experimento, desde ambos sistemas.

El experimento consiste en una fuente de luz ubicada en el punto de coordenadas cartesianas (X_{1A}, X_{2A}), que emite un rayo de luz en el instante X_{0A} hacia un espejo, perpendicular al rayo de luz, ubicado en el punto de coordenadas (X_{1B}, X_{2B}).

En el sistema curvilíneo la fuente de luz está en la coordenada x_{1A} y emite el rayo de luz en el instante x_{0A}. El espejo recibe el rayo de luz en el instante X_{0B}. En el sistema curvilíneo el espejo está en la coordenada x_{1B} y recibe el rayo de luz en el instante x_{0B}. Una vez reflejado el rayo en el espejo que estamos imaginando, aquél retorna al punto donde está la fuente de luz y llega a ella en el instante X_{0C} según el sistema cartesiano y en el instante x_{0C} según el sistema curvilíneo.

Las distancias de universo recorridas por el rayo de luz son dos en total: la primera, recorrida por el rayo α y la de retorno, recorrida por el rayo β. Dado que se trata de rayos de luz, debemos tener en cuenta que ambas distancias de universo tienen longitud nula. Por lo tanto sus expresiones son, respectivamente, las siguientes:

- Distancia de universo recorrida por el rayo α:

$$g_{11} \cdot dx_1^2 + 2 \cdot g_{10} \cdot dx_1 \cdot dx_{0\alpha} + g_{00} \cdot dx_{0\alpha}^2 = 0 \qquad 4.55$$

El 2 del segundo sumando de la 4.55 se debe a que $g_{01} = g_{10}$.

- Distancia de universo recorrida por el rayo β:

$$g_{11} \cdot dx_1^2 - 2 \cdot g_{10} \cdot dx_1 \cdot dx_{0\beta} + g_{00} \cdot dx_{0\beta}^2 = 0 \qquad 4.56$$

El signo (–) de la 4.56 se debe a los sentidos opuestos que tienen los dos rayos.

El tiempo total empleado por ambos rayos de luz es:

$$dx_0 = dx_{0\alpha} + dx_{0\beta} \qquad 4.57$$

Las dos componentes de este tiempo las podemos determinar fácilmente resolviendo el sistema formado por las ecuaciones 4.55 y 4.56. Los resultados serán lógicamente función de dx_1 y una vez sumados arrojan la siguiente fórmula:

$$dx_0 = \frac{2}{g_{00}} \cdot \sqrt{g_{10}^2 - g_{11} \cdot g_{00}} \cdot dx_1 \qquad 4.58$$

Y con este razonamiento no hemos averiguado nada todavía sobre la relación que existe entre la distancia dx_1 y la misma distancia medida por el sistema cartesiano, a la que designaremos dX. Necesitamos entonces otra ecuación. Y ésa la suministra el hecho que tanto la salida del rayo de luz hacia el espejo, como la llegada del rayo reflejado al lugar donde está la fuente de luz, es el caso a) visto antes, consistente en dos fenómenos que ocurren en el mismo lugar, pero en dos instantes diferentes. De su fórmula despejamos dx_0 y obtenemos:

$$dx_0 = \frac{i \cdot c \cdot d\tau}{\sqrt{g_{00}}} \qquad 4.59$$

En esta fórmula tenemos "oculta" la distancia dX medida por el sistema cartesiano. Ella se obtiene a partir de la igualdad entre el espacio recorrido por la luz en el sistema curvilíneo (en este caso el propio) y la distancia recorrida por la luz vista por el sistema cartesiano:

$$c \cdot d\tau = 2 \cdot dX \qquad 4.60$$

En el segundo miembro de esta expresión hay un 2 que se debe a que la distancia dX es recorrida dos veces en el intervalo de tiempo propio $d\tau$. Por lo tanto la fórmula 4.59 queda igual a:

$$dx_0 = \frac{i \cdot 2 \cdot dX}{\sqrt{g_{00}}} \qquad 4.61$$

Ya estamos en condiciones de encontrar la relación que buscábamos. Para ello igualamos los dx_0 de fórmulas 4.57 y 4.60 y despejamos dX del resultado. Así obtenemos:

$$dX = -\sqrt{g_{11} - \frac{g_{10}^2}{g_{00}}} \cdot dx_1 \qquad 4.62$$

De manera entonces que la distancia *dX* medida desde afuera del campo gravitatorio es directamente proporcional a la medida dentro del campo gravitatorio. El coeficiente de proporcionalidad es una función de tres potenciales gravitatorios; g_{11}, g_{10} y g_{00}.

Adelantemos un resultado que presentaremos más adelante para ayudar a interpretar físicamente esta ecuación. Cuando en el año 1916 el astrónomo alemán Karl Schwartzschild encontró una solución exacta a las ecuaciones del campo gravitatorio de Einstein, lo hizo para el caso de un campo creado por una esfera perfecta, estacionaria en el espacio y sin rotación. Lógicamente la solución hallada determinó la métrica del espacio creado en tal caso y los potenciales gravitatorios resultantes fueron:

$$g_{11} = \frac{1}{1-\frac{2\cdot G\cdot M_g}{c^2\cdot r}} \qquad 4.63$$

$$g_{10} = 0 \qquad 4.64$$

$$g_{00} = 1 - \frac{2\cdot G\cdot M_g}{c^2\cdot r} \qquad 4.65$$

Donde M_g es la masa de la esfera creadora del campo gravitatorio (masa gravitatoria) y r es la distancia entre el centro de esta esfera y el punto donde transcurre el experimento óptico que hemos imaginado. Reemplazando estos potenciales en la expresión 4.61 obtenemos:

$$dX = -\frac{dx_1}{\sqrt{1-\frac{2\cdot G\cdot M_g}{c^2\cdot r}}} \qquad 4.66$$

Y las conclusiones son evidentes. Cuanto más lejos esté el fenómeno observado de la masa gravitatoria, menor es la diferencia entre la distancia *dX* medida afuera del campo gravitatorio y la medida dentro de él. Esto indica que la curvatura del espacio aumenta a medida que disminuye la distancia del fenómeno observado a la masa gravitatoria. Y para una distancia r infinita *dX* coincide con la dx_0, lo que indica que en ese caso el espacio es plano. Otra conclusión es que cuanto mayor sea la masa gravitatoria M_g mayor es la curvatura del espacio-tiempo, haciendo que las distancias medidas dentro y fuera del campo gravitatorio sean cada vez más diferentes.

Podemos generalizar este desarrollo al espacio-tiempo de cuatro dimensiones introduciendo las dimensiones faltantes en la expresión obtenida de *dX*. El resultado es:

$$dX^2 = \left(g_{ij} - \frac{g_{0i} \cdot g_{0j}}{g_{00}}\right) \cdot dx_i \cdot dx_j \qquad 4.67$$

La expresión entre paréntesis es el "tensor métrico espacial", que relaciona el espacio cartesiano observado desde afuera de un campo gravitatorio y el que se mide dentro de dicho campo. Dado que los valores de los potenciales gravitatorios varían de punto a punto en un manifold, la relación entre las distancias cartesianas y curvilíneas depende de la ubicación del fenómeno en el espacio-tiempo. Por lo tanto no existe una relación única entre las distancias medidas desde ambos sistemas. Ésta debe calcularse caso a caso según sea la configuración del campo gravitatorio y el punto del espacio en estudio.

8. Algo para recordar sobre la curvatura del espacio-tiempo

La Física en ausencia de campos gravitatorios:

a.) Se cumple la Relatividad Especial, cuyos fundamentos son:

   i. La velocidad de la luz es independiente del sistema desde el cual se la observa. Es un invariante universal.
   ii. Es aplicable el Principio de Relatividad que dice que las leyes físicas son válidas en todos los sistemas inerciales

b.) El espacio-tiempo es euclidiano o plano y en él vale la Geometría de Euclides para medir distancias entre puntos, transformar magnitudes de un sistema a otro, etc. Esta propiedad de los espacios sin campo gravitatorio permite:

   i. Usar la métrica galileana en un sistema de referencia ortogonal o cartesiano:

$$ds^2 = dX_0^2 + dX_1^2 + dX_2^2 + dX_3^2 = \eta_{\mu\nu} \cdot dX_\mu^2 \qquad 4.68$$

   Donde *ds* es un invariante.

   ii. Observar los fenómenos desde un sistema inercial
   iii. Aplicar la transformación de Lorentz

Una región que cumpla con estas condiciones no existe porque la gravedad inunda la totalidad del Universo. Claro que en algunas de las inmensas regiones vacías del Cosmos, podrían ser despreciables los fenómenos gravitatorios.

La Física en presencia de campos gravitatorios:

a.) Se cumple el Principio de Equivalencia que dice que todo sistema de referencia acelerado puede ser reemplazado por un campo gravitatorio equivalente.

b.) Se necesita una geometría no euclidiana para medir distancias en el espacio-tiempo.

c.) La geometría de un espacio-tiempo curvado por la gravedad es la teoría de Gauss de superficies curvas en el espacio y la Geometría de Riemann para cuatro dimensiones curvilíneas.

d.) Los sistemas de referencia en los campos gravitatorios son curvilíneos, porque no es posible aplicar varillas rígidas rectas (cartesianas) sobre un manifold que representa el espacio-tiempo.

e.) La distancia de universo *ds* es la base de la geometría del espacio-tiempo curvado por la gravedad. Su fórmula es:

$$ds^2 = g_{\mu\nu} \cdot dx_\mu \cdot dx_\nu \qquad 4.30$$

f.) Al igual que en la Relatividad Especial esta distancia es un invariante. El conjunto de coeficientes métricos $g_{\mu\nu}$ se denomina "tensor métrico".

g.) La distancia de universo se calcula con el tensor métrico de la geometría no euclidiana que sea válida en esa región.

h.) Entre el espacio curvo y el plano siempre se debe cumplir la ecuación de la equivalencia entre sistemas:

$$ds^2 = dX_\mu^2 = g_{\mu\nu} \cdot dx_\mu \cdot dx_\nu \qquad 4.33$$

i.) Las coordenadas curvilíneas pueden representarse en un espacio plano que esté formado por la siguiente cantidad de dimensiones:

$$q_p = \frac{q_c(q_c+1)}{2} \qquad 4.47$$

j.) La relación entre coordenadas curvilíneas y cartesianas de un punto en el espacio tiempo es biunívoca.

k.) El sistema de coordenadas curvilíneas es completamente arbitrario. Cualquiera sea el elegido, las leyes físicas son iguales a las del resto de los infinitos sistemas existentes. Todos ellos miden el mismo valor de *ds*, cuando observan dos eventos separados en el espacio-tiempo.

Capítulo 5

EL APARATO MATEMÁTICO DE LA RELATIVIDAD GENERAL

Lo que Einstein debió aprender.

El aparato matemático de la Relatividad General es el Cálculo Tensorial, que se caracteriza por manejar conceptos intrínsecos, que no dependen del sistema de referencia usado. Quien esté familiarizado con esta disciplina puede obviar este capítulo y seguir al próximo.

El Cálculo Tensorial o Cálculo Absoluto es una disciplina matemática que tiene cierta elegancia, pero hay que reconocer que es ardua de aprender porque el manejo de sus expresiones no es exactamente igual a la forma en que aquéllas se manejan en el Análisis Matemático común.

Y no hay razón para sentirse disminuido por esto; el mismo Einstein debió recurrir a su amigo, el matemático Marcel Grossman, para desarrollar su Relatividad General. Fue éste quien le introdujo al Cálculo Tensorial, después de comprender que la búsqueda de Einstein era el planteo de modelos matemáticos covariantes, es decir aquéllos que expliquen los fenómenos físicos de manera que tengan validez en cualquier sistema de referencia arbitrario.

En este capítulo, al igual que en el resto del libro trataremos de recurrir lo menos posible a los desarrollos matemáticos, para no aburrir al lector interesado en la Física. Pero forzosamente debemos hacer una introducción conceptual de los tensores para entender la formulación de la Relatividad General. Para mayor claridad vamos a hacer esta descripción de los tensores de manera sencilla, por lo que algunas de las explicaciones siguientes sacrifican en algo la rigurosidad matemática, en aras de un mejor entendimiento de las ideas físicas.

1. ¿Qué son los tensores? ¡Sólo números!

Empecemos por imaginar una región de un espacio n-dimensional, en la que hay una propiedad física distribuida en forma continua por toda ella. Por ejemplo la temperatura, el potencial eléctrico o el gravitatorio, la curvatura del espacio, etc. Sabemos que tal región, por estar "inundada" por una o más propiedades físico-matemáticas, se la conoce como "campo". Éste se asocia con una función matemática que determina el valor de la propiedad física en cuestión en cada punto de la región: es el "valor del campo" en ese punto.

Aparte de la naturaleza de estas propiedades físicas distribuidas espacialmente, los campos se diferencian por la cantidad de información que le corresponde a cada punto de su espacio o dicho de otra manera, por la cantidad de números necesarios para identificar una propiedad físico-matemática en un punto del espacio (¿y por qué no del espacio-tiempo?). Esta cantidad de información puede estar formada por uno o más números y en esto reside una importante diferencia entre los campos. Pensemos esto en forma sencilla: un campo de temperaturas sólo necesita un número por cada uno de sus puntos. ¿Y uno de velocidades? A poco que lo pensemos sabemos que con un sólo número no identificamos una velocidad; necesitamos además la dirección y el sentido, o sea las componentes de la velocidad en un sistema de referencia arbitrario dado, lo que requiere tantos números como dimensiones tenga nuestro espacio. Ese conjunto de números, que identifica el valor del campo en ese punto, se llama "tensor".

Si para cada punto del espacio se necesita solamente un valor para identificarlo, el campo se llama escalar o "tensorial de rango cero" y la propiedad descripta es un "tensor de rango cero". Un ejemplo de campo escalar es la densidad del fluido que inunda la región en estudio o su temperatura. En este último caso se habla del "campo de densidades" del que también podemos decir que es un campo tensorial de rango cero y que en cada punto de él existe un tensor del mismo rango que es la temperatura.

La función que describe estos campos escalares es:

$$a = f(x^{\mu}) \qquad 5.1$$

Es decir que en los campos tensoriales de rango cero, cada juego de valores de las n coordenadas define un punto del espacio y un valor del campo o propiedad física contenida en éste. A partir de ahora sólo nos referiremos a campos formados por propiedades físicas. La razón de usar supra índices, en vez de los acostumbrados subíndices, la veremos más adelante, pero aclaremos que en nada estamos haciendo referencia a potencias.

El escalón siguiente en orden de complejidad, son los campos vectoriales o "campos tensoriales de rango uno". Se llaman así aquellos campos en que la propiedad física distribuida en la región no es un número sino un vector. Un campo de velocidades por ejemplo. Pero sabemos que un vector en un espacio de n dimensiones tiene n componentes, cada una de ellas a lo largo de una coordenada del sistema en uso, por lo tanto la cantidad de números que necesitamos para describir un campo vectorial son tantos como dimensiones tiene el espacio que contiene al campo. La función matemática que describe los campos vectoriales es:

$$\bar{A}(x^{\mu}) = \bar{e}_{\mu} \cdot a^{\mu} \qquad 5.2$$

De manera similar a la representación de un vector fila del Álgebra Matricial, la notación tensorial de un vector es:

$$A^{\mu} = | \; a^1(x^1) \quad a^2(x^2) \quad a^3(x^3) \quad a^4(x^4) \ldots\ldots a^n \; | \qquad 5.3$$

Donde cada a^{μ} es un valor escalar, que es función de una y sólo una, de las n coordenadas. Vemos que en los campos tensoriales de rango uno, a cada juego de n coordenadas espaciales le corresponden n valores escalares que son las componentes del vector en ese punto.

El lector seguramente lo está esperando: damos un paso más adelante en orden de complejidad y encontramos el "campo tensorial de rango dos"; que es aquél en el que en cada punto del espacio existen n vectores, cada uno asociado con una de las coordenadas del sistema de referencia usado. Aplicamos la notación tensorial y tendremos un vector fila cuyas componentes son vectores y no simples números como en los campos escalares. La notación de los n vectores A^{μ} es la siguiente:

$$| \; A^0 \quad A^1 \quad A^2 \quad A^3 \ldots\ldots A^n \; | \qquad 5.4$$

Y de allí es fácil imaginar que en cada punto del espacio de un campo tensorial de rango dos, existen n^2 componentes de los vectores A^μ. Y como no podemos escribir todas las componentes de los vectores en una línea horizontal, se los dispone de la siguiente manera, de manera similar a las matrices:

$$A^{\mu\nu} = \begin{vmatrix} A^{01} & A^{02} & A^{03} & \dots & A^{0n} \\ A^{11} & A^{12} & A^{13} & \dots & A^{1n} \\ A^{21} & A^{22} & A^{23} & \dots & A^{2n} \\ \dots & \dots & \dots & \dots & \dots \\ A^{n1} & A^{n2} & A^{n3} & \dots & A^{nn} \end{vmatrix} = \begin{vmatrix} \text{Vector } A^0 \\ \text{Vector } A^1 \\ \text{Vector } A^2 \\ \dots \\ \text{Vector } A^n \end{vmatrix} \qquad 5.5$$

Donde los supra índices μ y ν varían entre 0 y n. Cada fila de la expresión anterior representa las componentes de un vector asociado con una de las coordenadas x^μ. A su vez cada elemento de ese vector está identificado por el valor de la coordenada x^μ y la coordenada x^ν.

Vemos entonces que cada elemento del tensor no está asociado a una coordenada como en los vectores, sino a dos de ellas. Por ejemplo, el elemento A^{23} es función de los valores de las coordenada x^2 y x^3. Lógicamente debemos ahora poner dos índices para identificar un tensor de rango dos porque se necesitan dos de ellos para referir el elemento que se desea exponer.

¿Hay tensores de orden superior? Por supuesto que si los hay. Pero su representación es cada vez más compleja. El tensor de rango tres es aquél en el que en cada punto del espacio hay n tensores de rango dos que identifican a la propiedad física que nos interesa determinar. Por lo tanto la cantidad de componentes de un tensor de rango tres es igual a n^3. Podemos generalizar esta fórmula mediante la siguiente:

$$C = R^n \qquad 5.6$$

Donde:

- C = Cantidad de componentes del tensor
- R = Rango del tensor
- n = Cantidad de dimensiones en el que está definido el tensor

A poco que pensemos como representar un tensor de orden tres, nos daremos cuenta que éste equivale a un cubo formado por n^3 pequeños cubos en cada uno de los cuales está escrito un elemento del tensor.

Y si tuviéramos que representar un tensor de rango cuatro o superior deberíamos dibujar un hipercubo, lo cual ya no es posible. Véase la Figura 5.1.

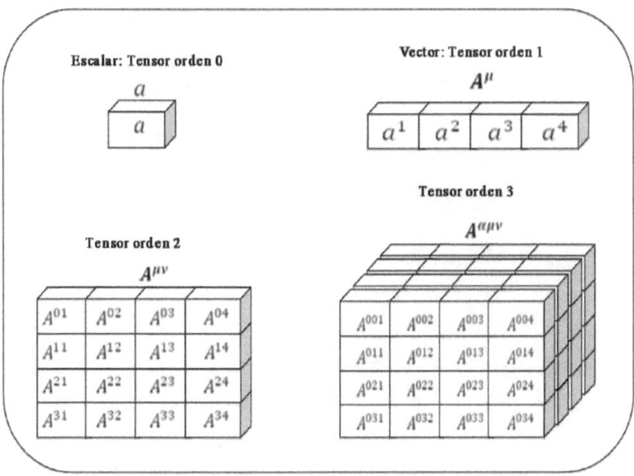

Figura 5.1. Interpretación gráfica de los tensores

En ella se muestra una interpretación de los tensores de orden 0 al orden 3, bajo la forma de cubos elementales, cada uno de los cuales contiene un componente del tensor. Afortunadamente, en la Relatividad General no necesitamos tensores de rango superior a dos y espacios con más de cuatro coordenadas. Por lo tanto la cantidad máxima de elementos en los tensores que veremos es igual a 16.

Y finalmente, para cerrar esta breve introducción conceptual a los tensores, hacemos ver que la presentación matricial de los tensores no debe llamar a engaño cuando se opera con ellos, porque no son matrices. Las reglas de éstas no son aplicables.

2. Los índices . . . esos fantasmas de los tensores

Los tensores tienen una apariencia temible debido a su gran cantidad de subíndices y supra índices. ¿Para qué se necesita tantos? Y la respuesta es sencilla: porque las operaciones con tensores generan sumas de productos entre sus componentes . . . muy largas sumas de productos, que terminan condensándose en un resultado único, sea un número o una fórmula, que sirvan para medir una propiedad física de algún ente en un punto o región de un espacio n-dimensional. De manera que no debe verse en esa jungla de índices otra cosa que no sean las sencillas sumatorias mencionadas. Veamos un ejemplo muy conocido, el cuadrado de la distancia de universo para el espacio tiempo de cuatro dimensiones:

$$ds^2 = g_{\mu\upsilon} \bullet dx_\mu \bullet dx_\upsilon \qquad 4.30$$

¿Cómo sumamos? Einstein lo dijo: sumamos sobre los índices repetidos. Si . . . pero ¿cómo? De la siguiente manera:

- Hacemos μ = 0 a 3, y sumamos:

$$ds^2 = g_{0\upsilon} \bullet dx_0 \bullet dx + g_{1\upsilon} \bullet dx_1 \bullet dx + g_{2\upsilon} \bullet dx_2 \bullet dx + g_{3\upsilon} \bullet dx_3 \bullet dx \qquad 5.7$$

- Ahora hacemos ν = 0 a 3 en cada uno de los cuatro sumandos anteriores, y la expresión desarrollada de ds^2 resultará:

$$\begin{aligned} ds^2 = {} & g_{00} \cdot dx_0 \cdot dx_0 + g_{01} \bullet dx_0 \cdot dx_1 + g_{02} \cdot dx_0 \cdot dx_2 + g_{03} \bullet dx_0 \cdot dx_3 + \\ & g_{10} \cdot dx_1 \cdot dx_0 + g_{11} \cdot dx_1 \cdot dx_1 + g_{12} \cdot dx_1 \cdot dx_2 + g_{13} \bullet dx_1 \cdot dx_3 + \\ & g_{20} \cdot dx_2 \cdot dx_0 + g_{21} \cdot dx_2 \cdot dx_1 + g_{22} \cdot dx_2 \cdot dx_2 + g_{23} \bullet dx_2 \cdot dx_3 + \\ & g_{30} \cdot dx_3 \cdot dx_0 + g_{31} \cdot dx_3 \cdot dx_1 + g_{32} \cdot dx_3 \cdot dx_2 + g_{33} \bullet dx_3 \cdot dx_3 \end{aligned} \qquad 5.8$$

¡Y eso es todo! La suma de estos 16 productos es simplemente igual a un número: el cuadrado de la distancia de universo. Sencillo . . . pero aún lo puede ser más ya que el tensor métrico es simétrico y según vimos en las fórmulas 4.32 esto quiere decir que:

$$g_{01} = g_{10} \quad g_{02} = g_{20} \quad g_{03} = g_{30} \quad g_{12} = g_{21} \quad g_{13} = g_{31} \quad g_{23} = g_{32} \qquad 4.32$$

Y el resultado es una cuestión de álgebra sencilla sobre la expresión desarrollada de ds^2. Ya sabemos que estas igualdades, derivadas de la simetría del tensor, permiten decir que sólo hay diez valores independientes de $g_{\mu\upsilon}$. Y dado que estos coeficientes métricos serían los potenciales gravitatorios de una gravedad geométrica, según anticipamos en el punto 4.5, concluimos que la Relatividad General postula la existencia de diez potenciales gravitatorios y no uno como en la Mecánica Clásica. Este resultado tiene relación con la cantidad de coordenadas planas que se necesitan para contener a una superficie n-dimensional; según vimos en el punto 4.6 un espacio curvo de 4 dimensiones solamente se lo puede insertar en un espacio plano de 10 coordenadas, el cual es imposible de representar gráficamente.

Un aspecto importante de los diez potenciales gravitatorios postulados por la Relatividad General, es que ellos asocian el fenómeno gravitatorio con el tiempo por medio de sus componentes con subíndice 0. Esto no ocurre así con el potencial gravitatorio de la Mecánica Clásica, que es único, y que solamente se relaciona con el espacio y la masa gravitatoria mediante la ecuación de Poisson.

3. Transformaciones y operaciones con tensores

Ya vimos que la validez de la Relatividad General en sistemas de referencia arbitrarios fue una condición impuesta para su desarrollo, a fin de describir los fenómenos gravitatorios en forma independiente del sistema de referencia usado. Es la llamada condición de covariancia y el cumplimiento de esta condición es uno de los más importantes logros de esta ciencia. Recordemos que los sistemas arbitrarios tienen ejes coordenados curvilíneos, se mueven aceleradamente en espacios n-dimensionales no euclídios y todos ellos son igualmente válidos para observar cualquier fenómeno físico, según el principio de covariancia.

La condición de covariancia también la cumple la Relatividad Especial, pero lo hace de manera "especializada" o "restringida" solamente a sistemas cartesianos que se mueven a velocidad uniforme (sistemas inerciales). Las fórmulas aplicables en este caso son las de la conocida transformación de Lorentz.

a. Los coeficientes diferenciales. Variancia y contravariancia

Las relaciones entre sistemas arbitrarios son complejas y fuertemente no lineales. Sin embargo cuando desde ellos se observan fenómenos que ocurren en una región infinitamente pequeña, derivable en forma continua, tales sistemas arbitrarios pueden ser reemplazados por sistemas inerciales cartesianos, también infinitamente pequeños. Esto permite estudiar los fenómenos en forma más sencilla, con las cómodas fórmulas lineales, y luego extrapolar los resultados a sistemas arbitrarios. Tales sistemas inerciales de dimensiones infinitesimales son los que Einstein llamaba "moluscos".

Aplicando este concepto a la transformación de coordenadas entre dos sistemas arbitrarios K y K', tendremos:

$$dx'^{\mu} = \frac{\partial x'^{\mu}}{\partial x^{\nu}} dx^{\nu} \qquad 5.9$$

Y de esta manera transformamos el valor de una coordenada dx^{ν} en el sistema K, al sistema K'. Claro que esto requiere conocer la función $x'^{\mu} = f(x^{\nu})$, donde x^{ν} involucra a tantas coordenadas como dimensiones tiene el espacio en estudio.

La derivada parcial de la fórmula 5.9 se llama "coeficiente diferencial". Estos coeficientes sirven para calcular las coordenadas de un punto en un sistema arbitrario en función de las coordenadas del mismo punto en otro sistema arbitrario. Lógicamente, cada coordenada del sistema K' es una función de todas las coordenadas del sistema K, y como los sistemas K y K' son "moluscos" de Einstein, ha sido posible escribir las ecuaciones lineales anteriores.

En este caso vemos que una variación de ∂x^{ν} genera una variación de sentido contrario en dx'^{μ}, estas derivadas parciales son llamadas "coeficientes diferenciales contravariantes". Por convención se escriben los índices contravariantes como supra índices tal como muestran las ecuaciones anteriores.

Las transformaciones inversas a las contravariantes se denominan "covariantes" porque una variación de ∂x^{ν} genera una variación de igual sentido en x'^{μ}. En estos casos una coordenada diferencial cualquiera del sistema K' es igual a:

$$dx'_{\mu} = \frac{\partial x_{\mu}}{\partial x'_{\nu}} \cdot dx_{\nu} \qquad 5.10$$

Obsérvese que los índices covariantes se escriben como subíndices, a diferencia de los contravariantes que se escriben con supra índices (¡no son exponentes!)

Una vez definidos los coeficientes diferenciales estamos en condiciones de determinar cómo se transforman diversos entes matemáticos, para después aplicarlo a la Física. Veamos esto en los puntos siguientes.

b. Transformación de un escalar

Por definición un escalar carece de propiedades vectoriales ya que no tiene ni dirección ni sentido. Es por esto que a los escalares se los conoce como tensores de rango cero. La ausencia de propiedades vectoriales de un escalar hace que su valor no varíe de un sistema a otro. Por lo tanto la transformación de un escalar a es simplemente:

$$a(x^{\mu}) = a(x'^{\iota}) \qquad 5.11$$

Como dijimos en el punto 2.9, este resultado es lógico; una temperatura no puede depender del sistema de referencia desde la cual se la mide. La temperatura es un ejemplo claro de magnitud escalar, y si no fuera así perderíamos la noción de frío o calor según la velocidad a la que nos movamos. Lo mismo la carga eléctrica de los cuerpos electrizados.

La conclusión es que un escalar no se transforma de un sistema a otro; siempre exhibe el mismo valor. Un escalar es por lo tanto un invariante cualquiera sea el sistema de referencia desde el cual se lo mida.

c. Transformación de la derivada de un escalar

La derivada de un escalar respecto de las coordenadas espaciales es un vector asociado al concepto de gradiente.

Si derivamos la 5.11 respecto de las coordenadas del sistema K' obtendremos:

$$\frac{\partial a'}{\partial x'^{\mu}} = \frac{\partial a}{\partial x'^{\mu}} \qquad 5.12$$

Y multiplicando y dividiendo el segundo miembro por dx^{μ} llegamos a la fórmula de la transformación de la derivada de un escalar:

$$\frac{\partial a'}{\partial x'^{\mu}} = \frac{\partial x^{\mu}}{\partial x'^{\mu}} \cdot \frac{\partial a}{\partial x^{\mu}} \qquad 5.13$$

El coeficiente diferencial resultante es igual al del la fórmula 5.10, que utilizamos para definir las transformaciones covariantes. Por lo tanto la transformación de la derivada de un escalar es covariante.

d. Producto de vectores

Multipliquemos dos vectores entre sí. Como tenemos sistemas de referencia arbitrarios ninguno de sus productos de componentes pueden ser nulos, como sucede en el producto escalar de vectores en espacio planos. Para el caso de cuadrivectores el desarrollo de su producto es según sigue:

$$\begin{aligned} A^{\mu} \bullet B^{\nu} &= A^{0} \bullet (B^{0} + B^{1} + B^{2} + B^{3}) + A^{1} \bullet (B^{0} + B^{1} + B^{2} + B^{3}) + \cdots \\ &= C^{00} + C^{01} + C^{02} + C^{03} + C^{10} + C^{11} + C^{12} + C^{13} + \cdots. \end{aligned} \qquad 5.14$$

Donde: $C^{\mu\nu} = A^{\mu} \cdot B^{\nu}$

Y de esta manera ha surgido un tensor contravariante de rango dos, cuya representación es la siguiente:

$$C^{\mu\nu} = A^{\mu}B^{\nu} = \begin{vmatrix} C^{00} & C^{01} & C^{02} & C^{03} \\ C^{10} & C^{11} & C^{12} & C^{13} \\ C^{20} & C^{21} & C^{22} & C^{23} \\ C^{30} & C^{31} & C^{32} & C^{33} \end{vmatrix} \qquad 5.15$$

Y esto demuestra que el producto de dos vectores es igual a un tensor de rango 2, el que a su vez será covariante o contravariante según sean aquéllos. Estos resultados los podemos sintetizar en las siguientes fórmulas, que representan el caso contravariante y covariante respectivamente:

$$A^{\mu} \cdot B^{\nu} = C^{\mu\nu} \qquad 5.16$$

$$A_{\mu} \cdot B_{\nu} = C_{\mu\nu} \qquad 5.17$$

Inexorablemente el tensor resultante debe exhibir todos los subíndices que tienen los vectores que se están multiplicando. Pero hay un caso en que esto no sucede y es cuando el resultado del producto es un escalar. Este caso se da cuando se multiplica un tensor covariante con uno contravariante de igual rango.

e. Transformación de un cuadrivector

Un cuadrivector es un vector con cuatro componentes; tres espaciales y una temporal, y según su naturaleza dicho cuadrivector puede transformarse en forma covariante o contravariante. Se los conoce también como tensores de rango uno. Su forma general contravariante en el sistema K' es:

$$\overline{A'} = \bar{e}_{\mu}' \cdot A'^{\mu} \qquad 5.18$$

Donde cada componente A'^{μ} es función de todas las componentes A^{ν}, que son las observadas desde el sistema K.

$$A'^{\mu} = f(A^{\nu}) \qquad 5.19$$

Para transformar los valores medidos desde el sistema K' en los correspondientes al sistema K, simplemente multiplicamos las componentes de K' por los coeficientes diferenciales contravariantes y sumamos para el índice repetido en el segundo miembro, en este caso el supraíndice ν:

$$A'^{\mu} = \frac{\partial x'^{\mu}}{\partial x^{\nu}} \cdot A^{\nu} \qquad 5.20$$

En la Figura 5.2 se ve una representación gráfica que ayuda a interpretar la transformación covariante.

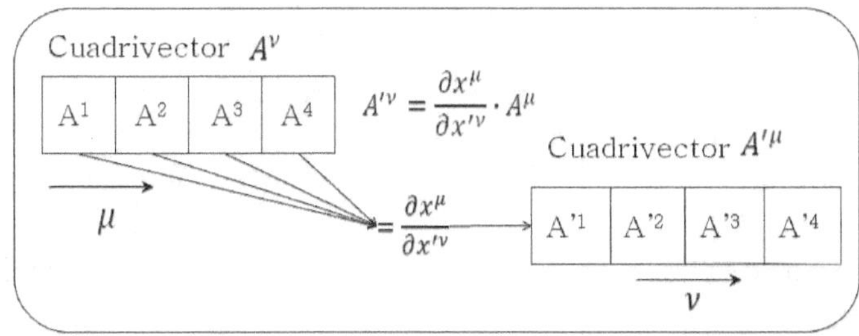

Figura 5.2. Representación gráfica de una transformación covariante de cuadrivectores

La transformación de los vectores covariantes se hace con los coeficientes diferenciales covariantes. A continuación, agregamos el desarrollo de la transformación covariante solamente a los fines didácticos, escribiendo la expresión general de la componente A'_{μ} del vector transformado:

$$A'^{\mu} = \frac{\partial x^{\mu}}{\partial x'^{\nu}} \cdot A^{\upsilon} = \frac{\partial x_0}{\partial x'^{\nu}} \cdot A^0 + \frac{\partial x_1}{\partial x'^{\nu}} \cdot A^1 + \frac{\partial x_2}{\partial x'^{\nu}} \cdot A^2 + \frac{\partial x_3}{\partial x'^{\nu}} \cdot A^3 \qquad 5.21$$

Como vemos, cada componente del cuadrivector transformado será una función lineal de las cuatro componentes del cuadrivector observado en el otro sistema, y el factor de proporcionalidad son los coeficientes diferenciales que relacionan ambos sistemas de referencia

f. Transformación de tensores

Hemos visto que los tensores de rango cero no se transforman porque son invariantes. Los de rango uno, se transforman multiplicando cada una de sus componentes por sólo un coeficiente diferencial.

Los tensores de rango 2 necesitan dos coeficientes diferenciales para transformarse. Y así sucesivamente se van agregando coeficientes diferenciales a medida que crece el rango de los tensores multiplicados. Esto hace que cada componente del vector transformado sea una función de "todas" las componentes del vector original. Para un tensor de segundo rango, esto significa que cada componente del vector transformado tiene 16 variables independientes. Por lo tanto habrá que definir 16 factores de proporcionalidad, cada uno formado por el producto de dos coeficientes diferenciales. En este punto veremos por qué. Y también aprenderemos que un tensor se puede formar multiplicando tensores de rango inferior.

Como corolario de lo anterior surge que el rango del tensor resultante es igual a la cantidad de coeficientes diferenciales que se deben multiplicar entre sí para transformar el tensor de un sistema de referencia a otro.

Apliquemos ahora la transformación al sistema K' del producto de los cuadrivectores A'^{μ} y B'^{ν} Según la fórmula 5.21, cada uno de estos cuadrivectores se relaciona con su correspondiente cuadrivector del sistema K mediante un solo coeficiente diferencial, pero como se están multiplicando dos cuadrivectores, el resultado será un tensor que tiene el producto de dos coeficientes diferenciales en cada componente, según muestra la ecuación 5.22.

$$C'^{\mu\nu} = A'^{\mu}B'^{\nu} = \frac{\partial x'^{\mu}}{\partial x^{\alpha}} \cdot A^{\alpha} \cdot \frac{\partial x'^{\nu}}{\partial x^{\beta}} \cdot B^{\beta} = \frac{\partial x'^{\mu}}{\partial x^{\alpha}} \cdot \frac{\partial x'^{\nu}}{\partial x^{\beta}} \cdot C^{\alpha\beta} \qquad 5.22$$

Donde se ve que la transformación de un tensor de rango dos requiere dos coeficientes diferenciales. Véase la Figura 5.3.

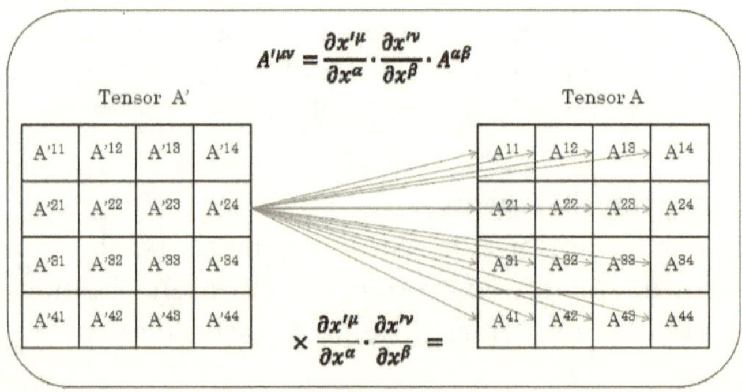

Figura 5.3. Representación gráfica de la transformación contravariante de tensores

Y la transformación del tensor covariante surge en forma análoga al contravariante recién visto:

$$C'_{\mu\nu} = \frac{\partial x^{\alpha}}{\partial x'^{\mu}} \cdot \frac{\partial x^{\beta}}{\partial x'^{\nu}} \cdot C_{\mu\nu} \qquad 5.23$$

Y finalmente existen los tensores mixtos, que se transforman mediante un coeficiente diferencial contravariante y uno covariante. Esta transformación tiene la siguiente forma:

$$C'^{\mu} = \frac{\partial x'^{\mu}}{\partial x^{\alpha}} \cdot \frac{\partial x_{\beta}}{\partial x'} \cdot C^{\alpha}_{\beta} \qquad 5.24$$

En conclusión; el producto de dos cuadrivectores genera un tensor de rango 2.

g. Multiplicación de tensores

Ya vimos que el producto de dos cuadrivectores covariantes o contravariantes genera un tensor de rango 2. Y generalizamos este resultado diciendo que la multiplicación de dos tensores genera otro tensor, cuyo rango es igual a la suma de los rangos de los dos tensores multiplicados. El tensor resultante debe tener todos los subíndices de los tensores multiplicados. Veamos el caso en el que obtenemos un tensor mixto de rango 5:

$$A^{\mu\alpha\tau} \cdot B_{\nu\beta} = C^{\mu\alpha\tau}_{\nu\beta} \qquad 5.25$$

Si los tensores hubieran sido ambos covariantes o ambos contravariantes, el resultado hubiera sido el mismo: un tensor de rango 5.

Sin embargo, si multiplicamos dos tensores de igual rango, uno contravariante y el otro covariante el resultado no es un tensor de rango igual al doble del rango de cada uno de ellos, sino un escalar:

$$A^{\mu\alpha} \cdot B_{\nu\beta} = C^{\mu\alpha}_{\nu\beta} \qquad 5.26$$

Para demostrar que este resultado es un escalar debemos demostrar que este resultado es invariante con el sistema de referencia adoptado, para lo cual transformamos las componentes $A^{\mu\alpha}$ y $B_{\nu\beta}$ al sistema K' mediante su multiplicación por los correspondientes coeficientes diferenciales:

$$\frac{\partial x'^{\mu}}{\partial x^{\alpha}} \cdot \frac{\partial x'^{\nu}}{\partial x^{\beta}} \cdot A^{\alpha\beta} \cdot \frac{\partial x^{\alpha}}{\partial x'^{\mu}} \cdot \frac{\partial x^{\beta}}{\partial x'^{\nu}} \cdot B_{\nu\beta} = C^{\mu\alpha}_{\nu\beta} \qquad 5.27$$

Si simplificamos las derivadas en 5.27 obtenemos el mismo resultado que en 5.26. La conclusión es evidente: la transformación aplicada al producto mixto no modifica el resultado de la 5.26, por lo tanto éste es un escalar.

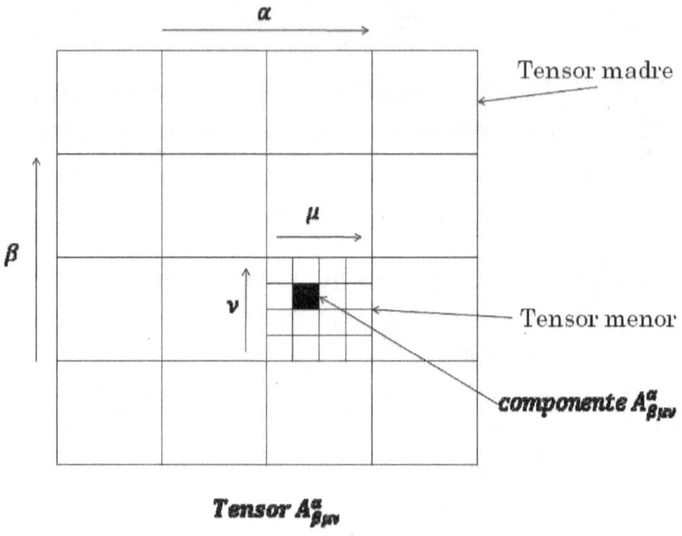

Figura 5.4. Interpretación gráfica de un tensor de cuarto orden

Y al lector inteligente seguramente ya no lo asustan los subíndices tensoriales y sabe leerlos a la par de interpretarlos. Por ejemplo, la ecuación 5.26 se lee con facilidad mirando sus subíndices: se trata del producto de dos tensores de rango dos porque tienen dos índices cada uno. Uno de ellos es covariante; el que tiene subíndices y el otro es contravariante; el que tiene supra índices. La ecuación muestra el producto de la componente del tensor A que está en la fila μ y la columna α, con la componente del tensor que está en la fila ν y la columna β. Y el resultado es un tensor de rango 4; ya que tiene 4 índices, de tipo mixto porque hay dos subíndices y dos supra índices. El elemento C se encuentra en la fila μ y columna ν de un "tensor menor", el que a su vez se encuentra en la fila α y la columna β del "tensor madre". Véase la interpretación gráfica de esta operación en la Figura 5.4.

h. Conversión de tensores

Es posible convertir un tensor de tipo covariante en uno contravariante o mixto y viceversa. Esta conversión se basa en un hecho matemático muy simple; si un número se multiplica por 1, su valor no cambia. De igual manera, si un tensor se multiplica por el tensor unitario mixto (delta de Kronecker) sus componentes no varían, sin embargo el tipo de tensor (covariante, contravariante o mixto) se modifica. Veamos como ocurre esta conversión de tipo.

De la misma manera que cualquier producto de un número por su inverso es igual a 1, el producto de un tensor por su recíproco es igual al tensor unitario mixto. Haremos este producto con los tensores métricos $g_{\mu\nu}$.

$$\delta_{\nu}^{\mu} = g^{\mu\alpha} \cdot g_{\nu\beta} \tag{5.28}$$

Donde $g^{\mu\alpha}$ y $g_{\nu\beta}$ son recíprocos. Y el Álgebra Matricial nos recuerda que la matriz recíproca se obtiene mediante la conocida regla de inversión de matrices:

$$M^{-1} = \frac{M_{cf}}{|M|} \tag{5.29}$$

Donde M^{-1} es la inversa de la matriz M y M_{cf} es la matriz de los cofactores de M. Y lógicamente $|M|$ es el determinante de la matriz M. Y de esta manera se obtiene también el recíproco de cualquier tensor.

Multipliquemos ahora un tensor mixto por el tensor unitario mixto y veamos que sucede, pero antes recordemos que al multiplicar dos tensores, todos los subíndices de ambos deben aparecer en el resultado:

$$R^{\beta} = \delta \cdot R^{\beta} = g^{\mu\alpha} \cdot g_{\nu\beta} \cdot R^{\beta} = g^{\mu\alpha} \cdot R_{\mu\tau} \tag{5.30}$$

De acuerdo a 5.30, el producto realizado ha convertido al tensor mixto R_{τ}^{β} en el producto de $g^{\mu\alpha}$ por el tensor covariante $R_{\mu\tau}$. Más adelante veremos la utilidad de esta propiedad, cuando consideremos la curvatura del espacio producida por la gravedad.

i. Contracción de tensores

Daremos una explicación poco rigurosa matemáticamente de esta operación, pero por la imagen gráfica a la que recurre, se entenderá mejor la transformación que sufre un tensor cuando se lo contrae. Ésta es probablemente la operación más compleja que necesitaremos aplicar para interpretar las ecuaciones del campo gravitatorio de Einstein.

Sabemos que las componentes de un tensor de segundo orden son números. Sin embargo, si estas componentes fueran tensores del mismo orden que el tensor que los contiene, al que llamaremos "tensor madre", éste dejaría de ser de rango 2 y pasaría a ser de rango 4. En este caso, a los tensores componentes del tensor madre los llamaremos "tensores menores".

Supongamos que el tensor madre sea de rango 2 en un espacio de cuatro dimensiones. Sabemos que sus componentes se ubican en una cuadrícula de 4 filas por 4 columnas, lo que da 16 celdas. Si en cada celda tenemos un número, este tensor madre es de rango 2 porque con dos índices solamente (fila-columna), se puede identificar el valor de una componente en forma completa. Pero si en cada celda del tensor madre hay un tensor de rango 2, en vez de un número, seguiremos teniendo un tensor madre formado por 16 celdas, en cada una de las cuales hay un tensor menor que también tiene 16 celdas. En total tendremos 256 celdas.

¿Cómo identificamos una componente cualquiera en esta enorme cuadrícula? Véase la Figura 5.4 para interpretar esta explicación. La respuesta a la pregunta anterior es muy simple; dos índices: [α, β], localizan la celda del tensor madre y otros dos: [μ, ν], localizan la celda dentro del tensor menor. Por lo tanto necesitaremos 4 índices para identificar una componente. Por ejemplo A^{α}_{β} representa un tensor de rango 4. α y β son los índices que identifican la celda del tensor madre. En tanto μ y ν son los índices que identifican la celda del tensor menor, dentro de la cual está el valor de la componente A^{α}_{β}.

¿Qué sucede si hacemos dos índices mixtos iguales entre sí? Pues que tendremos un tensor de menor rango. En el ejemplo anterior pasaríamos de rango 4 a rango 2. Esta operación sólo es posible en tensores mixtos y las sucesivas contracciones irán reduciendo el rango en un valor igual a 2 cada una. En el caso anterior, si volvemos a contraer el tensor resultante de la primera contracción, tendremos un escalar o tensor de rango cero.

j. "Construcción" de tensores

Una importante propiedad de los tensores que surge de su propia definición; ("grupos de números que representan propiedades físico-matemáticas en un punto del espacio"), es que un tensor puede estar formado por escalares y/o vectores y/o tensores de diferente naturaleza. Casi podríamos decir que las componentes de los tensores son números que pueden "representar cualquier cosa". Por lo tanto los tensores pueden ser también "construidos" para que representen lo que uno quiera.

Veamos por ejemplo como se construye el tensor de energía de las ecuaciones del campo gravitatorio de Einstein. Sus valores representan la energía por unidad de volumen, que es el ente que genera los campos gravitatorios. Con esto ya estamos diciendo que el tensor contendrá números que identifican a la masa y a la energía presentes en el campo.

Si en una región del espacio solamente hay una masa gravitatoria, cuya energía según la Relatividad Especial es $m \cdot c^2$, el tensor de energía estará formado por una sola componente. Su representación tensorial es:

$$T^{\mu\nu} = \begin{vmatrix} -\rho \cdot c^2 & 0 & 0 & 0 \\ 0 & 0 & 0 & 0 \\ 0 & 0 & 0 & 0 \\ 0 & 0 & 0 & 0 \end{vmatrix} \qquad 5.31$$

Se trata de un tensor de orden cero, sin componente alguna en el resto de las coordenadas. A diferencia de la Mecánica Clásica, la densidad tiene en la Relatividad General un carácter tensorial, aunque aisladamente sea un escalar. Éste es probablemente el tensor más común en todo el Universo. Los valores cero de las celdas del tensor indican que en esas coordenadas no hay nada físicamente.

Si en la región se encuentra un flujo de partículas en movimiento, entonces tenemos un "campo de velocidades" que es vectorial debido a las velocidades de la que están animadas las partículas. La Mecánica de los Fluidos nos enseña que en el seno de ese flujo existen tensiones normales y de corte debido a su viscosidad. Pero si se trata de un fluido ideal cuya viscosidad es cero, la única tensión presente es la presión estática P del fluido cuyas componentes son iguales en todos los sentidos. El tensor de energía es entonces:

$$T^{\mu\nu} = \begin{vmatrix} -\rho \cdot c^2 & 0 & 0 & 0 \\ 0 & P & 0 & 0 \\ 0 & 0 & P & 0 \\ 0 & 0 & 0 & P \end{vmatrix} \qquad 5.32$$

Si las partículas estuvieran animadas con una cierta velocidad y además el fluido fuera viscoso, todas las componentes del tensor serían diferentes de cero, porque aparecerían las componentes de las tensiones de corte, el flujo específico de masa y la densidad de los momentos. Además cada componente podría tener subcomponentes gravitatorias como la energía de radiaciones o la misma energía gravitatoria.

Y con esta breve introducción ya hemos entendido porque decimos que un tensor puede ser "construido". Más adelante veremos cómo se "construye" completo este tensor de energía, al que luego deberemos introducir en las ecuaciones del campo gravitatorio como el agente físico que causa la curvatura del espacio-tiempo.

4. Christoffel y las variaciones de los coeficientes métricos

Ya vimos que los coeficientes métricos varían de un punto a otro del espacio. La variación que sufren estos coeficientes a lo largo de las coordenadas del espacio-tiempo responde a una función matemática que desarrolló un alemán tímido y huraño, y también brillante matemático, llamado Elwis Bruno Christoffel, quien nació en 1829 y falleció en 1900. Las funciones matemáticas que él desarrolló son hoy conocidas como "símbolos de Christoffel" o "coeficientes de conexión". Es bueno aclarar que tales funciones contienen las derivadas de los coeficientes métricos, y por lo tanto son una expresión de las variaciones de éstos.

La importancia de estos símbolos no es menor para el estudio de la gravedad geométrica, ya que se aplican en la operación de transporte paralelo que veremos más adelante. También forman parte de la ecuación de las curvas geodésicas en espacios n-dimensionales y del tensor de curvatura de las ecuaciones del campo gravitatorio. Veremos que su apariencia es la de un tensor pero en realidad no lo son, por lo tanto su valor depende del sistema desde el cual se los observa. Su representación es $\Gamma^{\tau}_{\mu\upsilon}$ o bien simplemente sus tres subíndices como indican las ecuaciones 5.33 y 5.34. En este caso debe notarse que el símbolo de primera especie está entre corchetes y el de segunda especie entre llaves.

Los símbolos de Christoffel de primera especie están dados por la siguiente expresión:

$$\Gamma^{\tau}_{\mu\nu} = [\mu\nu,\tau] = \frac{1}{2}\cdot\left(\frac{\partial g_{\mu\tau}}{\partial x^{\nu}} + \frac{\partial g_{\tau\nu}}{\partial x^{\mu}} - \frac{\partial g_{\mu\nu}}{\partial x^{\tau}}\right) \qquad 5.33$$

Estos símbolos se miden en unidades de inversa de longitud. Los símbolos de Christoffel de segunda especie son iguales a los de primera especie pero multiplicados por el coeficiente métrico $g^{\tau\alpha}$.

$$\Gamma^{\tau}_{\mu\nu} = \{\mu\nu,\tau\} = \frac{1}{2}\cdot\left(\frac{\partial g_{\mu\tau}}{\partial x^{\nu}} + \frac{\partial g_{\tau\nu}}{\partial x^{\mu}} - \frac{\partial g_{\mu\nu}}{\partial x^{\tau}}\right)\cdot g^{\tau\alpha} \qquad 5.34$$

Se demuestra que este símbolo es simétrico respecto de los dos subíndices inferiores ($\mu\nu$) de manera que al invertirlos obtenemos un coeficiente de conexión igual al anterior. Esto hace que el número de símbolos independientes sea igual a 40 y no a 64, en un espacio de cuatro dimensiones.

La fórmula de cálculo del número q_C de símbolos independientes es:

$$q_C = \frac{1}{2} \cdot n^2 \cdot (n + 1) \qquad 5.35$$

Donde n es el número de dimensiones del espacio.

La unidad de medida de los símbolos de Christoffel es la inversa de una unidad de longitud y sus propiedades más importantes son:

a.) No siguen las leyes de transformación de los tensores porque no tienen carácter tensorial.

b.) En un espacio plano los coeficientes métricos son constantes, de manera que sus derivadas son nulas. Por lo tanto los símbolos de Christoffel son nulos en los espacios planos.

c.) Tienen simetría:

$$[\mu\nu, \tau] = [\nu\mu, \tau] \qquad 5.36a$$

O bien:

$$\Gamma^{\tau}_{\mu\nu} = \Gamma^{\tau}_{\nu\mu} \qquad 5.36b$$

Debido a esta simetría la cantidad de componentes de los símbolos de Christoffel es igual a:

$$q_C = \frac{n^2 \cdot (n + 1)}{2} \qquad 5.37$$

Donde n es el número de dimensiones del espacio en cuestión. Para el espacio-tiempo es n = 4 y por lo tanto $q_C = 40$.

d.) La derivada del tensor métrico puede obtenerse mediante la suma de dos símbolos de Christoffel de primera especie:

$$\frac{\partial g_{\mu\nu}}{\partial x^{\tau}} = [\tau\mu, \nu] + [\tau\nu, \mu] \qquad 5.38$$

e.) El determinante del tensor métrico es igual al símbolo de Christoffel de segunda especie:

$$|g_{\mu\nu}| = \{\mu\tau, \nu\} = \frac{\partial(\log\sqrt{g})}{\partial x^{\tau}} \quad 5.39$$

Recordemos que las sumas deben hacerse para los índices repetidos, en este caso el supraíndiceτ.

5. Traslado paralelo de un vector, curvatura y derivada covariante

El traslado paralelo de un vector sirve para deducir la ecuación de la derivada covariante, la que a su vez permite deducir la ecuación diferencial de las geodésicas, esas curvas que unen dos puntos sobre una superficie curva por el camino más corto posible. Ya hemos visto que las geodésicas tienen una importancia fundamental en la Relatividad General porque ellas representan las trayectorias de las partículas libres. Esta operación se usa para calcular la variación que sufre un vector de un punto a otro, o dicho en otras palabras para calcular la derivada de la función vectorial respecto de la distancia. Para un campo vectorial situado en un plano, esta operación es muy sencilla. Sólo se necesita desplazar uno de los vectores paralelamente a sí mismo, apoyado sobre una curva, hasta que esté en el mismo punto que el otro vector. El vector diferencia es el que une las puntas de ambos vectores y este vector diferencia dividido por la distancia que los separa, es la derivada que buscamos o derivada covariante del campo vectorial.

Si el trayecto elegido sobre una superficie curva es cerrado, el vector que regresa al punto inicial ya no tiene la misma fase que antes de su traslado. Esta variación se relaciona con la curvatura de la superficie n-dimensional sobre la cual se encuentra la curva, mediante la siguiente fórmula:

$$\Delta\vartheta = \oint \kappa \cdot d\Omega \quad 5.40$$

Donde $\Delta\vartheta$ es la variación de fase del vector tangente después de recorrer una curva cerrada cuya área es $d\Omega$. Si estamos en un espacio plano, es $\kappa = 0$ y por lo tanto el vector trasladado no cambia de fase ($\Delta\vartheta = 0$).

a. Derivada covariante en un espacio plano tridimensional

El traslado paralelo es una operación que se hace con cada una de las componentes de los vectores. Veamos el caso de dos vectores $\bar{A}$ y $\bar{B}$, ambos ubicados en un espacio euclídio, sobre un mismo plano, y pertenecientes a un mismo campo vectorial, tal como lo muestra la Figura 5.4. El espacio plano implica que ambos vectores están relacionados por una fórmula que permite determinar las propiedades de un vector en cualquier punto del espacio. En todo campo vectorial, esas propiedades son una función de las coordenadas del punto en el que se encuentra el vector. Imaginemos además que hay un sistema de referencia cartesiano en la cola del vector $\bar{A}$, que llamaremos K y otro en la cola del vector $\bar{B}$, que denominaremos K' y que es paralelo a K. Por pertenecer ambos vectores a un mismo campo y estar separados por una distancia infinitesimal, la componente B_i del vector $\bar{B}$ es igual a $A_i + dA_i$. El valor dA_i está dado por la función vectorial $A_i(x_i)$ del campo y es igual a:

$$B_i = A_i + dA_i = A_i + \frac{\partial A_i}{\partial x_i} \cdot dx_i \qquad 5.41$$

Para medir la diferencia entre ambos vectores, trasladamos el vector $\bar{A}$ paralelamente a sí mismo hasta que su cola coincide con la del vector $\bar{B}$. Haciendo esto podemos determinar cómo varía un campo vectorial de un punto a otro del espacio.

Encontramos que en el sistema de referencia K' las componentes A'_i del vector trasladado son iguales a las componentes A_i del vector antes de su traslado, vistas desde el sistema K. Esta igualdad se debe a que estamos en un espacio plano que permite el uso de las inalterables coordenadas cartesianas de los sistemas K y K'.

Para cada componente de ambos vectores, su diferencia es igual a:

$$DA_i = B_i - A_i = A_i + dA_i - A_i = \frac{\partial A_i}{\partial x_i} \cdot dx_i \qquad 5.42$$

Traslado paralelo en un espacio plano

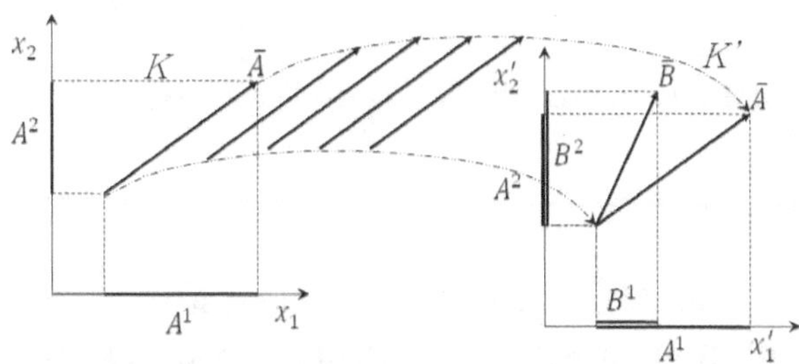

Figura 5.5. Traslado paralelo de un vector en un espacio euclídio. Interpretación gráfica de las variaciones de las componentes debidas a las propiedades del campo vectorial

La conclusión es que el traslado del vector ha producido el mismo cambio que había pronosticado la ecuación 5.41, que es la prevista por la función vectorial.

Si trasladamos dx_i al primer miembro obtenemos la expresión de la llamada "derivada covariante" del vector $\bar{A}$, que para este caso es igual a la suma de las derivadas parciales de las componentes del vector respecto de la coordenada de su propio eje:

$$\frac{DA_i}{dx_i} = \frac{\partial A_i}{\partial x_i} \quad 5.43$$

b. Derivada covariante en un espacio curvo n-dimensional

Para encontrar la variación de un vector de un punto a otro del espacio procederemos igual que antes, según muestra la Figura 5.6.

Es decir que trasladaremos paralelamente a sí mismo al vector $\bar{A}$, desde su ubicación en el punto P del espacio, hasta un segundo punto Q, donde está el vector $\bar{B}$ perteneciente al mismo campo vectorial.

En este segundo punto calcularemos las diferencias entre las componentes del vector en el sistema K y las del vector que está en el punto Q, según el procedimiento que damos más abajo.

Como vimos antes, la función vectorial del campo define las componentes del vector $\bar{B}$ cuando se conocen las del vector $\bar{A}$, mediante la siguiente ecuación:

$$B^{\mu} = A^{\mu} + \frac{\partial A^{\mu}}{\partial x^{\nu}} \cdot dx^{\nu} \quad 5.44$$

El traslado paralelo no es tan simple como el caso anterior porque la curvatura de la superficie hace que el sistema de coordenadas curvilíneas K no sea igual al sistema K'.

De manera que cuando el vector $\bar{A}$ llegue al punto Q donde se encuentra el vector $\bar{B}$, las componentes del primero en el sistema K' no son iguales a las de su trasladado $\bar{A}'$ en el sistema K', como ocurría en el caso del traslado en un espacio euclídeo. Para visualizar gráficamente esta variación, compárese en la Figura 5.6 la componente A^1 con la A'^1 y la componente A^2 con la A'^2.

Traslado paralelo en un espacio curvo

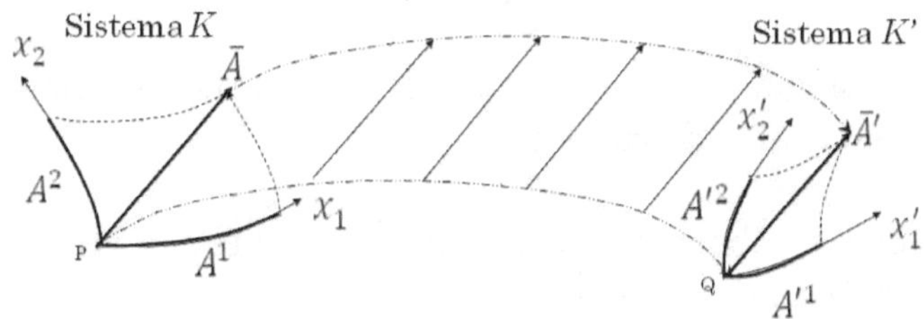

Figura 5.6. Traslado paralelo de un vector en un espacio curvado. Interpretación gráfica de las variaciones de las componentes debido a la curvatura del espacio

En el sistema K' las componentes del vector trasladado $\bar{A}'$ son iguales a:

$$A'^{\mu} = A^{\mu} + \delta A^{\mu} \qquad 5.45$$

Donde δA^{μ} es la variación que sufre la componente A^{μ} como consecuencia de la curvatura de la superficie, según muestra la Figura 5.6. La función matemática que permite calcular esta variación es el símbolo de Christoffel de primera especie que vimos antes y se demuestra que es igual a:

$$\delta A^{\mu} = \Gamma^{\mu}_{\nu\alpha} \cdot \mathbf{dx}_{\nu} \cdot A^{\alpha} \qquad 5.46$$

Y con 5.46 reemplazada en 5.45, y ésta a su vez en 5.44, podremos despejar el vector DA^{μ} que representa la diferencia entre el vector B^{μ} y el A'^{μ}. De esta manera obtenemos la expresión del vector diferencial de un campo vectorial tangente a una superficie n-dimensional:

$$DA^{\mu} = B^{\mu} - A'^{\mu} = \frac{\partial A^{\mu}}{\partial x^{\nu}} \cdot dx^{\nu} - \Gamma^{\mu}_{\nu\alpha} \cdot dx^{\nu} \cdot A^{\alpha} \qquad 5.47$$

Esta ecuación nos dice que estamos en presencia de dos variaciones:

a.) El primer sumando del segundo miembro es la variación del campo vectorial de A^{μ} a B^{μ} en la distancia elemental dx^{ν}, según indica la ecuación 5.44 y lo expresa gráficamente la Figura 5.4.

b.) El segundo sumando se debe a la distorsión del valor de las componentes A^{m} del vector trasladado, debido a que ahora son medidas desde un sistema curvilíneo K' diferente al original K. Esta diferencia entre ambos sistemas se debe a la curvatura del espacio y se mide mediante el coeficiente de Christoffel. Esta variación la muestra gráficamente la Figura 5.6.

La interpretación gráfica del resultado es la suma de las variaciones indicadas en el Figura 5.4 mas la de la 5.5.

Dividiendo por dx^ν obtenemos la derivada covariante para vectores o tensores contravariantes de primer rango:

$$\frac{DA^\mu}{dx^\nu} = \frac{\partial A^\mu}{\partial x^\nu} - \Gamma^\mu_{\nu\alpha} \cdot A^\alpha \qquad 5.48$$

¿Cómo interpretamos esta derivada? Muy simplemente: es la variación total de un vector entre dos puntos de una hipersuperficie, que está formada por dos componentes: una debida a la variación del campo de un punto a otro y la segunda debida a la curvatura del espacio-tiempo. El segundo sumando representa a esta última y es nulo en los espacios planos.

Aplicaremos esta ecuación en el punto siguiente, pero antes daremos la expresión de la derivada covariante para tensores contravariantes de segundo rango en cuatro dimensiones:

$$\frac{DA^{\mu\nu}}{dx^\xi} = \frac{\partial A^{\mu\nu}}{\partial x^\xi} - \Gamma^\alpha_{\mu\xi} \cdot A^{\alpha\nu} - \Gamma^\alpha_{\nu\xi} \cdot A^{\mu\alpha} \qquad 5.49$$

Lógicamente esta expresión es considerablemente más compleja que la anterior porque está midiendo la variación de un tensor y no de un vector.

Podemos resumir de la siguiente manera las ecuaciones de la derivada covariante

a.) Derivada covariante de un escalar a lo largo de x^ν:

$$\frac{Da}{dx^\nu} = \frac{\partial a}{\partial x^\nu} \qquad 5.50$$

b.) Derivada covariante de vectores:

a. Covariantes:

$$\frac{DA_\mu}{dx^\nu} = \frac{\partial A_\mu}{\partial x^\nu} - \Gamma^\alpha_{\mu\nu} \cdot A_\alpha \qquad 5.51$$

b. Contravariantes:

$$\frac{DA^{\mu}}{dx^{\nu}} = \frac{\partial A^{\mu\mu}}{\partial x^{\nu}} - \Gamma^{\mu}_{\alpha\nu} \cdot A^{\alpha} \qquad 5.52$$

c.) Derivada covariante de tensores:

a. Covariantes:

$$\frac{DA_{\mu\nu}}{dx^{\alpha}} = \frac{\partial A_{\mu\nu}}{\partial x^{\alpha}} - \Gamma^{\xi}_{\mu\alpha} \cdot A_{\xi\nu} - \Gamma^{\xi}_{\nu\alpha} \cdot A_{\mu\xi} \qquad 5.53$$

b. Contravariantes:

$$\frac{DA^{\mu\nu}}{dx^{\alpha}} = \frac{\partial A^{\mu\upsilon}}{\partial x^{\alpha}} - \Gamma^{\mu}_{\xi\alpha} \cdot A^{\xi\nu} - \Gamma^{\nu}_{\xi\alpha} \cdot A^{\mu\alpha} \qquad 5.54$$

La derivada covariante y contravariante permiten calcular variaciones de los tensores de un punto a otro, lo cual lleva a aplicarlas para el cálculo de las líneas geodésicas que hay en un determinado punto del espacio curvo.

6. Ecuación diferencial de las trayectorias geodésicas

Ya dijimos que las trayectorias geodésicas son el camino más corto, o más recto, posible entre dos puntos ubicados sobre una superficie n-dimensional. Una partícula que transite libremente sobre una geodésica tiene una velocidad tangencial constante, en forma análoga a lo que establece la Mecánica Clásica para el mismo caso. Por lo tanto, esta constancia de la velocidad tangencial hace que la derivada covariante del cuadrivector de las velocidades tangenciales U de la partícula sea igual a cero, según se muestra en la siguiente expresión:

$$\frac{DU_{\mu}}{dx^{\nu}} = \frac{\partial U_{\mu}}{\partial x^{\nu}} - \Gamma^{\alpha}_{\mu\nu} \cdot U_{\alpha} = 0 \qquad 5.55$$

Pasamos al segundo miembro a dx^{ν} y dividimos ambos miembros por *ds*. Luego reemplazamos U_{α} por la derivada del espacio respecto de la distancia de universo, obtenemos la conocida ecuación diferencial de las geodésicas.

$$\frac{d^2x^{\mu}}{ds^2} + \Gamma^{\alpha}_{\mu\nu} \cdot \frac{dx^{\mu}}{ds} \cdot \frac{dx^{\nu}}{ds} = 0 \qquad 5.56$$

Esta ecuación tiene una interesante analogía con la ecuación del movimiento de la Mecánica Clásica, de una partícula en un campo gravitatorio cuyo potencial sea φ:

$$\frac{d^2x}{dt^2} + \nabla\Phi = 0 \qquad 5.57$$

El primer sumando de las ecuaciones 5.56 y 5.57 expresa las fuerzas de inercia actuantes sobre la partícula, en tanto que el segundo sumando equivale a la acción gravitatoria. En la Mecánica Clásica, ecuación 5.57, esta acción es el gradiente del potencial gravitatorio φ. Análogamente, en la ecuación 5.55 de la Relatividad General, encontramos el símbolo de Christoffel, que como sabemos es una función de las derivadas de los coeficientes métricos $g_{\mu\nu}$. Y esto nos sugiere, una vez más, que los coeficientes métricos son potenciales gravitatorios.

Si se multiplican las ecuaciones 5.56 y 5.57 por la masa de la partícula, tendremos que el primer sumando son las fuerzas de inercia y el segundo sumando las fuerzas actuantes, en este caso son fuerzas conservativas derivadas de un potencial, el gravitatorio. Dado que las expresiones resultantes son iguales a cero, ambos tipos de fuerza están en equilibrio. Esta interpretación no es otra cosa que el conocido principio de acción y reacción de la tercera ley de Newton. D'Alembert fue quien advirtió que las reacciones a las que debe referirse esta ley, no es solamente el conocido caso de los apoyos fijos, sino también aquél en el que el cuerpo se mueve por causa de la fuerza actuante, puesto que cuando esto último sucede, se opone con su inercia a cambiar su estado de reposo o de movimiento uniforme. Al vector opuesto a la reacción, D'Alembert lo llamó fuerza de inercia

Usaremos la ecuación geodésica para calcular las trayectorias de las partículas libres en campos gravitatorios, cuando veamos la solución que le dio Karl Schwartzschild a las ecuaciones del campo gravitatorio de Einstein. Veremos que toda solución a estas ecuaciones no es otra cosa que la determinación de las fórmulas de los coeficientes métricos $g_{\mu\nu}$. Y agreguemos que el conocimiento de estos coeficientes nos permite determinar la forma geométrica del espacio tiempo y definir la Geometría que es aplicable para la configuración de las masas gravitatorias correspondientes al caso en estudio.

a. Deducción de la ecuación geodésica, aplicando el cálculo variacional

Existe lógicamente, la posibilidad de encontrar la ecuación geodésica 5.56 aplicando los principios del cálculo variacional. Es de advertir que se trata de una deducción harto aburrida, pero igual la desarrollaremos en este punto porque siempre es bueno tener una deducción completa, que sirva para darnos tranquilidad en el uso de la ecuación del movimiento 5.55. No obstante debemos insistir que este punto no agregará un conocimiento sustancial para seguir con el resto del libro, donde se verán principalmente las bases de una gravedad geométrica y la forma en que en ese universo se mueven los astros y en especial próximos a los agujeros negros. Por lo tanto puede el lector ahorrarse la siguiente deducción a menos que sienta un gran cariño por las Matemáticas

Dos puntos sobre una superficie n-dimensional pueden unirse con infinitas curvas, caracterizadas cada una mediante un cierto parámetro. Llamaremos δl a la distancia entre los dos puntos sobre tal superficie y f(p) la función que identifica la curva entre ellos mediante el parámetro p. Y desarrollando en series de Taylor, tendremos entonces que la distancia entre los dos puntos es:

$$\delta l = f(p + \delta p) - f(p) = f'(p) \cdot \delta p + \frac{1}{2} \bullet f''(p) \cdot \delta p^2 + \cdots \qquad 5.58$$

La que despreciando términos de orden superior podemos aproximar a:

$$\delta l = f'(p) \cdot \delta p \qquad 5.59$$

En el Cálculo Variacional se ha adoptado la siguiente nomenclatura:

$$\delta = \frac{\partial}{\partial p} \cdot \delta p \qquad 5.60$$

De manera que la distancia mínima entre los dos puntos está dada por la conocida expresión:

$$\delta l = 0 \qquad 5.61$$

Una vez que se determinó el parámetro correspondiente a la mínima distancia entre los dos puntos ya podemos hallar dicha distancia mínima. En el espacio-tiempo la distancia mínima está dada por la distancia de universo ds. De manera que la mínima distancia l que buscamos es:

$$l = \int_A^B ds \qquad 5.62$$

Donde A y B son los dos puntos cuya distancia geodésica buscamos.

Y de acuerdo a lo expuesto antes, la condición de distancia geodésica entre A y B es:

$$\delta l = \delta \int_A^B ds = \int_A^B \delta(ds) = 0 \qquad 5.63$$

Veamos ahora las expresiones variacionales de ambos miembros de la distancia de universo en la ecuación 4.30:

$$\delta(ds^2) = ds \cdot \delta(ds) + \delta(ds) \cdot ds = 2 \cdot ds \cdot \delta(ds) \qquad 5.64$$

$$\delta(g_{\mu\nu} \cdot x_\mu \cdot x_\nu) = \\ \delta(g_{\mu\nu}) \cdot dx_\mu \cdot dx_\nu + g_{\mu\nu} \cdot \delta(dx_\mu) \cdot x_\nu + g_{\mu\nu} \cdot dx_\mu \cdot \delta(dx_\nu) \qquad 5.65$$

Donde los símbolos δ se deben interpretar de acuerdo a la ecuación 5.58. Además, por razones de simetría, el segundo y tercer sumando de la 5.63 son iguales. Introduciendo estos dos conceptos en la 5.62 y 5.63 e igualándolas obtenemos:

$$2 \cdot ds \cdot \delta(ds) = \frac{1}{2} \cdot \frac{\partial g_{\mu\nu}}{\partial x_\alpha} \cdot \delta x_\alpha \cdot \frac{dx_\mu}{ds} \cdot dx_\nu + g_{\mu\nu} \cdot \frac{dx_\mu}{ds} \cdot \delta(dx_\nu) \qquad 5.66$$

Recordando que la variación de un diferencial es igual al diferencial de la variación; δ(dx) = d(δx), despejando δ(ds) de la 5.66, y aplicando la 5.62 al resultado, obtenemos:

$$\delta l = \int_A^B \delta(ds) = \int_A^B \frac{1}{2} \cdot \frac{\partial g_{\mu\nu}}{\partial x_\alpha} \cdot \delta x_\alpha \cdot \frac{dx_\mu}{ds} \cdot \frac{dx_\nu}{ds} \cdot ds + \int_A^B g_{\mu\nu} \cdot \frac{dx_\mu}{ds} \cdot d(\delta x_\nu) \qquad 5.67$$

Debemos encontrar la condición matemática para la cual esta integral sea igual a cero tal como lo establece la 5.63. Tal condición no será otra cosa que la ecuación de la geodésica que buscamos.

Comencemos entonces haciendo que ambas integrales del segundo miembro de 5.67 tengan la misma variable independiente: ds. Para ello integremos la segunda integral por partes y obtenemos:

$$\int_A^B g_{\mu\nu} \cdot \frac{dx_\mu}{ds} \cdot d(\delta x_\nu) = \left| g_{\mu\nu} \cdot \frac{dx_\mu}{ds} \cdot \delta x_\nu \right|_A^B - \int_A^B \delta x_\nu \cdot d\left(g_{\mu\nu} \cdot \frac{dx_\mu}{ds}\right) \qquad 5.68$$

Pero dado que los puntos A y B están sobre una geodésica es $\delta x_\nu = 0$.

Además si expandimos el diferencial del producto entre paréntesis del segundo término del segundo miembro, la fórmula 5.68 queda igual a:

$$\int_A^B g_{\mu\nu} \cdot \frac{dx_\mu}{ds} \cdot d(\delta x_\nu) = -\int_A^B \left[\frac{\partial g_{\mu\nu}}{\partial x_\beta} \cdot \frac{dx_\mu}{ds} \cdot dx_\beta + g_{\mu\nu} \cdot d\left(\frac{dx_\mu}{ds}\right)\right] \cdot \delta x_\nu \qquad 5.69$$

Y sacando a ds como factor común del término entre corchetes:

$$\begin{aligned} &\int_A^B g_{\mu\nu} \cdot \frac{dx_\mu}{ds} \cdot d(\delta x_\nu) = \\ &-\int_A^B \left[\frac{\partial g_{\mu\nu}}{\partial x_\beta} \cdot \frac{dx_\mu}{ds} \cdot \frac{dx_\beta}{ds} + g_{\mu\nu} \cdot \frac{d}{ds}\left(\frac{dx_\mu}{ds}\right)\right] \cdot \delta x_\nu \cdot ds \end{aligned} \qquad 5.70$$

Y llevando esta integral a la 5.67 e igualándola a 0 según establece la condición de curva geodésica entre A y B:

$$\delta l = \int_A^B \left[\frac{1}{2} \cdot \frac{\partial g_{\mu\nu}}{\partial x_\alpha} \cdot \frac{dx_\mu}{ds} \cdot \frac{dx_\nu}{ds} - \frac{\partial g_{\mu\nu}}{\partial x_\beta} \cdot \frac{dx_\mu}{ds} \cdot \frac{dx_\beta}{ds} - g_{\mu\nu} \cdot \frac{d}{ds}\left(\frac{dx_\mu}{ds}\right)\right] \cdot \delta x_\nu \cdot ds = 0 \qquad 5.71$$

Dado que δx_ν y ds no son nulos, la expresión entre corchetes es cero y con ella tenemos ya una expresión primaria de la ecuación geodésica:

$$-\frac{1}{2} \cdot \frac{\partial g_{\mu\nu}}{\partial x_\alpha} \cdot \frac{dx_\mu}{ds} \cdot \frac{dx_\nu}{ds} + \frac{\partial g_{\mu\nu}}{\partial x_\beta} \cdot \frac{dx_\mu}{ds} \cdot \frac{dx_\beta}{ds} + g_{\mu\nu} \cdot \frac{d}{ds}\left(\frac{dx_\mu}{ds}\right) = 0 \qquad 5.72$$

Para simplificar la expresión final hacemos que sea:

$$\frac{\partial g_{\mu\nu}}{\partial x_\beta} = \frac{1}{2} \cdot \left(\frac{\partial g_{\mu\alpha}}{\partial x\nu} + \frac{\partial g_\nu}{\partial x\mu}\right) \qquad 5.73$$

Reemplazando 5.73 en la 5.72 tendremos:

$$-\frac{1}{2} \cdot \frac{\partial g_{\mu\nu}}{\partial x_\alpha} \cdot \frac{dx_\mu}{ds} \cdot \frac{dx_\nu}{ds} + \frac{1}{2} \cdot \left(\frac{\partial g_{\mu\alpha}}{\partial x\nu} + \frac{\partial g_\nu}{\partial x\mu}\right) \cdot \frac{dx_\mu}{ds} \cdot \frac{dx_\beta}{ds} + g_{\mu\nu} \cdot \frac{d}{ds}\left(\frac{dx_\mu}{ds}\right) = 0 \qquad 5.74$$

Y agrupando en ésta los términos con derivadas de los potenciales gravitatorios obtenemos finalmente la expresión covariante de la ecuación geodésica:

$$g_{\mu\nu} \cdot \frac{d^2x_\mu}{ds^2} + \frac{1}{2} \cdot \left(\frac{\partial g_{\mu\alpha}}{\partial x\nu} + \frac{\partial g_{\nu\alpha}}{\partial x\mu} - \frac{\partial g_{\mu\nu}}{\partial x_\alpha}\right) \cdot \frac{dx_\mu}{ds} \cdot \frac{dx_\nu}{ds} = 0 \qquad 5.75$$

El carácter tensorial de esta expresión nos anticipa que su forma no cambiará si usamos otro sistema de referencia arbitrario.

Si multiplicamos ahora la 5.75 por el tensor métrico contravariante, obtenemos la forma contravariante de la ecuación geodésica:

$$\frac{d^2x_\mu}{ds^2}+\frac{1}{2}\cdot\left(\frac{\partial g_{\mu\alpha}}{\partial x\nu}+\frac{\partial g_{\nu\alpha}}{\partial x\mu}-\frac{\partial g_{\mu\nu}}{\partial x_\alpha}\right)\cdot g^{\mu\nu}\cdot\frac{dx_\mu}{ds}\cdot\frac{dx_\nu}{ds}=0 \qquad 5.76$$

Y si consideramos ahora la ecuación 5.34 del símbolo de Christophel de segunda especie, podemos simplificar aún más la ecuación anterior, y obtener así la expresión más conocida de la forma contravariante de la ecuación geodésica:

$$\frac{d^2x^\mu}{ds^2}+\Gamma^\mu_{\alpha\beta}\cdot\frac{dx^\alpha}{ds}\cdot\frac{dx^\beta}{ds}=0 \qquad 5.77$$

En la que según vimos antes, el segundo sumando es igual a cero en el caso de espacios planos.

7. Transporte paralelo, curvatura y geodésicas

Vimos que la variación de un vector tangente $\bar{T}$ a una superficie n-dimensional está dada por su derivada covariante, por lo cual de acuerdo a la definición de curvatura vista en la ecuación 4.40, esta derivada es igual a la curvatura de la superficie. La ecuación de ésta es entonces:

$$\kappa_\mu=\frac{DT^\mu}{ds}=\frac{\partial T^\mu}{\partial x^\nu}-\Gamma^\mu_{\nu\alpha}\cdot T^\alpha \qquad 5.78$$

Pero en un espacio plano tridimensional un vector tangente se define como la derivada del radio de curvatura respecto del espacio recorrido. Llevando esta definición a una forma generalizada resulta la fórmula 4.41:

$$T^\mu=\frac{dx^\mu}{ds} \qquad 4.41$$

Si reemplazamos al vector tangente T^μ de la fórmula 4.41 en la ecuación 5.78 de la curvatura obtenemos la siguiente ecuación de la curvatura primera de una superficie n-dimensional.

$$\kappa_\mu=\frac{d^2x^\mu}{ds^2}+\Gamma^\mu_{\nu\alpha}\cdot\frac{dx^\nu}{ds}\cdot\frac{dx^\alpha}{ds} \qquad 5.79$$

Si comparamos ahora esta ecuación con la ecuación geodésica 5.75, llegamos a la conclusión que la curvatura de una superficie, medida sobre un punto de una de sus infinitas geodésicas, es nula. Hay otra conclusión adicional que podemos sacar de este concepto: el transporte paralelo de un vector tangente se realiza forzosamente sobre una geodésica.

Y concluyamos este tema reiterando que la curvatura es una propiedad intrínseca de la superficie n-dimensional, que no depende del sistema de referencia usado. Por lo tanto se la puede definir solamente en base a sus características geométricas propias sin necesidad de sistemas de referencia externos.

8. Algo para recordar sobre tensores, geodésicas y curvatura

Los tensores

1. Las propiedades de un agente físico en un punto de un espacio n-dimensional se representan mediante grupos de números, cada uno en relación con una o más de las coordenadas del sistema de referencia de n dimensiones. Tales agrupamientos de números se llaman tensores y a cada número se lo denomina componente del tensor. Estos números pueden corresponder a propiedades físicas de diferente naturaleza.

2. Las relaciones tensoriales son lineales, con lo cual es válido preguntar qué sucede si el fenómeno estudiado no es lineal. Afortunadamente las leyes matemáticas que describen la Naturaleza son generalmente diferenciables, por lo tanto se las puede aproximar a una suma de expresiones matemáticas lineales. Tales sumas suelen ser muy largas y la notación tensorial es la que permite compactarlas y manipularlas sin necesidad de largos desarrollos.

3. El producto de un tensor de rango S por uno de rango P genera un tensor de rango S+P.

4. Dos tensores son iguales solamente en el caso que sus respectivas componentes también lo sean.

5. Si dos tensores son iguales en un sistema de referencia arbitrario, lo seguirán siendo en cualquier otro sistema de referencia. Es por esto que una ecuación tensorial es invariante.

6. Si un tensor es igual a cero, todos sus componentes son también iguales a cero y en cualquier sistema de referencia.

7. Un tensor de rango dos se obtiene multiplicando dos cuadrivectores covariantes, contravariantes o mixtos.

8. El producto interno de dos tensores se hace con dos operaciones sucesivas: la multiplicación entre ellos y la contracción del producto resultante.

9. El producto interno de dos cuadrivectores es un escalar.

10. Los tensores pueden ser "construidos a medida", propiedad que los hace muy útiles en la Relatividad General, ya que mediante consideraciones físicas conceptuales se puede llegar a ellos sin necesidad de deducciones matemáticas complejas.

Estas pocas operaciones tensoriales son las que necesitaremos para desarrollar las ecuaciones de la Relatividad General. El conocimiento de aquéllas es el "motor" matemático necesario para entender esta ciencia.

Geodésicas y curvatura

Cuando un vector se lo transporta paralelamente a sí mismo sufre variaciones de su fase y de sus componentes, porque el sistema de referencia cambia con la posición del mismo en el espacio. Estas variaciones permiten identificar la curvatura de la superficie a la cual es tangente y determinar las geodésicas sobre esa superficie.

Entonces hay seis conceptos matemáticos a recordar que permiten el desarrollo y comprensión de una teoría gravitatoria geométrica (Relatividad General):

1. El transporte paralelo de un vector tangente a una hipersuperficie. El que permite deducir:

2. La derivada covariante. La que a su vez permite deducir:

3. La ecuación diferencial de una geodésica

4. Y a) y b) también sirven para determinar la curvatura del espacio-tiempo

5. La curvatura de una superficie es la derivada covariante del vector tangente.

6. Sobre una geodésica la curvatura de la superficie a la cual ella pertenece es nula

Capítulo 6

LA GRAVEDAD GEOMÉTRICA

La explicación física del Cosmos . . . ¡está en la Geometría!

La obra de Einstein de 1915

La gravedad geométrica . . . ésa es la Relatividad General de Einstein, a veces también llamada "dinámica geométrica" (geometrodynamics). Sin embargo es más adecuado nombrarla como "gravedad geométrica", por que explica a la gravedad como un fenómeno de geometría del espacio-tiempo y no de fuerzas como lo hace la Mecánica Clásica.

Ya sabemos cómo se manifiesta la gravedad: curva el espacio-tiempo. Pero hay dos preguntas que no sabemos contestar, por ahora: ¿Cómo se relaciona la curvatura del espacio-tiempo con la masa creadora de un campo gravitatorio? ¿Solamente las masas curvan el espacio-tiempo? ¿O hay otros "entes gravitatorios" capaces de generar curvaturas en el espacio-tiempo? Las contestaciones a estas preguntas están en la Relatividad General, las que fueron conocidas en 1915 . . . hace casi cien años.

La primera pregunta anterior se puede contestar con una deducción matemática como estamos acostumbrados en las Ciencias Exactas, partiendo de conceptos físicos previos, pero la verdad es que no nació de esta manera. Einstein pre-estableció las condiciones que debe reunir una teoría gravitatoria y luego "construyó" las ecuaciones que cumplen con los postulados que estableció. Esas ecuaciones son las que hoy conocemos como las ecuaciones del campo gravitatorio de Einstein. Parece sencillo pero la verdad es que a Einstein, hombre preparado para este cometido, le llevó años de trabajo.

Algunos de ellos para aprender el Cálculo Tensorial o Absoluto del cual tenía escasa, sino nulas, referencias. Y hacemos este comentario para que el lector no se sienta mal cuando expliquemos algunos fenómenos físicos con la ayuda de las formas básicas del Cálculo Tensorial. Pero para no desviarnos de la Física usaremos los tensores solamente en su medida justa para entender la Relatividad General, ya que no pretendemos que este libro sustituya la numerosa y excelente bibliografía que hay sobre el Cálculo Tensorial.

Y con todo derecho Ud. se preguntará si el procedimiento mencionado antes, de construcción de las ecuaciones del campo gravitatorio, no es un invento teórico desconectado de la realidad. La verdad es que no es así, ya que si bien se trata de una elaboración teórica compleja, hecha por un solo hombre, ha sido comprobada experimentalmente en numerosas ocasiones. Y eso hace que una teoría física sea correcta: es decir que sus fórmulas generan resultados que coinciden con los fenómenos naturales y es capaz de predecirlos con exactitud . . . hasta que otra teoría la reemplace por ser más abarcativa y exacta que la anterior.

1. Construcción de una teoría gravitatoria geométrica

El desarrollo de la Relatividad General, como la de muchas teorías físicas, requiere postular lo que ellas deben tener en su "sustrato básico". Sabemos que en general, las ciencias creadas por el intelecto humano no nacieron después de haber postulado lo que se esperaba de ella, pero en este caso fue así históricamente. Vamos entonces a postular en este punto lo que esperamos y por lo tanto lo que debiera contener una teoría gravitatoria. Lo haremos bajo la forma de una serie de condiciones que enumeraremos sintéticamente y que a lo largo de este libro iremos demostrando que se cumplen en la Relatividad General.

1. **Condición de predicción y coherencia con la Mecánica Clásica**

   La causa para buscar una teoría gravitatoria diferente a la de la Mecánica Clásica es que la realidad astronómica que observamos y lo que dicen las leyes de Newton no siempre coinciden. Por lo tanto establecemos que una teoría gravitatoria debe ser capaz de predecir y explicar más exactamente que la Mecánica Clásica los fenómenos gravitatorios que se observan en el Cosmos. A su vez, bajo las condiciones en que la Mecánica de Newton demuestra ser exacta (campos gravitatorios débiles), los resultados de una nueva teoría gravitatoria deben ser coherentes con esta última.

2. **Covariancia y sistema de referencia**

La teoría debe ser válida en cualquier sistema de referencia. No se admite que sea válida solamente en algunos de ellos. Dicho de otra manera, la teoría buscada no debe tener sistemas de observación privilegiados. Esta condición significa que el sistema de referencia desde el cual observaremos el fenómeno gravitatorio es completamente arbitrario y puede o no estar acelerado. Recordando la Relatividad Especial, este enunciado es el mismo principio de relatividad pero generalizado a sistemas arbitrarios.

La consecuencia importante de esta condición de validez es que debemos encontrar leyes gravitatorias, cuya forma matemática no dependa del sistema arbitrario donde se la aplica. Es la conocida condición de "covariancia de las leyes físicas". Esta covariancia no debe ser confundida con la propiedad de aquellos tensores que varían en el mismo sentido que sus coordenadas. En realidad la covariancia de las leyes físicas significa la "invariancia de las expresiones matemáticas ante las transformaciones de coordenadas".

3. **Condición de causa y consecuencia**

Dado que de la observación de algunos fenómenos y lo establecido por la Relatividad Especial y el Principio de Equivalencia se demuestra que un campo gravitatorio curva el espacio-tiempo, la teoría buscada debe tener como causa del fenómeno gravitatorio a la masa y/o su equivalente; la energía. Y la consecuencia de la gravedad debe ser la variación de las propiedades geométricas del espacio-tiempo, variación que se mide con el valor de su curvatura. Es por esta razón que la teoría que buscamos es una "teoría geométrica de la gravedad".

4. **Condición de carácter tensorial**

Las expresiones matemáticas que cumplen con las condiciones de covariancia en sistemas arbitrarios son las desarrolladas en el Cálculo

Tensorial. Por lo tanto debemos encontrar un tensor que represente la curvatura del espacio-tiempo y otro la masa-energía y relacionarlos matemáticamente entre sí. Los tensores a encontrar son entonces el "tensor de curvatura del espacio-tiempo" y el "tensor de masa-energía" o simplemente "tensor de energía". Para entender porque el tensor debe incluir la energía, recordemos una de las ecuaciones más famosas y populares: $E = m{\cdot}c^2$. La idea es que si la masa equivale a la energía, ésta puede también actuar gravitatoriamente y curvar el espacio-tiempo. Es por esto que el tensor de energía se expresa en términos de energía o de masa por unidad de volumen.

5. **Condición de proporcionalidad entre tensores**

Para respetar la relación causa-efecto de la gravedad debe existir una proporcionalidad entre el tensor de energía y el de curvatura. En resumen: una teoría gravitatoria debe expresarse matemáticamente con una expresión tensorial de la siguiente forma:

$$\textit{Tensor de curvatura} \propto \textit{Tensor de masa-energía} \qquad 6.1$$

Demás está decir que esta expresión es la forma general de las ecuaciones del campo gravitatorio de Einstein, las que conceptualmente establecen que la causa de la gravedad son la masa y/o la energía y que la consecuencia es la curvatura del espacio-tiempo. En general es conocido el tensor de energía y completamente desconocidos los coeficientes métricos $g_{\mu\nu}$. Pero como el tensor de curvatura es una función exclusiva de estos últimos, las ecuaciones de campo permiten calcular los coeficientes métricos $g_{\mu\nu}$. Ya veremos que esto no es tan simple, pero para algunos casos específicos es posible encontrar una solución. Lo que no existe es una solución general aplicable a cualquier caso.

6. **Condición geométrica del espacio-tiempo**

Dado que la Relatividad Especial y el Principio de Equivalencia demuestran que las relaciones geométricas del espacio-tiempo en presencia de campos gravitatorios no son euclídias, la distancia entre dos puntos de una gravitación geométrica debe hacerse según la teoría de Gauss y responder a la métrica de la ecuación 4.30, que recordamos a continuación:

$$ds^2 = g_{\mu v} \cdot dx_\mu \cdot dx_v \qquad 4.30$$

Una importante conclusión de esta ecuación es que, toda vez que los coeficientes métricos $g_{\mu v}$ sean diferentes a 1, el espacio-tiempo se comporta como una hiper-superficie curva (manifold). Las trayectorias de las partículas libres en un campo gravitatorio siguen la curvatura de estas superficies, como si estuvieran apoyadas en ellas.

7. **Condición de coincidencia con la ley de Newton en el caso límite**

Las condiciones antes mencionadas de covariancia y validez en sistemas arbitrarios no son suficientes. Es necesario también que las nuevas leyes gravitatorias coincidan en un caso límite con las de Newton, porque éstas han sido capaces de predecir la gran mayoría de los movimientos planetarios con gran precisión. Y este caso límite es el de los campos gravitatorios débiles, que son los que existen en nuestro Sistema Solar. Por lo tanto, la teoría geométrica de la gravedad debe arrojar resultados y tener expresiones matemáticas de sus leyes idénticas a las de la Mecánica Clásica, toda vez que se trate de campos gravitatorios débiles.

8. **Identificación de potenciales gravitatorios**

La condición de coincidencia del punto 7 dice que en campos débiles la ecuación tensorial del punto 5 se debe igualar con la ecuación de Poisson:

$$\Delta\Phi = 4 \cdot \pi \cdot G \cdot \rho \qquad 4.1$$

Donde $\Delta\varphi$ es el laplaciano del potencial gravitatorio y ϱ es la densidad de la masa gravitatoria. De acuerdo a la Relatividad General esta ecuación es correcta para el caso particular de los campos gravitatorios débiles, donde el término de la izquierda equivale al tensor de curvatura y el de la derecha al de energía. En la Geometría de Riemann, que es la aplicable en la Relatividad General, la curvatura es una función de las derivadas segundas de los coeficientes métricos $g_{\mu v}$, al igual que el laplaciano de φ es una función de la derivada segunda respecto del espacio del potencial φ. Por lo tanto los coeficientes métricos $g_{\mu v}$ desempeñan el papel de los potenciales gravitatorios en la teoría de la gravedad geométrica. Esta conclusión ya la habíamos mencionado antes.

Y de esto surge una condición para el tensor de curvatura: el potencial o potenciales gravitatorios debe ser lineal y homogéneo respecto de las derivadas segundas y no debe presentar diferenciales superiores a segundo orden, porque la ecuación de Poisson tampoco los tiene.

9. Condición de trayectoria geodésica

Recordemos que una trayectoria geodésica es aquélla en que sus puntos están unidos por el camino más corto (más recto) posible. La Mecánica Clásica establece que las partículas libres siguen trayectorias geodésicas debido al principio de mínima acción, el que aplicado al espacio-tiempo se expresa mediante la siguiente ecuación:

$$\delta l = \delta \int_A^B ds = \int_A^B \delta(ds) = 0 \qquad 5.63$$

La teoría gravitatoria geométrica debe por lo tanto establecer también que las partículas libres en un campo gravitatorio se mueven siguiendo trayectorias geodésicas.

Esta condición corrobora la conclusión del punto 8 anterior toda vez que se comparan la ecuación de la geodésica en un espacio curvo y la de la trayectoria de una partícula libre según la Mecánica Clásica, en un espacio plano. Veamos ambas ecuaciones y notemos sus analogías:

a) Ecuación geodésica en la Mecánica Clásica (espacio euclídio)

$$\frac{d^2 x_\alpha}{dt^2} + \nabla\Phi = 0 \qquad 6.2$$

Donde el gradiente del potencial gravitatorio $\nabla\Phi$ es función de la derivada primera de dicho potencial.

b) Ecuación geodésica en una hiper-superficie (espacio no euclídio)

$$\frac{d^2 x^\alpha}{ds^2} + \frac{1}{2} \cdot \Gamma^\alpha_{\mu\upsilon} \cdot \frac{dx^\mu}{ds} \cdot \frac{dx^\upsilon}{ds} = 0 \qquad 6.3$$

Donde $\Gamma^{\alpha}_{\mu\upsilon}$ es el símbolo de Christoffel de primera especie, el cual es una función de las derivadas primeras de los potenciales gravitatorios $g_{\mu\upsilon}$ solamente. El primer sumando de la 6.2 representa las fuerzas de inercia y el segundo las gravitacionales. Lo mismo sucede en la ecuación 6.3.

Dado que en campos débiles el segundo sumando de la ecuación 6.3 representa la curvatura del espacio, ella será equivalente al gradiente $\nabla\Phi$ de la ecuación 6.2 y que los $g_{\mu\upsilon}$ están bajo la forma de sus derivadas respecto de las coordenadas, al igual que el gradiente $\nabla\Phi$, nuevamente concluimos que los $g_{\mu\upsilon}$ son los potenciales gravitatorios de la gravedad geométrica.

10. **Principio de conservación de la energía**

La teoría gravitatoria geométrica debe respetar el Principio de Conservación de la Energía y por lo tanto la divergencia del tensor de energía debe ser igual a cero:

$$\nabla \cdot T = \frac{\partial T_{\mu\upsilon}}{\partial x^{\alpha}} = 0 \qquad 6.4$$

Esto lleva también a establecer que la divergencia del tensor de curvatura debe también ser igual a cero, puesto que ambos difieren solamente en una constante (ver punto 5 anterior).

Y con esta última condición ya tenemos el "esqueleto estructural" de lo que debe ser la teoría gravitatoria geométrica.

2. Las ecuaciones del campo gravitatorio o . . .

. . . las ecuaciones de Dios, como dice el título del excelente libro de Amir D. Aczel. Y si el lector no fuera creyente piense entonces en estas ecuaciones como el "código para la construcción de un universo", o "código cósmico".

Veamos cómo está formado el código del Universo en el que vivimos. De acuerdo a las bases sentadas para la construcción de una teoría gravitatoria geométrica, tenemos que relacionar la curvatura del espacio con la energía, estando ésta bajo cualquiera de sus formas y en especial de la masa. Pero el tensor energía es en general bien conocido. La pregunta es: ¿Cómo es el espacio-tiempo en presencia un determinado tensor de energía? ¿Cuáles son sus coeficientes métricos? ¿Cuál es la geometría que lo describe correctamente? Como vemos, la teoría gravitatoria geométrica es la búsqueda de la geometría del espacio-tiempo que corresponde a una cierta distribución de masa y energía. ¿Para qué? Para poder determinar los movimientos de los cuerpos y la luz en medio de un campo gravitatorio y también para aplicar a consideraciones cosmológicas, campos en donde la Relatividad General es la única ciencia que ha resultado exitosa.

El cálculo de la curvatura en base al tensor de energía, es en realidad una forma de decir que buscamos el valor o la fórmula de los potenciales gravitatorios, que son los que determinan la geometría del espacio-tiempo. ¿Qué tensor geométrico es una función de los coeficientes métricos solamente? ¿Tiene divergencia nula como lo requiere la Física?

Bien, la búsqueda Einstein por este tensor fue premiada cuando su amigo Grossman le hizo ver la punta de un iceberg: la geometría de Riemann. En ella existe un tensor de cuarto orden, llamado tensor de Riemann, que mide directamente la curvatura del espacio al que se lo aplique. Este tensor aparece en la ecuación de la variación de un vector que se desplaza paralelamente sobre una superficie curva y representa la curvatura de dicha superficie. Recordemos que tal vector sufre dos variaciones: una debida a las variaciones propias del campo y otra debida a la curvatura de esa superficie. Esta última componente de la variación entre dos puntos alejados infinitesimalmente está dada por la ecuación 5.47, la que aplicada a un vector covariante es:

$$\delta A^{\mu} = \Gamma^{\mu}_{\nu\alpha} \cdot dx_{\nu} \cdot A^{\alpha} \qquad 6.5$$

Si ahora calculamos la integral de δA^{μ} a lo largo de un contorno cerrado, obtendremos la variación total ΔA^{μ} del vector A^{μ}, debida a la curvatura de la superficie sobre la cual se desplaza. La fórmula resultante contiene a la curvatura de la superficie bajo la forma del tensor de Riemann. La variación total ΔA^{μ} se obtiene integrando la 6.5. Resolvemos esta integral aplicando el teorema de Stokes, para transformar la integral de línea en una integral de la superficie Ω:

$$\Delta A_{\mu} = \oint \Gamma^{\alpha}_{\mu\nu} \cdot A_{\alpha} \cdot dx^{\nu} = \frac{1}{2} \cdot R^{\alpha}_{\mu\xi\nu} \cdot A_{\alpha} \cdot d\Omega^{\xi\nu} \qquad 6.6$$

En la ecuación 6.6 aparece el tensor de Riemann $R^{\alpha}_{\mu\xi\nu}$ que sabemos que mide la curvatura de la superficie, mediante la siguiente expresión:

$$R^{\alpha}_{\mu\xi\nu} = \frac{\partial\Gamma^{\alpha}_{\mu\nu}}{\partial x^{\xi}} - \frac{\partial\Gamma^{\alpha}_{\mu\xi}}{\partial x^{\nu}} + \Gamma^{\beta}_{\mu\nu}\cdot\Gamma^{\alpha}_{\beta\xi} - \Gamma^{\beta}_{\mu\xi}\cdot\Gamma^{\alpha}_{\beta\nu} \qquad 6.7$$

Las unidades en que se mide este tensor es la inversa de una longitud al cuadrado. Si este vector es nulo también lo será la variación del vector, lo que demuestra que toda vez que el tensor de Riemann es nulo, el espacio es plano.

La ecuación 6.7 indica que el tensor de Riemann es de rango 4 y por lo tanto no lo podemos introducir en la ecuación 6.1, porque el tensor de energía es de rango 2. Entonces, para cumplir con la ecuación 6.1 reducimos el rango del tensor de Riemann mediante una contracción y obtenemos así un tensor de rango 2, llamado tensor de Ricci, o tensor contraído del de Riemann, el que si se puede igualar con el tensor de energía. Esta contracción es posible hacerla porque el tensor de Riemann es también un tensor mixto. Es importante destacar que el tensor de Ricci no es exactamente una medición de la curvatura, como lo es el de Riemann, pero mide el alejamiento que tiene el espacio-tiempo respecto de un espacio euclídio y es una función únicamente de los coeficientes métricos y sus derivadas, que es lo que estamos buscando.

Contraemos el tensor 6.7 haciendo $\alpha = \xi$ y así obtenemos la expresión matemática del tensor de Ricci:

$$R_{\mu\nu} = \frac{\partial\Gamma^{\alpha}_{\mu\nu}}{\partial x^{\xi}} - \frac{\partial\Gamma^{\alpha}_{\mu\xi}}{\partial x^{\nu}} + \Gamma^{\beta}_{\mu\nu}\cdot\Gamma_{\beta} - \Gamma^{\beta}_{\mu\alpha}\cdot\Gamma^{\alpha}_{\beta\nu} \qquad 6.8$$

Al igual que el tensor de Riemann, el de Ricci se mide en la inversa de una longitud al cuadrado. Si a su vez contraemos este tensor obtendremos un escalar *R* llamado "curvatura invariante" (por ser un escalar) o "curvatura escalar del espacio-tiempo".

El tensor de Ricci no es mixto, de manera que primero hay que subir su subíndice aplicando la ecuación 5.28:

$$\delta^{\mu}_{\nu} = g_{\nu\beta}.g^{\mu\alpha} \qquad 5.28$$

Contraemos haciendo $\alpha = \nu$ en la siguiente expresión:

$$R_{\mu\nu} = g_{\nu\beta} \cdot g^{\mu\alpha} \bullet R_{\mu\nu} = g_{\nu\beta} \cdot R \qquad 6.9$$

Donde definimos la "curvatura escalar" mediante:

$$R = g^{\mu\nu} \bullet R_{\mu\nu} \qquad 6.10$$

Este escalar se mide igual que el tensor de Riemann y el de Ricci, es decir en unidades de la inversa de una longitud al cuadrado. La principal propiedad de este escalar es que en un espacio euclídio es igual a cero. Por lo tanto, la curvatura escalar, a diferencia del tensor de Ricci, identifica totalmente si un espacio es plano, o no.

Y las ecuaciones que buscamos parecen evidentes si decimos que el tensor de Ricci es proporcional al tensor de energía. Lamentablemente el tensor de Ricci tiene divergencia no nula lo cual es inadmisible, porque el tensor de energía tiene divergencia nula para que responda al principio de conservación de la energía. ¿Cómo se resolvió esto? La respuesta a esta pregunta fue una de las más intensas búsquedas de Einstein, quien finalmente construyó otro tensor, llamado ahora tensor de Einstein, cuya divergencia es nula:

$$G_{\mu\nu} = R_{\mu\nu} - \frac{1}{2} \cdot g_{\mu\nu} \cdot R \qquad 6.11$$

La propiedad del tensor de Einstein puede comprobarse fácilmente haciendo su derivada respecto de las coordenadas del espacio-tiempo. El trabajo es tedioso si no se dispone de un programa de matemáticas, pero en cualquier caso debe llegarse al siguiente resultado:

$$\frac{dG_{\mu\nu}}{dx_{\mu}} = 0 \qquad 6.12$$

Listo, el trabajo de construcción de las diez "*ecuaciones del campo gravitatorio*" está hecho y ellas son:

$$\boldsymbol{G_{\mu\nu} = R_{\mu\nu} - \frac{1}{2} \cdot g_{\mu\nu} \cdot R = \chi \cdot T_{\mu\nu}} \qquad 5.79$$

Donde χ es la constante de proporcionalidad entre el tensor de curvatura y el de energía. Y estas diez ecuaciones son nuestro "código cósmico".

$$
\begin{aligned}
&-\left(\frac{\partial}{\partial x_\alpha}\left(\frac{1}{2}\, g_{\sigma,\alpha}\left(\frac{\partial}{\partial x_\nu}\, g_{\mu,\alpha}+\frac{\partial}{\partial x_\mu}\, g_{\nu,\alpha}-\left(\frac{\partial}{\partial x_\alpha}\, g_{\mu,\nu}\right)\right)\right)\right)\\
&\quad+\frac{\partial}{\partial x_\nu}\left(\frac{1}{2}\, g_{\sigma,\tau}\left(\frac{\partial}{\partial x_\alpha}\, g_{\mu,\tau}+\frac{\partial}{\partial x_\mu}\, g_{\alpha,\tau}-\left(\frac{\partial}{\partial x_\tau}\, g_{\mu,\alpha}\right)\right)\right)\\
&\quad+\frac{1}{4}\, g_{\sigma,\tau}^2\left(\frac{\partial}{\partial x_\beta}\, g_{\mu,\tau}+\frac{\partial}{\partial x_\mu}\, g_{\beta,\tau}\right.\\
&\quad\left.-\left(\frac{\partial}{\partial x_\tau}\, g_{\mu,\beta}\right)\right)\left(\frac{\partial}{\partial x_\alpha}\, g_{\nu,\tau}+\frac{\partial}{\partial x_\nu}\, g_{\alpha,\tau}-\left(\frac{\partial}{\partial x_\tau}\, g_{\nu,\alpha}\right)\right)\\
&\quad-\frac{1}{4}\, g_{\sigma,\alpha}\left(\frac{\partial}{\partial x_\mu}\, g_{\nu,\alpha}+\frac{\partial}{\partial x_\nu}\, g_{\mu,\alpha}\right.\\
&\quad\left.-\left(\frac{\partial}{\partial x_\alpha}\, g_{\nu,\mu}\right)\right)g_{\sigma,\tau}\left(\frac{\partial}{\partial x_\beta}\, g_{\alpha,\tau}+\frac{\partial}{\partial x_\alpha}\, g_{\beta,\tau}\right.\\
&\quad\left.-\left(\frac{\partial}{\partial x_\tau}\, g_{\alpha,\beta}\right)\right)-\frac{1}{2}\, g_{\mu,\nu}\, g_{\nu,\mu}\, R_{\nu,\mu}=\\
&\quad-\frac{8\,\pi\, G\left(\left(\rho\, c^2+P\right)u_\mu\, u_\nu+g_{\mu,\nu}\, P\right)}{c^2}
\end{aligned}
$$

Figura 6.1. Ecuaciones de campo 6.13, desarrolladas para exponer sus diez incógnitas, que son los potenciales gravitatorios o coeficientes métricos

Si desarrollamos estas ecuaciones de campo reemplazando los tres tensores que contiene, por sus expresiones en función de los símbolos de Christoffel y éstos a su vez se los sustituye por sus fórmulas en función de las derivadas de los coeficientes métricos o potenciales gravitatorios, se obtiene una larga expresión que se muestra en la Figura 6.1. Asignando los valores de 0 a 3 a los diferentes subíndices de estas ecuaciones, se generan cada una de las diez ecuaciones de campo, donde las incógnitas son los potenciales gravitatorios. Es fácil notar la complejidad de ellas, puesto que se trata de ecuaciones a derivadas parciales, que son no lineales por tener productos de las derivadas de sus incógnitas y por lo tanto no se puede decir que tengan una única solución de carácter general. De hecho han sido resueltas, como dijimos antes, solamente en casos especiales. La Figura 6.1 fue obtenida con el auxilio del programa de matemáticas de Maple, versión 11. Se la incluye solamente a título informativo para que el lector tenga una idea de la complejidad de las ecuaciones de Einstein y de la razón que éste tenía, de suponer que carecían de solución. Sin embargo él se equivocó con este juicio. Schwarzschild fue el primero en demostrarle a Einstein que estaba errado, cuando resolvió estas ecuaciones para el caso de una esfera estacionaria. Esta solución es la que describimos y aplicamos al cálculo de trayectorias relativistas de los astros, en los Capítulos 7, 8 y 9.

Veamos las unidades de medición de los términos componentes de las ecuaciones del campo gravitatorio 6.13. La curvatura siempre se mide en la inversa de longitud al cuadrado. El tensor de energía se expresa en términos de energía por unidad de volumen. Pero por la equivalencia entre masa y energía, se puede también dividir los valores anteriores por el cuadrado de la velocidad de la luz y así el tensor energía quedará expresado como una densidad de masa. En cuanto a χ, sus unidades dependerán de cómo se mida el tensor de energía, cómo densidad de masa o cómo densidad de energía. Veremos en mayor detalle este tema cuando deduzcamos la fórmula de χ en el punto 8 de este capítulo.

Otras formas de las ecuaciones del campo gravitatorio de Einstein son las siguientes, las que se explican por sí mismas.

a.) Con tensores mixtos:

$$G_{\nu}^{\mu} = R_{\nu}^{\mu} - \frac{1}{2} \cdot g_{\nu}^{\mu} \cdot R = \chi \cdot T_{\nu}^{\mu} \qquad 6.14$$

b.) Con tensor de Ricci despejado en el miembro de la izquierda:

Tomamos la 6.14 y la contraemos para $\mu = \nu$

$$G = R - \frac{1}{2} \cdot 4 \cdot R = -R = \chi \cdot T \qquad 6.15$$

Sustituyendo 6.15 en la 6.14 llegamos finalmente a:

$$R_{\nu}^{\mu} = \chi \cdot \left(T_{\nu}^{\mu} - \frac{1}{2} \cdot g_{\nu}^{\mu} \cdot T\right) \qquad 6.16$$

Y bajando el supraíndice μ, obtenemos finalmente:

$$R_{\mu\nu} = \chi \cdot \left(T_{\mu\nu} - \frac{1}{2} \cdot g_{\mu\nu} \cdot T\right) \qquad 6.17$$

Y cerraremos la interpretación de las ecuaciones del campo gravitatorio de Einstein con una situación muy común: el campo gravitatorio en el vacío. En este caso claramente resulta $T_{\mu\nu} = 0$. Por lo tanto el valor escalar de la energía T es también nulo y como consecuencia también es nulo el tensor de Ricci; $R_{\mu\nu} = 0$. ¿Significa esto que el espacio es plano? De ninguna manera, porque como dijimos antes el tensor de Ricci no tiene una relación exacta con la curvatura. Para que un espacio sea plano es condición necesaria y suficiente que su tensor de Riemann sea igual a cero.

3. Ese gran causante: el tensor de energía

Energía radiante, materia visible, materia oscura, otras formas de energía radiante, campos gravitatorios, energía química . . . y así podríamos seguir mencionando muchos otros entes gravitatorios que pululan por el Universo, contribuyendo a que éste esté "pegado" por las acciones gravitatorias que generan. Como consecuencia podemos construir una enorme cantidad de tensores de energía lo cual no sería muy práctico para nuestro fin, que es el de entender el "código del Cosmos". ¿Cuáles son las configuraciones generadoras de campos gravitatorias más comunes? Mencionemos dos de ellas:

a) Masa dispersa y finamente dividida, que se comporta como un fluido o como un conjunto de partículas, ambos en movimiento

b) Masas concentradas; planetas, estrellas, etc.

El caso a) es común observarlo en el cielo. Los aficionados a la Astronomía pueden ver con sus telescopios las nébulas de polvo y de gas frío que oscuren las estrellas y otras nébulas que están detrás de ellas. El tamaño de estos agrupamientos de polvo y gases es gigantesco y su influencia gravitatoria es también considerable. El tensor de energía de este caso deriva fácilmente en el tensor de una masa concentrada o un el de un flujo fluido.

El caso b) nos es muy familiar porque vivimos en él. Se trata de un cuerpo, como la Tierra o el Sol, que genera a su alrededor un espacio-tiempo curvado que nos lleva hacia su centro cuando caemos libremente siguiendo sus geodésicas. Su tensor de energía en el vacío es cero, pero esto no debe llamarnos a engaño y creer que allí el espacio no está curvado. Recordemos que un tensor de energía nulo significa que el tensor de Ricci es nulo, pero no el de Riemann, que es el que realmente mide la curvatura del espacio-tiempo. Los alrededores de los astros son entonces un espacio-tiempo curvado y según sea la densidad de aquéllos la curvatura puede ser tan elevada que ni la luz puede escapar de ellos. Veremos este comportamiento en mayor detalle cuando veamos la solución que dio a las ecuaciones de Einstein el astrofísico alemán Karl Schwartzschild.

¿Y las energías radiantes? Claro que son considerables, pero su poder gravitatorio es mucho menor que el de las masas antes mencionadas. La razón es simple, su equivalente en masa se obtiene dividiendo la energía por el cuadrado de la velocidad de la luz, con lo cual resultan valores muy pequeños de masa equivalente. Por lo tanto, en la construcción de nuestros tensores de energía no tendremos en cuenta la acción gravitatoria de las radiaciones.

a. Tensiones en un flujo de partículas

Un flujo viscoso de partículas en movimiento genera dos clases de tensiones; una perpendicular a su velocidad, cuyas componentes son las "tensiones normales" y otra paralela a su velocidad, cuyas componentes son las "tensiones de corte". La unidad de medición de una tensión es de fuerza por unidad de superficie, de manera que si se la multiplica y divide por la distancia recorrida por las partículas, se concluye que también pueden interpretarse como energía por unidad de volumen. Y recordemos que la energía tiene un equivalente en masa que la dota de propiedades gravitatorias.

La cantidad de componentes de cada uno de estos dos tipos de tensiones depende de la velocidad de las partículas. Si ésta es muy inferior a la velocidad de la luz, el caso se trata con las ecuaciones de la Mecánica Clásica y estamos en un espacio de tres dimensiones, en el cual la velocidad tiene solamente tres componentes. Cada una de estas componentes genera una tensión sobre los planos coordenados. Imagine el lector que cada componente de velocidad "choca" perpendicularmente con un plano coordenado y además "roza" con los otros dos.

Conclusión: habrá tres tensiones normales y seis de corte, lo que da un total de nueve tensiones generadas por el flujo de las partículas. Véase la Figura 6.2 y la explicación que sigue. La representación de ellas se hace mediante un tensor de rango 2 en un espacio de tres dimensiones.

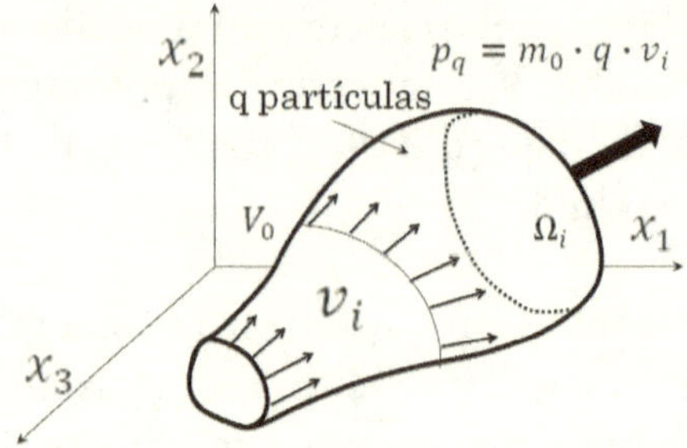

Figura 6.2. Flujo de partículas que generan tensiones normales y de corte

Si la velocidad es significativa frente a la de la luz, habrá que tener en cuenta los efectos relativistas de contracción de los espacios y dilatación del tiempo, postulados por la Relatividad Especial. Ya no podremos hacer uso de un vector velocidad con tres componentes para identificar el flujo, sino que deberemos recurrir a un cuadrivector de velocidad. Por lo tanto, en el caso relativista, tendremos un tensor de tensiones en el espacio-tiempo formado por 16 componentes.

Y así generaremos un tensor de energía que tendrá 9 componentes en el caso clásico y 16 en el relativista. La demostración de este procedimiento matemático se da a continuación.

b. Tensor clásico de energía

La ecuación de la continuidad de masa de un flujo incompresible de partículas, dice que la masa transportada por unidad de tiempo es igual a:

$$\dot{m}_i = \rho \cdot \Omega_i \cdot v_i \qquad 6.18$$

Donde:

$\dot{m}_i$ = masa por unidad de tiempo que atraviesa la superficie de área Ω_i .

ρ = densidad del volumen total de las partículas. Esta densidad es el cociente entre la masa total de ellas y el volumen total que éstas ocupan, incluyendo sus espacios vacíos intersticiales.

v_{ig} = componente de la velocidad de las partículas a lo largo del eje x_i

Trasladando el área Ω_i al primer miembro obtenemos el flujo específico de la masa de las partículas a lo largo de la coordenada x_i.

$$\phi_i = \rho \cdot v_i \qquad 6.19$$

Este flujo se mide en unidades de masa por unidad de área y de tiempo. Véase la Figura 6.2. Es simple obtener también flujo específico de energía dividiendo la 6.19 por c^2, debido a la equivalencia entre masa y energía establecida en la Relatividad Especial.

El flujo específico de masa de la ecuación 6.20, es también la densidad del momento total de las partículas. En efecto, a poco que en la ecuación 6.19 se sustituya la densidad ρ por el cociente entre la masa total de las partículas $(m_0 \cdot q)$ y el volumen total ocupado por ellas, obtenemos:

$$\rho_p = \frac{m_0 \cdot q \cdot v_i}{V_0} = \frac{p_q}{V_0} \qquad 6.20$$

Donde:

ρ_p = densidad del momento total de las partículas

m_0 = masa en reposo de cada partícula

q = cantidad de partículas en el volumen V_0

V_0 = Volumen total ocupado por el espacio donde se encuentran las q partículas

p_q = momento total de las partículas. El momento de cada partícula es $p_0 = m_0 \cdot v_i$.

La 6.19 y la 6.20 son iguales, de donde surge que el flujo específico de masa es igual a la densidad del momento referido al volumen ocupado por las partículas. Como consecuencia lógica, la densidad del momento en el espacio-tiempo es también igual al flujo específico de masa. Ambas magnitudes se miden en términos de masa por unidad de superficie y de tiempo. Si cualquiera de las dos se divide por c^2, se obtiene el flujo específico de energía, según vimos antes.

El paso siguiente es obtener las tensiones generadas por este flujo sobre un plano normal o paralelo a él. Hacemos esto multiplicando el flujo por la componente de la velocidad correspondiente, según se muestra a continuación:

Tensión normal al eje x_i:

$$T_{\downarrow}ii = (\cdot v_{\downarrow}i \cdot v_{\downarrow}i \qquad 6.21$$

Tensión de corte sobre el plano *ij*:

$$T_{\downarrow}ij = (\cdot v_{\downarrow}i \cdot v_{\downarrow}j \qquad 6.22$$

En realidad la ecuación más general de las tensiones provocadas por un flujo es la 6.22. Cuando $i = j$, se trata de una tensión normal. Y si $i \neq j$, el resultado es una tensión de corte. Lógicamente, si el flujo carece de viscosidad, como sería el caso de un fluido ideal, las tensiones de corte serán nulas.

Con las ecuaciones 6.21 y 6.22 podemos armar el tensor de tensiones, o de energía por unidad de volumen, para un espacio plano y velocidades mucho menores que la de la luz, de la siguiente forma:

$$T^{ij} = \begin{vmatrix} \rho \cdot v_1^2 & \rho \cdot v_1 \cdot v_2 & \rho \cdot v_1 \cdot v_3 \\ \rho \cdot v_2 \cdot v_1 & \rho \cdot v_2^2 & \rho \cdot v_2 \cdot v_3 \\ \rho \cdot v_3 \cdot v_1 & \rho \cdot v_3 \cdot v_2 & \rho \cdot v_3^2 \end{vmatrix} \qquad 6.23$$

Observemos que si sacamos ρ como factor común, el tensor será el producto escalar de dos velocidades, multiplicado por la densidad:

$$T^{ij} = \rho \cdot \begin{vmatrix} v_1^2 & v_1 \cdot v_2 & v_1 \cdot v_3 \\ v_2 \cdot v_1 & v_2^2 & v_2 \cdot v_3 \\ v_3 \cdot v_1 & v_3 \cdot v_2 & v_3^2 \end{vmatrix} = \rho \cdot v^i \cdot v^j \qquad 6.24$$

Recordemos que este tensor se mide en unidades fuerza por unidad de superficie o de energía por unidad de volumen si se lo divide por c^2. Se trata además de un tensor simétrico. En él las tensiones normales son las de la diagonal y el resto son las tensiones de corte. Éstas serán nulas si el flujo carece de viscosidad. En este caso la diagonal estará formada solamente por la presión estática del fluido y el resto de las componentes serán iguales a cero.

4. Tensor relativista de energía

En forma análoga al caso anterior el tensor de energía surge del producto de la densidad por el producto escalar de los cuadrivectores de la velocidad. ¿Por qué hay que usar cuadrivectores? Porque estamos en un espacio de cuatro dimensiones; el espacio-tiempo y además debemos tener en cuenta los efectos relativistas sobre el tiempo y el espacio.

En un marco de referencia local infinitamente pequeño, sabemos que el tensor métrico tiene cuatro componentes: tres espaciales y una temporal, como sigue a continuación

$$ds = |dx^0 \quad dx^1 \quad dx^2 \quad dx^3| \qquad 6.25$$

Donde: $dx^0 = i \cdot c \cdot dt$. Dividiendo por el diferencial del tiempo propio, obtenemos el cuadrivector de velocidad siguiente:

$$U^{\mu} = \frac{ds}{d\tau} = \left| i \cdot c \cdot \frac{dt}{d\tau} \quad \frac{dx^1}{d\tau} \quad \frac{dx^2}{d\tau} \quad \frac{dx^3}{d\tau} \right| \qquad 6.26$$

Este cuadrivector es tangente a la trayectoria de una partícula en el espacio-tiempo, que según vimos antes se llama "línea de universo".

Pero de acuerdo con la transformación de Lorentz es:

$$\gamma = \frac{dt}{d\tau} = \frac{1}{\sqrt{1 - \left(\frac{v}{c}\right)^2}} \qquad 6.27$$

Y reemplazando $d\tau$ por dt/γ, el cuadrivector 6.26 quedará igual a:

$$U^{\mu} = \frac{ds}{d\tau} = \gamma \cdot \left| i \cdot c \quad \frac{dx^1}{dt} \quad \frac{dx^2}{dt} \quad \frac{dx^3}{dt} \right| \qquad 6.28$$

Con la 6.28 podemos definir el flujo específico de masa en el espacio-tiempo, como aquél flujo que tiene en cuenta los efectos relativistas derivados de una velocidad significativa en comparación a la de la luz. La ecuación resultante es análoga a la 6.19:

$$\phi_{\mu} = \frac{m_0}{V_0/\gamma} \cdot U^{\mu} = \rho_0 \cdot \gamma \cdot U^{\mu} \qquad 6.29$$

Donde el volumen ha sido dividido por γ para tener en cuenta la contracción que éste experimenta para un observador externo.

Y simplemente por analogía con el tensor clásico de la energía, construimos el tensor relativista de la siguiente forma:

$$T^{\mu\nu} = \rho \cdot U^{\mu} \cdot U^{\nu} = \rho \cdot \gamma^{2} \cdot \begin{vmatrix} -c^{2} & i \cdot c \cdot v_{1} & i \cdot c \cdot v_{2} & i \cdot c \cdot v_{3} \\ i \cdot c \cdot v_{1} & v_{1}^{2} & v_{1} \cdot v_{2} & v_{1} \cdot v_{3} \\ i \cdot c \cdot v_{2} & v_{2} \cdot v_{1} & v_{2}^{2} & v_{2} \cdot v_{3} \\ i \cdot c \cdot v_{3} & v_{3} \cdot v_{1} & v_{3} \cdot v_{2} & v_{3}^{2} \end{vmatrix} \qquad 6.30$$

La construcción ha sido relativamente simple, pero veamos ahora si la interpretación física de este tensor es tan sencilla. Para ello, tenemos que entender que es exactamente lo que representan sus 16 componentes.

Podemos resumir los componentes del tensor de energía de la siguiente forma:

a.) Energía de la masa de las partículas en reposo:

$$T^{00} = -\rho \cdot \gamma^{2} \cdot c^{2} \qquad 6.31$$

b.) Flujo específico de masa:

$$T^{0j} = i \cdot \rho \cdot \gamma^{2} \cdot c \cdot v_{j} \quad j = 1 \text{ a } 3 \qquad 6.32$$

c.) Densidad del momento:

$$T^{k0} = i \cdot \rho \cdot \gamma^{2} \cdot c \cdot v_{k} \quad k = 1 \text{ a } 3 \qquad 6.33$$

d.) Tensiones normales y de corte:

$$\begin{aligned} &T^{jk} = \rho \cdot \gamma^{2} \cdot v^{j} \cdot v^{k} \quad j, k = 1 \text{ a } 3 \\ &j = k \rightarrow \text{Tensiones normales} \\ &j \neq k \rightarrow \text{Tensiones de corte} \end{aligned} \qquad 6.34$$

Una vez obtenido el tensor de energía para un flujo viscoso de partículas y sin torsión, es sencillo determinar los tensores de energía para una masa inmóvil y para un fluido perfecto.

Para una masa estacionaria el tensor correspondiente es el más común del Universo y tiene la siguiente forma:

$$T^{\mu\nu} = \begin{vmatrix} -\rho \cdot c^{2} & 0 & 0 & 0 \\ 0 & 0 & 0 & 0 \\ 0 & 0 & 0 & 0 \\ 0 & 0 & 0 & 0 \end{vmatrix} \qquad 6.35$$

Este tensor indica que la densidad tiene un carácter tensorial, aunque ella sea una magnitud escalar. En la ecuación de Poisson en cambio, la densidad actúa simplemente como un escalar.

Si al tensor anterior lo transformamos a mixto y lo contraemos, obtendremos el tensor de orden cero formado por la energía de la masa por unidad de volumen:

$$T = -\rho \cdot c^2 \qquad 6.36$$

Para una masa formada por un fluido perfecto, con presión estática P, el tensor de energía es el siguiente:

$$T^{\mu\nu} = (\rho \cdot c^2 + P) \cdot U^{\mu} \cdot U^{\nu} + g^{\mu\nu} \cdot P \qquad 6.37$$

En su forma desarrollada este tensor tiene la siguiente forma:

$$T^{\mu\nu} = \begin{vmatrix} -\rho \cdot c^2 & 0 & 0 & 0 \\ 0 & P & 0 & 0 \\ 0 & 0 & P & 0 \\ 0 & 0 & 0 & P \end{vmatrix} \qquad 6.38$$

Ya hemos demostrado la forma que tienen los tensores de energía más comunes. Notemos que hemos llegado a las mismas fórmulas que los tensores 5.31 y 5.32, los que fueron "construidos" sobre la base de consideraciones físicas sencillas.

Pero no hemos demostrado aún que ellos cumplen la propiedad más importante que caracteriza a la energía: su conservación cualquiera sea el proceso de transformación que ocurra. Por lo tanto, el paso siguiente es demostrar que estos tensores son capaces de conservar la energía.

5. La conservación de la energía en un espacio-tiempo curvo

De acuerdo a la Mecánica Clásica, y la Relativista no lo niega, la energía nunca se extingue. Puede desaparecer, pero inexorablemente esa misma cantidad que ha desaparecido aparecerá en algún otro lugar del Universo. Lógicamente, esto requiere que haya un conducto que una los lugares donde desapareció y luego apareció la energía. El flujo de energía no puede ser interrumpido.

La expresión clásica de la conservación de la energía está contenida en la ecuación de la continuidad de la masa que damos a continuación.

$$\frac{\partial \rho}{\partial t} + \nabla \cdot \dot{m} = 0 \qquad 6.39$$

Donde el primer sumando representa la variación de la densidad de masa dentro de un volumen cerrado, como consecuencia del flujo de masa que entra y/o sale de él. El segundo sumando es la divergencia del flujo de masa, la que debe ser igual a la variación anterior pero con signo opuesto. La anterior ecuación se mide en unidades de masa por unidad de tiempo y de volumen, pero dado la equivalencia entre masa y energía, esta ecuación demuestra la continuidad de la energía o sea su conservación. Demostraremos que en el espacio-tiempo el tensor de energía responde a una ecuación análoga a la 6.39, es decir que cumple con el principio de conservación de la energía. El resultado será la divergencia de $T^{\mu\upsilon}$, cuya forma matemática será igual a la de la 6.39.

La expresión del tensor 6.31 puede escribirse exhibiendo las dos componentes de la energía de un fluido: la correspondiente a las tensiones normales y la que corresponde a las tensiones de corte, de la siguiente manera:

$$T^{\mu\upsilon} = T^{0\nu} + T^{j\nu} \qquad 6.40$$

Donde j varía de 1 a 3 y ν de 0 a 6, representando así las tres tensiones normales y las seis de corte que produce un flujo en movimiento.

La cantidad total de energía que sale de un volumen *V* en el espacio-tiempo está dada por la siguiente integral de volumen:

$$\int \frac{dT^{\mu\nu}}{dx^{\nu}} \cdot dV = \int_V \left(\frac{\partial T^{o\nu}}{\partial x^0} + \frac{\partial T^{j\nu}}{\partial x^{\nu}} \right) \cdot dV \qquad 6.41$$

Invirtiendo las operaciones de derivación e integración obtenemos:

$$\int \frac{dT^{\mu\nu}}{dx^{\nu}} \cdot dV = \frac{\partial \int_V T^{o\nu} \cdot dV}{\partial x^0} + \int_V \nabla \bullet T^{j\nu} \cdot dV \qquad 6.42$$

El primer sumando representa la divergencia de la energía $T^{0\nu}$, que sale del volumen. El segundo sumando se puede transformar a una integral de superficie mediante la aplicación del teorema de Gauss y resultará igual al flujo saliente de energía $T^{j\nu}$. La forma final de esta ecuación será la de la 6.43. Ésta representa la divergencia del tensor de energía, el que por analogía con la 6.39 es igual a cero.

$$\nabla \cdot T^{\mu\nu} = \frac{\partial T^{\mu\nu}}{\partial x^0} + \nabla \cdot T^{j\nu} = 0 \qquad 6.43$$

Esta expresión abarca el tensor de masa T^{00} y en eso difiere de la 6.39.

En las conferencias de Princeton dadas por Einstein en 1921, él demostró que el tensor $G^{\mu\nu}$ tiene divergencia cero y por lo tanto, de acuerdo a las ecuaciones de campo del campo gravitatorio, la divergencia del tensor de energía es también nula. De esta observación Einstein concluyó que la conservación de la energía es una consecuencia de las ecuaciones del campo gravitatorio, lo cual es apenas una de las tantas derivaciones que tienen las ecuaciones de campo.

6. Donde Newton y Einstein se encuentran. Los campos gravitatorios débiles

Teoría lineal de la gravedad

A pesar de los tres siglos que separan a Newton de Einstein, sus teorías gravitatorias tienen un área común en la que ambas producen el mismo resultado. Esa área de conexión es donde hay campos gravitatorios que cumplen con tres condiciones; son débiles e invariables con el tiempo y en ellos los cuerpos se mueven a una velocidad despreciable en comparación con la de la luz. La coincidencia de resultados tiene una importancia fundamental para la Relatividad General, porque la teoría de Newton está ampliamente probada, al menos en el Sistema Solar que es donde prevalecen las tres condiciones mencionadas antes. Ya hemos dicho también que algunos sutiles hechos de la luz y los planetas que nos rodean, la teoría de Newton es incapaz de explicarlos, pero esto no es obstáculo para validar a la Relatividad General sobre la base de la teoría de Newton, en las condiciones de campo débil que hemos mencionado antes.

Veremos que al aplicar las ecuaciones relativistas a un campo gravitatorio débil, estacionario y lento, se llega a la ecuación de Poisson. Como referencia mencionaremos algunos parámetros del Sistema Solar para ayudar a entender la razón de las simplificaciones que estamos haciendo.

a.) Campo estacionario:

Se supone que el campo gravitatorio del Sistema Solar no varía con el transcurso del tiempo. Alguien preguntará, y con toda razón, que pruebas hay de que la aceleración de la gravedad terrestre por ejemplo, no haya cambiado. La verdad es que no podemos exhibir mediciones del campo gravitatorio anteriores a Galileo, pero sabemos que éste midió la misma aceleración que hoy observamos, y han transcurrido ya unos cuatrocientos años. Pero además, la Geología nos dice que no ha habido cambios de la densidad de la Tierra desde el momento en que ella fue creada, hace ya varios miles de millones de años. Por lo tanto, podemos asegurar que su campo gravitatorio tampoco ha variado desde aquellos remotos tiempos, lo que nos permite suponer que las condiciones del campo gravitatorio son invariantes en el tiempo.

b.) Consecuencias de un campo donde los movimientos son lentos:

Los trayectos recorridos son sensiblemente inferiores a los que recorre la luz, por lo tanto resulta:

$$dx_j \ll dx_0 \quad j = 1 \text{ a } 3 \qquad 6.44$$

Donde *j* representa las tres coordenadas espaciales y vale entre 1 y 3. Como consecuencia de 6.44 será $ds = dx_0$ y el vector de velocidades será igual a:

$$U^{\mu} = \frac{dx_{\mu}}{ds} = |1 \quad 0 \quad 0 \quad 0| \qquad 6.45$$

El Sistema Solar es un claro ejemplo de campo lento, porque el planeta más veloz es Mercurio, cuya velocidad lineal es igual a 47.9 m/s, la cual es insignificante frente a la de la luz. La ecuación 6.45 demuestra que para un sistema estacionario, el cuadrivector velocidad tiene un valor absoluto igual a la velocidad de la luz.

c.) Consecuencias de un campo gravitatorio débil.

Demostraremos que uno de los potenciales $g_{\mu\nu}$ de un campo gravitatorio débil está relacionado mediante una ecuación muy sencilla con el potencial gravitatorio clásico y esta relación nos permitirá más adelante calcular el valor de χ de las ecuaciones del campo gravitatorio de Einstein.

Podemos hacer esta demostración aplicando las condiciones de un campo débil a la ecuación geodésica 5.56.

El primer sumando de la ecuación geodésica es la aceleración, y en ella, debido a la lentitud de los movimientos, podemos despreciar las componentes espaciales de acuerdo a lo que establece la 6.44 y nos quedará:

$$\frac{d^2 x_\mu}{ds^2} = \frac{d^2 x_\mu}{dx_0^2} = -\frac{1}{c^2}\cdot\frac{d^2 x_\mu}{dt^2} \qquad 6.46$$

El segundo sumando de la ecuación geodésica 5.56 se simplifica también en forma notable mediante la siguiente consideración: si el espacio está levemente curvado por un campo gravitatorio muy débil, su tensor geométrico (potenciales gravitatorios) diferirá del tensor unitario en un valor infinitesimal $\varepsilon_{\mu\nu}$ que representa la curvatura del espacio-tiempo:

$$g_{\mu\nu} = \eta_{\mu\nu} + h_{\mu\nu} \qquad 6.47$$

Donde $\eta_{\mu\nu}$ está dado por la fórmula 4.37. Los valores $h_{\mu\nu}$ son los llamados “coeficientes de perturbación de la métrica plana” y su valor es muy pequeño respecto de 1. El tensor métrico de un campo gravitatorio tiene entonces solamente dos valores posibles en los campos gravitatorios débiles:

Para $\mu = \nu$ es $g_{\mu\nu} \cong 1$ 6.48a

Para $\mu \neq \nu$ es $g_{\mu\nu} \cong 0$ 6.48b

Apliquemos estas relaciones al segundo sumando de la ecuación geodésica 6.5 y tendremos:

$$\Gamma^{\mu}_{\alpha\beta} = \frac{1}{2}\cdot g^{\mu\nu}\cdot\left(\frac{\partial g_{\alpha\mu}}{\partial x^{\beta}} + \frac{\partial g_{\beta\upsilon}}{\partial x^{\alpha}} - \frac{\partial g_{\alpha\beta}}{\partial x^{\nu}}\right) =$$
$$\frac{1}{2}\cdot 1\cdot\left(\frac{\partial g_{\alpha\alpha}}{\partial x^{\alpha}} + \frac{\partial g_{\alpha\alpha}}{\partial x^{\alpha}} - \frac{\partial g_{\alpha\alpha}}{\partial x^{\alpha}}\right) = \frac{1}{2}\cdot\frac{\partial g_{\alpha\alpha}}{\partial x^{\alpha}} \qquad 6.49$$

Pero debido a la pequeñez de las distancias espaciales la única derivada apreciable es la correspondiente a x_0. De manera que finalmente el símbolo de Christoffel para campos débiles es:

$$\Gamma^{\mu}_{\alpha\beta} = \frac{1}{2}\cdot\frac{\partial g_{00}}{\partial x_{\alpha}} \qquad 6.50$$

Además, las dos velocidades del segundo sumando de la ecuación geodésica son ambas iguales a 1 o a 0 de acuerdo a la ecuación 6.45, de manera que la ecuación geodésica queda finalmente igual a la siguiente expresión, válida solamente para campos débiles, lentos y estacionarios:

$$\frac{d^2 x_\mu}{dt^2} = -\frac{c^2}{2} \cdot \frac{\partial g_{00}}{\partial x_\mu} \qquad 6.51$$

Esta aceleración debe ser igual a la que establece la Mecánica Clásica por tratarse de un campo gravitatorio débil. Recordemos entonces la ecuación 6.2 y tendremos:

$$\frac{c^2}{2} \cdot \frac{\partial g_{00}}{\partial x_\mu} = \nabla\Phi = -\frac{\partial\Phi}{\partial \mathbf{x}_\mu} \qquad 6.52$$

Ecuación que deriva en la siguiente integral:

$$\Phi = -\int \frac{c^2}{2} \cdot \frac{\partial g_{00}}{\partial x_\mu} \cdot dx_\mu = -\frac{c^2}{2} \cdot (g_{00} + K) \qquad 6.53$$

Pero en ausencia de campo gravitatorio es $\varphi = 0$ y $g_{00} = -1$, de donde la constante de integración K resulta igual a 1. Por lo tanto el potencial gravitatorio clásico se relaciona con el potencial relativista, para campos débiles, lentos y estacionarios, mediante la siguiente ecuación lineal:

$$\Phi = -\frac{c^2}{2} \cdot (g_{00} + 1) \qquad 6.54a$$

O bien:

$$g_{00} = -\left(1 + \frac{2 \cdot \Phi}{c^2}\right) \qquad 6.54b$$

En esta fórmula hay que considerar que el potencial φ es negativo. También a poco que calculemos el valor del potencial gravitatorio g_{00} veremos que éste es muy próximo a 1, debido a la presencia de c^2. Para la superficie de la Tierra es del orden de $(1\text{-}7\text{x}10^{-9} \approx 1)$.

Las fórmulas 6.54 muestran que el potencial gravitatorio newtoniano se relaciona solamente con uno de los potenciales $g_{\mu\nu}$; el coeficiente métrico $g_{00,}$ que está en relación con el transcurso del tiempo. No existe punto de contacto alguno con los otros coeficientes métricos y el potencial gravitatorio newtoniano.

7. Tiempo y espacio en un campo gravitatorio. La gravedad lineal

Las ecuaciones 6.13 del campo gravitatorio tienen un aspecto temible por la notación tensorial, la que nos anticipa una verdadera "maraña matemática" de ecuaciones diferenciales, de las que ya hemos dicho que son no lineales. Sin embargo, dado que ellas pretenden describir detalladamente todo tipo de campo gravitatorio, su generalidad no siempre es necesaria. Muchos casos, que no responden a las ecuaciones gravitatorias de Newton, pueden ser tratados con las ecuaciones de Einstein pero simplificando a éstas para el caso específico. Podemos decir entonces que con la "tela" de las ecuaciones 6.13 podemos hacer un "traje a medida" más cómodo que el de las ecuaciones de campo completas. Tal es el caso de la solución de Schwarzschild que veremos en el próximo capítulo.

Cuando se trata de campos gravitatorios débiles, como en nuestro Sistema Solar, existe un excelente y sencillo modelo matemático derivado de las ecuaciones de Einstein, que se lo conoce como Teoría de la Gravedad Lineal. Ésta consiste en un grupo de ecuaciones que suprime la no linealidad de tales ecuaciones y permite deducir una métrica sencilla de aplicar. ¿Cómo se consigue esto? Es simple de describir aunque pueda ser arduo de demostrar, por eso nosotros nos limitaremos a hacer una descripción del procedimiento usado para la obtención de las ecuaciones de campo linealizadas y luego usaremos sus conclusiones para determinar la influencia de los campos gravitatorios sobre el tiempo y el espacio. Será una manera de ver los extraños fenómenos que puede producir la gravedad, diferentes al del simple peso que nos indica una balanza y que solemos mirar con preocupación.

Un campo gravitatorio débil curva levemente al espacio-tiempo y se caracteriza matemáticamente porque sus potenciales gravitatorios $g_{\mu\nu}$ son próximos a la unidad. Se expresan con la fórmula 6.47 que ya vimos para espacios casi planos:

$$g_{\mu\nu} = \eta_{\mu\nu} + \boldsymbol{h}_{\mu\nu} \qquad 6.55$$

La teoría lineal de la gravedad consiste en reemplazar los potenciales gravitatorios dados por la fórmula 6.55 en la ecuación de campo $R_{\mu\nu} = 0$, y luego desarrollar a ésta en series de los coeficientes de perturbación $h_{\mu\nu}$, hasta el primer orden. Este procedimiento nos dará un grupo de diez ecuaciones lineales, cuyas incógnitas son los diez valores de $h_{\mu\nu}$.

Pero para el caso de una esfera estática de masa gravitatoria pequeña, que es el que desarrollaremos a continuación, el potencial del campo creado por aquélla responde a las condiciones 6.48. Por lo tanto la métrica que buscamos se deduce teniendo en cuenta esta propiedad en la 6.55 y luego reemplazando a ésta en la ecuación 4.30 de la distancia de universo en un espacio-tiempo curvo. Así obtenemos la distancia de universo observada desde un sistema curvilíneo local:

$$ds^2 = (1 + h_{ii}) \cdot dx_i^2 + (1 + h_{00}) \cdot dx_0^2 \qquad 6.56$$

En tanto que la misma distancia de universo, vista por un sistema galileano no local, responde a la siguiente ecuación:

$$ds^2 = dX_i^2 - c^2 \cdot dt^2 \qquad 6.57$$

Y aquí volvemos a la teoría lineal de la gravedad, porque ella demuestra una fórmula que estamos necesitando, que es la de los coeficientes de perturbación $h_{\mu\mu}$ de la ecuación 6.55, expresados en función del potencial gravitatorio newtoniano.

a.) Coeficientes de perturbación para potenciales espaciales:

$$h_{ii} = 2 \cdot \frac{G \cdot M_g}{c^2 \cdot r} = -2 \cdot \frac{\Phi(r)}{c^2} \qquad i = 1 \text{ a } 3 \qquad 6.58$$

b.) Coeficiente de perturbación para el potencial temporal:

$$h_{00} = 2 \cdot \frac{G \cdot M_g}{c^2 \cdot r} = 2 \cdot \frac{\Phi(r)}{c^2} \qquad 6.59$$

Reemplazamos ahora estas dos fórmulas de los coeficientes de perturbación en la ecuación 6.56 y así obtenemos la métrica observada desde el sistema curvilíneo local, cuyos coeficientes son funciones del potencial gravitatorio newtoniano:

$$ds^2 = -\left(1 + 2 \cdot \frac{\Phi(r)}{c^2}\right) \cdot d\tau^2 + \left(1 - 2 \cdot \frac{\Phi(r)}{r}\right) \cdot (dx^2 + dy^2 + dz^2) \qquad 6.60$$

Esta fórmula es la que aplica un observador local para medir la distancia de universo entre dos fenómenos que ocurren en su entorno. En coordenadas esféricas la ecuación 6.60 resulta igual a la siguiente:

$$ds^2 = -\left(1 + 2 \cdot \frac{\Phi(r)}{c^2}\right) \cdot d\tau^2 + \left(1 - 2 \cdot \frac{\Phi(r)}{c^2}\right) \cdot (dr^2 + r^2 \cdot d\vartheta^2 + r^2 \cdot sen^2\vartheta \cdot d\varphi^2) \qquad 6.61$$

Nótese que el coeficiente del término temporal es, lógicamente, coincidente con la fórmula 6.54b. Recordemos que al aplicar las fórmulas que contienen a φ(γ) siempre se deberá tener en cuenta que el potencial gravitatorio es negativo y que su signo ya ha sido tenido en cuenta en las ecuaciones dadas de la métrica.

Exploremos ahora la información contenida en las ecuaciones 6.57 y 6.60 para respondernos la siguiente pregunta: ¿Qué sucede con el tiempo y el espacio en un campo gravitatorio? La verdad es que hemos respondido a esta pregunta en el Capítulo 4 con las ecuaciones 4.14 y 4.16, oportunidad en que describimos la influencia de un campo gravitatorio sobre el tiempo y el espacio. Sin embargo, vamos a corroborar ahora esas conclusiones partiendo de la métrica del espacio-tiempo y no del experimento de la rueda giratoria explicado en el Capítulo 4, punto 1. Queremos así usar las propiedades del espacio-tiempo curvado para demostrar que dicha curvatura significa que hay un campo gravitatorio, el cual modifica las propiedades del tiempo y de los espacios circundantes.

Dado que la Relatividad Especial demuestra que *ds* es un invariante, los segundos miembros de las ecuaciones 6.57, 6.60 y 6.61 son iguales. Igualando la 6.57 y la 6.60 tendremos:

$$dX_i^2 - c^2 \cdot dt^2 = -\left(1 + 2 \cdot \frac{((r)}{c^2}\right) \cdot c^2 \cdot d\tau^2 + \left(1 - 2 \cdot \frac{\Phi(r)}{c^2}\right) \cdot (dx^2 + dy^2 + dz^2) \qquad 6.62$$

Igualemos ahora los términos temporales y espaciales de ambos miembros de la ecuación 6.62 y obtendremos las dos siguientes ecuaciones:

$$dX_i^2 = \left(1 - 2 \cdot \frac{\Phi(r)}{c^2}\right) \cdot (dx^2 + dy^2 + dz^2) \qquad 6.63$$

$$-c^2 \cdot dt^2 = -\left(1 + 2 \cdot \frac{\Phi(r)}{c^2}\right) \cdot c^2 \cdot d\tau^2 \qquad 6.64$$

Y con estas dos ecuaciones ya podemos sacar las conclusiones que buscamos. Para ello extraemos la raíz cuadrada de ambas expresiones y designamos $dl_g = \sqrt{dX_i^2}$, a la distancia espacial medida por las coordenadas galileanas y $dl_c = \sqrt{dx^2 + dy^2 + dz^2}$ a la misma medida desde el sistema local curvilíneo. Además recordemos que el tiempo medido desde el sistema galileano no local es t y el medido localmente es τ. Aplicando estos conceptos transformamos la 6.63 y la 6.64 en las siguientes ecuaciones:

$$dl_g = \sqrt{\left(1 - 2 \cdot \frac{\Phi(r)}{c^2}\right)} \cdot dl_c \tag{6.65}$$

$$dt = \sqrt{\left(1 + 2 \cdot \frac{\Phi(r)}{c^2}\right)} \cdot d\tau \tag{6.66}$$

El radical de la ecuación 6.65 es menor que 1, por lo tanto es $dl_g < dl_c$. Esto significa que el observador ubicado en el sistema galileano mide una distancia menor que la del observador local. Es decir que para el observador del sistema cartesiano, ubicado fuera del campo gravitatorio, el espacio se ve contraído respecto del medido por el observador local, que se encuentra dentro del campo gravitatorio. Esta conclusión nos recuerda a la Relatividad Especial. La diferencia está en que la contracción de los espacios no se debe a la velocidad relativa entre ambos sistemas, sino al potencial del campo gravitatorio donde ocurren los fenómenos.

Veamos ahora la interpretación de la ecuación 6.66. El radical del segundo miembro es mayor que 1, por lo tanto es $dt > d\tau$. Físicamente esto significa que el tiempo observado desde el sistema cartesiano, fuera del campo gravitatorio es mayor que el que transcurre en el sistema local, que está sumergido en el campo gravitatorio. La conclusión es entonces que el tiempo del observador galileano está dilatado (transcurre a mayor velocidad) respecto del tiempo local y nuevamente tenemos una analogía con la Relatividad Especial.

Dado que el potencial gravitatorio corresponde a un campo muy débil, es usual sustituir las ecuaciones 6.65 y 6.66 por las siguientes fórmulas aproximadas:

$$dl_g = \left(1 - \frac{\Phi(r)}{c^2}\right) \cdot dl_c \qquad 6.67$$

$$dt = \left(1 + \frac{\Phi(r)}{c^2}\right) \cdot d\tau \qquad 6.68$$

Estas dos aproximaciones tienen diferencias despreciables respecto de las fórmulas exactas. Por ejemplo en el Sol, el valor del potencial gravitatorio en su superficie dividido por el cuadrado de la velocidad de la luz, es del orden de 2.1×10^{-6}, lo que arroja una diferencia entre la fórmula exacta y la aproximada del orden de 0.1 %.

Es interesante comparar estas dos últimas fórmulas con las 4.18 y 4.19, cuyas conclusiones son idénticas, con la diferencia que estas últimas fueron deducidas sobre consideraciones físicas diferentes. En aquél caso partimos de la equivalencia entre aceleración y gravedad y también hallamos que en un campo gravitatorio el espacio se contrae y el tiempo se dilata. En el caso desarrollado en este punto la conclusión es la misma, pero la diferencia está en que hemos partido de la existencia de un espacio-tiempo levemente curvado. Es decir que a partir de la Geometría llegamos a una conclusión física acerca de la existencia e influencia de un campo gravitatorio sobre el tiempo y el espacio.

Las conclusiones obtenidas son análogas a las de la Relatividad Especial. Casi podríamos decir que el potencial gravitatorio juega un papel análogo al de la velocidad en la transformación de Lorentz. Sin embargo, recomendamos tomar con cuidado este comentario que tiene fines didácticos solamente. Éste no pretende decir que existe una relación entre la Relatividad Especial y la Relatividad General que las identifica en cuanto al fenómeno de la contracción del espacio y la dilatación del tiempo. En cambio se ha mostrado que hay una analogía entre dos fenómenos relativistas diferentes. Solamente eso.

8. Donde Poisson y Einstein se encuentran

El importante valor χ

Si aplicamos las condiciones de un campo débil a las ecuaciones de campo de Einstein deberíamos encontrarnos con la ecuación de Poisson. En este proceso de simplificación llegaremos a una ecuación que nos permitirá calcular el valor de χ de las ecuaciones de campo 6.13.

Sobre la base de las consideraciones del punto 6.6 se demuestra que:

$$T_{\mu\nu} = T_{00} = c^2 \cdot \rho \qquad 6.69$$

Y el escalar del tensor de energía es igual a:

$$T = \frac{1}{2} \cdot c^2 \cdot \rho \qquad 6.70$$

Con estas dos últimas ecuaciones la ecuación de campo queda igual a:

$$R_{00} = \gamma \cdot \left(T_{00} - \frac{T}{2}\right) = \chi \cdot \frac{c^2 \cdot \rho}{2} \qquad 6.71$$

Por otro lado, si aplicamos las condiciones de $g_{\mu\nu}$ a la expresión del tensor de Ricci vimos que el único coeficiente de Christoffel que es diferente de cero es Γ^{μ}_{00}, por lo tanto será:

$$R_{00} \cong \frac{\partial \Gamma^{\mu}_{00}}{\partial x_{\mu}} = -\frac{1}{2} \cdot \frac{\partial^2 g_{00}}{\partial x_{\mu}^2} \qquad 6.72$$

Igualando 6.71 y 6.72: y despejando χ :

$$\chi = -\frac{1}{c^2 \cdot \rho} \cdot \frac{\partial^2 g_{00}}{\partial x_{\mu}^2} \qquad 6.73$$

Pero teniendo en cuenta la ecuación 6.54 podemos reemplazar la derivada segunda de g_{00} de esta ecuación por el laplaciano del potencial gravitatorio clásico, según se expone a continuación.

$$\frac{\partial^2 g_{00}}{\partial x_{\mu}} = -\frac{2}{c^2} \cdot \Delta\Phi \qquad 6.74$$

Con la cual llegamos al valor de χ:

$$\chi = \frac{8 \cdot \pi \cdot G}{c^4} = 2.07 \cdot 10^{-43} \quad \left|\frac{1}{New}\right| \qquad 6.75$$

Teniendo en cuenta que el tensor de curvatura se mide en la inversa de longitud al cuadrado ($1/m^2$) y que el tensor de energía está expresado en unidades de energía por unidad de volumen ($New \cdot m/m^3$), entonces χ debe estar está en 1/Newton, tal como surge de la fórmula 6.75. Si el tensor de energía estuviera expresado en unidades de masa por unidad de volumen, entonces el valor de γ es el siguiente:

$$\chi = \frac{8 \cdot \pi \cdot G}{c^2} = 1.86 \cdot 10^{-26} \quad \left|\frac{m}{kg}\right| \qquad 6.76$$

Y ésta es la gran colaboración de Poisson con la Relatividad General, pese a que no tuvo ni noticias de ella. Considerando las fórmulas 6.75 y 6.76, las ecuaciones del campo gravitatorio se expresan respectivamente de la siguiente forma:

$$R_{\mu\nu} - \frac{1}{2} \cdot g_{\mu\nu} \cdot R = \frac{8 \cdot \pi \cdot G}{c^4} \cdot T_{\mu\nu} \qquad 6.77$$

$$R_{\mu\nu} - \frac{1}{2} \cdot g_{\mu\nu} \cdot R = \frac{8 \cdot \pi \cdot G}{c^2} \cdot T_{\mu\nu} \qquad 6.78$$

El muy pequeño valor de χ demuestra que la curvatura tiene normalmente un muy bajo valor, a menos que la densidad de la masa gravitatoria sea significativamente elevada. Podemos calcular el valor del tensor de Ricci de un astro conociendo su densidad y aplicando la ecuación 6.78. Sabemos que el tensor de energía responde a la fórmula 6.35, el que multiplicado por χ, nos dará el valor del tensor de curvatura de Ricci. Por ejemplo para el Sol, cuya densidad es equivalente a 1,402 kg/m^3, el valor del tensor de Ricci en su superficie es del orden de 2.6x10^{-23} 1/m^2. En las estrellas de neutrones, cuyas densidades pueden ser del orden de 10^{17} kg/m^3 el valor anterior aumenta proporcionalmente a 2.6x10^{-6} 1/m^2.

Esta significativa diferencia de densidad hace que un rayo de luz que pasa rasante a la superficie del Sol se desvíe mucho menos de su trayectoria recta que lo que lo hace un rayo que pasa tangente a una estrella de neutrones. El cálculo de la Relatividad General dice que un rayo tangente al Sol se desvía solamente 1.74 segundos de arco, tal como lo predijo Einstein, y que fuera comprobado posteriormente en un eclipse de Sol en 1919. En cambio, en una estrella de neutrones típica, cuyo radio típico es de unos 10 Km, la misma fórmula usada para el Sol arroja un valor del desvío del orden de 7.1 grados sexagesimales, es decir casi 15,000 veces más que el desvío producido por el Sol. Claro que este dato debe tomarse con cuidado porque la fórmula aplicada es la usada en un campo débil, que no es exactamente el caso de una estrella de neutrones. El desvío en ésta se menciona solamente con fines didácticos y no para establecer valores verdaderos del desvío de la luz en una estrella de neutrones.

9. Revelando el código del Cosmos. Solución de las ecuaciones de campo

Solución de las ecuaciones de campo de Einstein

¿Qué significa solucionar las ecuaciones de campo de Einstein? ¿Es posible encontrar una solución general aplicable a cualquier caso? Y las respuestas son simples.

Empecemos por la primera; solucionar las ecuaciones de campo significa encontrar el valor de los potenciales gravitatorios $g_{\mu\nu}$ de la ecuación 6.13 del tensor de Einstein, o lo que es lo mismo determinar la geometría aplicable al espacio-tiempo en cuestión, mediante el cálculo de sus coeficientes métricos $g_{\mu\nu}$. Recordemos que el tensor métrico es simétrico y por lo tanto de las 16 componentes que tiene, solamente diez de ellas son independientes, de manera que la solución de las ecuaciones de Einstein consiste en despejar estas diez incógnitas.

La tarea parece simple, pero no lo es, porque las ecuaciones son fuertemente alineales. Compruébelo reemplazando la ecuación 5.34 del símbolo de Christoffel en la ecuación 6.8 del tensor de Ricci. Recuérdelas:

$$\Gamma^{\tau}_{\mu\upsilon} = \{\mu\upsilon,\tau\} = \frac{1}{2}\cdot\left(\frac{\partial g_{\mu\tau}}{\partial x^{\upsilon}} + \frac{\partial g_{\tau\upsilon}}{\partial x^{\mu}} - \frac{\partial g_{\mu\upsilon}}{\partial x^{\tau}}\right)\cdot g^{\tau\alpha} \qquad 5.34$$

$$R_{\mu\nu} - \frac{1}{2}\cdot g_{\mu\nu}\cdot R = \frac{8\cdot\pi\cdot G}{c^2}\cdot T_{\mu\nu} \qquad 6.78$$

El lector habrá de inmediato advertido, y con cierta justificada angustia, que aparecen derivadas primeras y segundas de los potenciales gravitatorios y también productos entre esas derivadas, resultando expresiones muy complejas, de las que hay que despejar diez incógnitas. De hecho Einstein pensó que no era posible encontrar una solución y la verdad es que en parte tenía razón ya que nadie ha encontrado hasta ahora una solución general. Véase nuevamente la Figura 6.1.

Sin embargo se han encontrado diversas soluciones para casos especiales, las que han permitido indagar en el comportamiento del Cosmos de una manera profunda. En el próximo capítulo explicaremos la que seguramente es la solución más famosa de todas: la del astrónomo alemán Karl Schwarzschild, desarrollada en 1916 en medio de una trinchera de la Primera Guerra Mundial.

10. Algo para recordar: la gravedad geométrica

El tensor de energía

a. Por definición el tensor de energía $T^{\mu\nu}$ es la componente μ de la tensión ejercida sobre un plano de x^{ν} = constante.

b. Normalmente es despreciable la influencia gravitatoria del campo electromagnético frente al generado por las masas.

c. Si se miden las tensiones desde un sistema propio en movimiento con el flujo, el tensor de energía es observado como un tensor de Minkowski en un espacio-tiempo plano.

d. El tensor de energía deducido en este capítulo, si bien tiene un carácter muy general, no es válido si hay esfuerzos de torsión. En ese caso hay que recurrir al "spin tensor" de Einstein-Cartan.

e. Las derivadas parciales de la Mecánica Clásica en la Relatividad General se reemplazan por derivadas covariantes. Esto lleva a demostrar que el momento y la energía son componentes del tensor de energía. Esta naturaleza tensorial demuestra que ambas magnitudes se conservan.

f. En la Mecánica Clásica se intercambia la energía potencial por la gravitatoria en la ecuación general del movimiento 4.2. En la Relatividad General la energía potencial no forma parte del tensor de energía y en cambio se demuestra que el momento se transfiere a otros cuerpos a través del campo gravitatorio.

g. El tensor de energía es simétrico, es decir que sus índices pueden intercambiarse.

h. Las componentes $T^{0\nu}$ y $T^{\nu 0}$ expresan la energía que fluye bajo la forma de un flujo específico de masa o densidad de momento. Los términos no diagonales son nulos si el fluido no tiene viscosidad y no hay conducción de calor hacia el exterior.

i. La componente T^{00} debe ser interpretada como la energía por unidad de volumen que fluye en la dirección del eje del tiempo o como energía transferida del pasado hacia el presente. El flujo total de esta energía de un volumen cualquiera es igual a $\frac{\partial T^{00}}{\partial x^0} \cdot dV$.

j. La divergencia del tensor de energía como consecuencia de los principios de conservación de la energía y del momento es nula.

La gravedad geométrica

a. Las ecuaciones de campo fueron "construidas" por Einstein sobre la base del Principio de Equivalencia, la influencia de un campo gravitatorio sobre la geometría del espacio-tiempo, la invariancia respecto de un sistema de coordenadas arbitraria, la coincidencia con la gravitación newtoniana para campos débiles y la validez de la Relatividad Especial.

b. Las bases matemáticas de la Relatividad General están en la teoría de superficies curvas de Gauss y en la Geometría n-dimensional descripta con las fórmulas del Cálculo Absoluto o Tensorial.

c. Las ecuaciones de campo son fuertemente alineales y complejas, lo que no ha permitido, hasta ahora, encontrar una solución general. Téngase en cuenta que solucionar las diez ecuaciones de campo significa encontrar los valores de sus diez potenciales gravitatorios, también conocidos como coeficientes métricos. No obstante la complejidad de esta solución, se han encontrado soluciones para casos particulares de gran utilidad para la comprensión del Universo.

d. Tiene especial importancia las consideraciones de la teoría lineal de la gravedad porque reduce las diez ecuaciones de campo a diez ecuaciones diferenciales lineales en función de los coeficientes de perturbación métrica. Esta teoría es aplicable solamente a campos levemente curvados y cuando se la usa para describir el campo creado por una esfera estática se llega a una métrica sencilla, sobre la cual se demuestra que un campo gravitatorio hace que el espacio se observe contraído y el tiempo resulte dilatado.

Parte III

TRAYECTORIAS Y AGUJEROS NEGROS

Capítulo 7

LA PRIMERA SOLUCIÓN Y UN COSMOS INCREÍBLE

De cómo un astrónomo-artillero encontró una solución exacta y . . . de fantasía

Schwartzschild estaba en el frente ruso-alemán durante la Primera Guerra Mundial. Era Teniente de artillería pero también un experto y famoso astrónomo en su país natal, Alemania. Convencido que debía prestar un servicio a su patria colaborando en el frente de guerra, se enroló en el ejército sin dudarlo . . . y le costó la vida. Regresó gravemente enfermo del frente y murió en 1916. La pérdida para la Ciencia fue enorme. Ésta es una consecuencia grave más para lamentar de los absurdos conflictos bélicos.

No obstante las difíciles condiciones en que se vivía en las trincheras de aquélla guerra, llegó a sus manos el trabajo de Einstein de 1915 publicado en el número 49 de los Annalen der Physik: Los Fundamentos de la Teoría de la Relatividad General. Y en medio del brutal ambiente de la Gran Guerra, Schwarzschild imaginó un caso especial de masa gravitatoria, que ha resultado tener un valor general importante para entender y predecir el comportamiento del Cosmos. La idea fue muy simple: resolver las ecuaciones de campo para el caso de una masa gravitatoria perfectamente esférica y estática. En 1963 Kerr le agregó rotación a la masa gravitatoria y desarrolló otra solución, más completa que la de Schwarzschild, que describimos en el Capítulo 3. No obstante la solución de este último merece una especial atención, que le prestaremos en este capítulo. El astrónomo alemán la envió con una breve nota a Einstein, alegando que "siempre es bueno tener a mano una solución exacta". Y la de él lo era.

1. El mérito del Teniente Schwarzschild

La idea del Teniente Schwarzschild allá en una trinchera, fue que si no hay energía o masa dispersa por el espacio, como sería el caso de partículas de polvo, sino solamente una esfera maciza, entonces el tensor de energía fuera de la esfera es igual a cero. Y si este tensor es igual a cero, también lo es el tensor de Einstein $G_{\mu\nu}$, de acuerdo a las ecuaciones de campo 6.13. Recordemos que esto no quiere decir que el espacio-tiempo sea plano. Y si agregamos que el campo gravitatorio es débil, estacionario y lento (ver 6.6), el tensor métrico resultará simétrico y sólo tendrá componentes diagonales ($\mu = \nu$), lo cual simplifica en mucho las ecuaciones de campo. Éstos fueron los supuestos de Schwarzschild y sobre la base de ellos, el astrónomo alemán pudo determinar la geometría del espacio-tiempo concebido por él y así pudo obtener, por primera vez en la historia del hombre, una solución a las ecuaciones de campo de Einstein.

Comencemos a desarrollar la solución de Schwarzschild demostrando que sus supuestos determinan que el tensor de energía es nulo. En efecto, dado que sólo existe una masa gravitatoria concentrada, el tensor de energía correspondiente al interior de la masa es el de la fórmula 6.35, el que una vez contraído resulta igual a:

$$T_\nu^\mu = T = -\rho \cdot c^2 \qquad \text{para: } \mu = \nu \qquad 7.1$$

Pero como en el vacío es $\rho = 0$ entonces resulta $T_\nu^\mu = T = 0$. Apliquemos este resultado a la expresión 6.14 de las ecuaciones de campo y obtenemos:

$$G_\nu^\mu = \chi \cdot T_\nu^\mu = 0 \qquad 7.2$$

Y contrayendo nuevamente para μ y ν obtenemos:

$$R = \chi \cdot T = 0 \qquad 7.3$$

Esta ecuación demuestra que la curvatura escalar es proporcional al contenido de energía en el volumen en estudio y que en el caso de la solución de Schwarzschild es nula. Y finalmente la ecuación de campo 6.14 para las condiciones de Schwarzschild queda igual a:

$$R^{\mu}_{\nu} = 0 \qquad 7.4$$

Y dado que R^{μ}_{ν} y R son nulos, también lo es el tensor G^{μ}_{ν} de Einstein. Y aquí más de un lector puede decir . . . pero si el tensor de Einstein es nulo, entonces no hay curvatura. No es así, recuerde que el tensor de Einstein, derivado del de Ricci, al igual que éste "se relaciona" con la curvatura, pero no es capaz de identificar si ella es o no nula. El tensor de Riemann es el que determina si un espacio está o no curvado. Véase el último párrafo del punto 6.2.

Si quisiéramos investigar el campo dentro de la masa gravitatoria entonces deberíamos usar el tensor de la ecuación 6.35, pero ese no es nuestro interés, porque lo que queremos es hallar la geometría del espacio-tiempo alrededor de la masa esférica y después determinar las trayectorias de los astros a su alrededor.

La ecuación 7.4 representa las ecuaciones de campo correspondientes a las condiciones de Schwarzschild. Veamos ahora la geometría del espacio tiempo alrededor de la esfera gravitatoria que se deriva de dicha ecuación.

En un espacio plano tridimensional, en coordenadas polares, la distancia entre dos puntos está dada por:

$$dl^2 = dr^2 + r^2 \cdot d\vartheta^2 + r^2 \cdot sen^2\vartheta \cdot d\varphi^2 \qquad 7.5$$

Pero en el espacio-tiempo plano de cuatro dimensiones, se agregan dos sumandos más a la ecuación 7.5, según muestra la 7.6.

$$ds^2 = -c^2 \cdot dt^2 + dr^2 + r^2 \cdot d\vartheta^2 + r^2 \cdot sen^2\vartheta \cdot d\varphi^2 + dr \cdot dt \qquad 7.6$$

Donde ϕ es la longitud del punto y ϑ es la latitud medida a partir del eje polar y no del plano ecuatorial como es usual en la Geografía. Tengamos presente que la ecuación 7.6 es válida solamente para un espacio plano de cuatro dimensiones.

Veamos ahora la ecuación métrica 7.6 para el caso de un espacio curvo. Gauss determinó, allá en el siglo XIX, que cada sumando de esta ecuación está afectado por un coeficiente que depende del valor de la curvatura del espacio en cada uno de sus puntos. Por lo tanto, la forma general de la ecuación métrica para un espacio-tiempo curvo de 4 dimensiones, es la siguiente:

$$ds^2 = A \cdot c^2 \cdot dt^2 + B \cdot dr^2 + C \cdot r^2 \cdot d\vartheta^2 + D \cdot r^2 \cdot sen^2\vartheta \cdot d\varphi^2 + E \cdot dr \cdot dt \quad 7.7$$

Y dado que esta ecuación debe ser válida en un sistema arbitrario de referencia, podemos elegir a éste de manera que sea: $C = D = 1$ y $E = 0$. Por lo tanto la ecuación métrica generalizada resultará igualmente válida si la escribimos de la siguiente forma:

$$ds^2 = A \cdot c^2 \cdot dt^2 + B \cdot dr^2 + r^2 \cdot d\vartheta^2 + r^2 \cdot sen^2\vartheta \cdot d\varphi^2 \quad 7.8$$

Recordemos que en campos gravitatorios débiles, como el que asumen las condiciones de Schwartzschild, se cumple la ecuación 6.48b siguiente:

$$\text{Para: } \mu \neq \nu \text{ es } g_{\mu\nu} \cong 0 \quad 6.48b$$

Por lo tanto la ecuación métrica general dada por la 4.30, aplicada a campos de Schwarzschild, resulta igual a:

$$ds^2 = g_{\mu\mu} \cdot dx_{\mu}^{\,2} \quad 7.9$$

Concluimos entonces que la relación entre los coeficientes de la ecuación 7.8 y los potenciales gravitatorios en campos débiles en coordenadas polares son:

$$g_{00} = A \qquad g_{11} = B \qquad g_{22} = r^2 \qquad g_{33} = r^2 sen^2\vartheta \quad 7.10$$

Y las coordenadas válidas son:

$$x_0 = c \cdot t \qquad x_1 = r \qquad x_2 = \vartheta \qquad x_3 = \varphi \quad 7.11$$

Podemos ahora reescribir la ecuación métrica, llamada también "métrica de Schwarzschild".

$$ds^2 = g_{00} \cdot c^2 \cdot dt^2 + g_{11} \cdot dr^2 + g_{22} \cdot d\vartheta^2 + g_{33} \cdot d\varphi^2 \quad 7.12$$

Y ahora las buenas noticias: la ecuación métrica nos ha dado las fórmulas 7.11, que contienen dos de los cuatro potenciales gravitatorios que necesitamos; g_{22} y g_{33}. Y otra buena noticia; el coeficiente métrico g_{00} surge sencillamente de la fórmula 6.54a para campos gravitatorios débiles y la del potencial gravitatorio según la Mecánica Clásica. Recordemos a ambas:

$$\Phi = -\frac{c^2}{2} \cdot (g_{00} + 1) \quad 6.54a$$

$$\Phi = -\frac{G \cdot M}{r} \quad 7.13$$

Reemplazando 7.13 en 6.54a y despejando g_{00} ésta resulta igual a:

$$g_{00} = -\left(1 - \frac{2 \cdot G \cdot M}{c^2 \cdot r}\right) \qquad 7.14$$

Que es igual a la 6.54b. Pero también tenemos una noticia no tan buena como las anteriores: para encontrar el coeficiente métrico g_{11}, deberemos recurrir a las ecuaciones del campo gravitatorio 6.13, procedimiento que es sensiblemente más engorroso que el que acabamos de aplicar para los otros coeficientes. Afortunadamente el engorro que enfrentamos no es tan complicado y haremos de manera que salgamos rápidamente de las Matemáticas, para empezar a entretenernos con la Física y el mundo asombroso que descubrió Schwarzschild.

2. El esquivo potencial faltante

Para llegar a la fórmula de $g_{11}(x_0, x_1, x_2, x_3)$ estamos obligados a plantear las ecuaciones de campo para el caso particular de las condiciones de Schwarzschild y de ellas despejar a dicho potencial. Sin embargo ya podemos anticipar una simplificación matemática significativa: a causa de que estamos en presencia de un campo débil y que éste es perfectamente simétrico, debido a la forma esférica de la masa gravitatoria, el tensor de Einstein, al igual que el tensor métrico 7.9, sólo contiene términos diagonales en los que $\mu = \nu$ y por lo tanto dicho tensor es igual a:

$$G_{\mu\mu} = R_{\mu\mu} = \frac{\partial \Gamma^{\alpha}_{\mu\mu}}{\partial x_{\alpha}} - \frac{\partial \Gamma^{\alpha}_{\mu\alpha}}{\partial x_{\mu}} + \Gamma^{\alpha}_{\mu\beta} \cdot \Gamma^{\beta}_{\mu\alpha} - \Gamma^{\alpha}_{\mu\mu} \cdot \Gamma^{\beta}_{\alpha\beta} = 0 \qquad 7.15$$

Donde μ varía entre 0 y 3. Necesitamos ahora determinar los símbolos de Christoffel de segunda especie de la 7.15. Recordemos que la expresión del símbolo de Christoffel de segunda especie, contenida dentro del tensor de Ricci en la ecuación 7.15, es la siguiente:

$$\Gamma^{\sigma}_{\mu\upsilon} = \frac{1}{2} \cdot \left(\frac{\partial g_{\mu\sigma}}{\partial x^{\nu}} + \frac{\partial g_{\sigma\nu}}{\partial x^{\mu}} - \frac{\partial g_{\mu\nu}}{\partial x^{\sigma}}\right) \cdot g^{\tau\alpha} \qquad 7.16$$

Es lógico que las derivadas de 7.16 deben ser interpretadas como los gradientes generalizados de los potenciales gravitatorios, ya que el símbolo de Christoffel es una expresión de la variación de los coeficientes métricos, de un punto a otro del espacio-tiempo.

Y ahora tenemos cuatro alternativas respecto de los subíndices:

a) $\mu = \nu = \sigma$

b) $\mu = \nu \neq \sigma$

c) $\mu = \sigma \neq \nu$ 7.17

d) $\nu = \sigma \neq \mu$

Al aplicar estos casos a la ecuación 7.16, resultará que los símbolos de Christoffel que necesitamos reemplazar en las ecuaciones de campo serán:

a) $\Gamma^{\mu}_{\mu\mu} = \frac{1}{2} \cdot g^{\mu\mu} \cdot \frac{\partial g_{\mu\mu}}{\partial x_{\mu}}$

b) $\Gamma^{\mu}_{\mu\mu} = -\frac{1}{2} \cdot g^{\sigma\sigma} \cdot \frac{\partial g_{\mu\mu}}{\partial x_{\sigma}}$

c) $\Gamma^{\mu}_{\mu\square\nu u} = \frac{1}{2} \cdot g^{\mu\mu} \cdot \frac{\partial g_{\mu\mu}}{\partial x_{\nu}}$ 7.18

d) $\Gamma^{\upsilon}_{\mu\nu} = \frac{1}{2} \cdot g^{\upsilon\upsilon} \cdot \frac{\partial g_{\nu\nu}}{\partial x_{\mu}}$

Pero los casos c) y d) son iguales, de manera que solamente son independientes, y por ende únicamente válidos, los casos a), b) y c).

Recordemos que el símbolo de Christoffel tiene simetría y por lo tanto el número de sus componentes independientes es 40 para un espacio de 4 dimensiones. Ver fórmula 5.35. Pero en este caso, muchas de esas componentes son nulas debido a la simetría impuesta por las condiciones de Schwarzschild al coeficiente métrico $g_{\mu\mu}$. De manera que el paso siguiente sería calcular esas 40 componentes, tomar de ellas solamente las no nulas y reemplazarlas en la ecuación 7.15. Muy penoso . . . Más inteligente es que determinemos la manera de identificar conceptualmente las derivadas de los potenciales que sean no nulas y luego reemplacemos tales derivadas en las ecuaciones 7.16. Si hacemos así habremos economizado nuestro esfuerzo matemático con la ayuda de los siguientes conceptos físicos:

a) El campo gravitatorio es estacionario y por lo tanto cualquier derivada respecto del tiempo es nula. Por lo tanto todas las derivadas respecto de x_0 son nulas.

b) El campo gravitatorio es simétrico respecto de la latitud ϑ y la longitud φ, lo que significa que no depende de éstas. Esto nos dice que todas las derivadas respecto de x_2 y x_3 son nulas.

Y después de estos dos conceptos físicos, que hacen cero una buena cantidad de derivadas de la 7.18, ya estamos en condiciones de calcular los símbolos de Christoffel 7.16 que son diferentes de cero. Podemos clasificar las derivadas contenidas en el símbolo de Christoffel según el potencial gravitatorio al que pertenecen, de la siguiente manera:

a) Derivadas de los tres potenciales conocidos. Consideramos aquí las ecuaciones 7.10, 7.11. y 7.17.

1) $$\frac{\partial g_{00}}{\partial x_1} = -\frac{2 \cdot G \cdot M}{c^2 \bullet r^2} \qquad 7.19$$

2) $$\frac{\partial g_{22}}{\partial x_1} = 2 \cdot r \qquad 7.20$$

3) $$\frac{\partial g_{33}}{\partial x_1} = 2 \cdot r \cdot sen^2\vartheta \qquad 7.21$$

4) $$\frac{\partial g_{33}}{\partial x_3} = 2 \cdot r^2 \cdot sen\vartheta \cdot cos\vartheta = r^2 \cdot sen(2 \cdot \vartheta) \qquad 7.22$$

b) Derivadas del potencial desconocido, que pueden o no ser nulas: $\frac{\partial g_{11}}{\partial x_\mu}$.

Ya estamos en condiciones de calcular los símbolos de Christoffel 7.18 con las derivadas no nulas de los potenciales gravitatorios. Ellos son:

a) Grupo: $\Gamma^{\mu}_{\mu\mu} = \frac{1}{2} \cdot g^{\mu\mu} \cdot \frac{\partial g_{\mu\mu}}{\partial x_\mu}$ $\quad \Gamma^{1}_{11} = -\frac{1}{2} \cdot g^{11} \cdot \frac{\partial g_{11}}{\partial x_1}$ 7.23

b) Grupo: $\Gamma^{\sigma}_{\mu\mu} = -\frac{1}{2} \cdot g^{\sigma\sigma} \cdot \frac{\partial g_{\mu\mu}}{\partial x_\sigma}$ $\quad \Gamma^{1}_{00} = -\frac{1}{2} \cdot g^{11} \cdot \frac{\partial g_{00}}{\partial x_1}$ 7.24

$$\Gamma^{1}_{22} = -\frac{1}{2} \cdot g^{11} \cdot \frac{\partial g_{22}}{\partial x_1} \qquad 7.25$$

$$\Gamma^{1}_{33} = -\frac{1}{2} \cdot g^{11} \cdot \frac{\partial g_{33}}{\partial x_1} \qquad 7.26$$

$$\Gamma^{2}_{33} = -\frac{1}{2} \cdot g^{22} \cdot \frac{\partial g_{33}}{\partial x_2} \qquad 7.27$$

c) Grupo: $\Gamma^{\mu}_{\mu\upsilon} = \frac{1}{2} \cdot g^{\mu\mu} \cdot \frac{\partial g_{\mu\mu}}{\partial x_{\upsilon}}$ $\Gamma^{0}_{01} = \Gamma^{0}_{10} = -\frac{1}{2} \cdot g^{00} \cdot \frac{\partial g_{00}}{\partial x_1}$ 7.28

$$\Gamma^{2}_{21} = \Gamma^{2}_{12} = -\frac{1}{2} \cdot g^{22} \cdot \frac{\partial g_{22}}{\partial x_1} \quad 7.29$$

$$\Gamma^{3}_{31} = \Gamma^{3}_{13} = -\frac{1}{2} \cdot g^{33} \cdot \frac{\partial g_{33}}{\partial x_1} \quad 7.30$$

$$\Gamma^{3}_{23} = \Gamma^{3}_{32} = -\frac{1}{2} \cdot g^{33} \cdot \frac{\partial g_{33}}{\partial x_2} \quad 7.31$$

En resumen: de las 40 componentes del símbolo de Christoffel de primera especie las condiciones de Schwarzschild las reducen a las 9 componentes indicadas en las ecuaciones 7.23 a 7.31, que son las que quedan para ser consideradas en el tensor de Einstein 6.13. La sustitución de los símbolos de Christoffel no nulos en las ecuaciones de campo obliga a hacer largas y tediosas sustituciones, que recomendamos elaborar con un programa de matemáticas por computadora. Nosotros ahorraremos este desarrollo, y solamente mostraremos su resultado que son las cuatro componentes del tensor de Einstein que se dan a continuación; todas las demás están formadas por términos idénticamente nulos.

$$G_{00} = \frac{1}{2 \cdot g_{11}} \cdot \frac{\partial^2 g_{00}}{\partial x_1^2} - \frac{1}{4 \cdot g_{11}} \cdot \frac{\partial g_{00}}{\partial x_1} \cdot \left(\frac{1}{g_{00}} \cdot \frac{\partial g_{00}}{\partial x_1} + \frac{1}{g_{11}} \cdot \frac{\partial g_{11}}{\partial x_1}\right) - \frac{1}{r \cdot g_{11}} \cdot \frac{\partial g_{00}}{\partial x_1} = 0 \quad 7.32$$

$$G_{11} = \frac{1}{2 \cdot g_{00}} \cdot \frac{\partial^2 g_{00}}{\partial x_1^2} - \frac{1}{4 \cdot g_{00}} \cdot \frac{\partial g_{00}}{\partial x_1} \cdot \left(\frac{1}{g_{00}} \cdot \frac{\partial g_{00}}{\partial x_1} + \frac{1}{g_{11}} \cdot \frac{\partial g_{11}}{\partial x_1}\right) - \frac{1}{r \cdot g_{11}} \cdot \frac{\partial g_{11}}{\partial x_1} = 0 \quad 7.33$$

$$G_{22} = \frac{1}{g_{11}} - 1 - \frac{r}{2 \cdot g_{11}}\left(\frac{1}{g_{00}} \cdot \frac{\partial g_{00}}{\partial x_1} - \frac{1}{g_{11}} \cdot \frac{\partial g_{11}}{\partial x_1}\right) = 0 \quad 7.34$$

$$G_{33} = G_{22} \cdot sen^2\vartheta = 0 \quad 7.35$$

Es evidente que la 7.35 no debe ser considerada porque no es independiente, por lo tanto sólo nos quedan tres ecuaciones; 7.32, 7.33 y 7.34, con una incógnita: g_{11}. No se alarme el lector; no necesitaremos recurrir a métodos especiales para resolver ecuaciones diferenciales. Algunas consideraciones algebraicas nos permitirán reducir las anteriores a una sola ecuación sencilla.

Observemos que la G_{00} y G_{11} tienen términos en común, de manera que si hacemos la siguiente suma, encontraremos que ésta es igual a cero y que solo subsisten dos sumandos diferentes, que son los últimos de cada una de las dos ecuaciones:

$$\frac{g_{11}}{g_{00}} \cdot G_{00} + G_{11} = \frac{1}{g_{00}} \cdot \frac{\partial g_{00}}{\partial x_1} + \frac{1}{g_{11}} \cdot \frac{\partial g_{11}}{\partial x_1} = 0 \qquad 7.36$$

A la que podemos escribir de una forma más conveniente para seguir el desarrollo:

$$g_{00} \cdot \frac{\partial g_{11}}{\partial x_1} + g_{11} \cdot \frac{\partial g_{00}}{\partial x_1} = 0 \qquad 7.37$$

Esta expresión es la derivada de un producto lo que demuestra que el producto $g_{00} \cdot g_{11}$ es constante:

$$g_{00} \cdot g_{11} = K \qquad 7.38$$

Despejamos $\frac{\partial g_{11}}{\partial x_1} \cdot \frac{1}{g_{11}}$ de la 7.37 y g_{11} de la 7.38 y las reemplazamos en G_{22}. Este reemplazo dará la siguiente expresión de esta componente del tensor de Einstein:

$$G_{22} = \frac{g_{00}}{K} - 1 + r \cdot \frac{\partial g_{00}}{\partial x_1} = 0 \qquad 7.39$$

Aunque ya vimos en la ecuación 7.14 la fórmula de g_{00} para campos débiles, no obviaremos esta oportunidad de verificarla. Para ello debemos despejar g_{00} de la ecuación diferencial 7.39 y un concepto físico nos ayudará: a una distancia infinita no existe campo gravitatorio, por lo tanto allí la curvatura es igual a cero; se trata de un espacio-tiempo plano. En este caso ya sabemos que los coeficientes métricos son iguales a 1 y sus derivadas también, por lo tanto resulta K = 1.

Debemos notar que de la 7.38 surge que g_{00} es el recíproco de g_{11}, porque K =1. Por lo tanto, considerando la 7.14 y la 7.39 concluimos que:

$$g_{11} = \frac{1}{1 - \frac{2 \cdot G \cdot M}{r \cdot c^2}} \qquad 7.40$$

Alternativamente se puede razonar de la siguiente manera y llegar a la misma fórmula. Dado que K = 1 podemos reescribir la 7.39 de la siguiente forma:

$$g_{00} + r \cdot \frac{\partial g_{00}}{\partial x_1} - 1 = 0 \qquad 7.41$$

Observemos que en 7.41 tenemos nuevamente un término que pertenece a la derivada de un producto:

$$\frac{\partial(r \cdot g_{00})}{\partial r} = g_{00} + r \cdot \frac{\partial g_{00}}{\partial r} \qquad 7.42$$

En la 7.42 despejamos $r \cdot \frac{\partial g_{00}}{\partial x_1}$ y el resultado lo reemplazamos en la 7.41, con lo cual ésta queda igual a:

$$\frac{\partial(r \cdot g_{00})}{\partial r} = 1 \qquad 7.43$$

Y consecuentemente:

$$r \cdot g_{00} = \int dr = r + C \qquad 7.44$$

Y de esta solución y de la 7.38 surge finalmente lo que buscábamos; la fórmulas de los potenciales g_{00} y g_{11}.

$$g_{00} = 1 + \frac{C}{r} \qquad 7.45$$

$$g_{11} = \frac{1}{1 + \frac{C}{r}} \qquad 7.46$$

Queda sin embargo por determinar el valor de la constante de integración C. La 7.14 y la 7.45 son iguales, de manera que de esta igualdad surge el valor de la constante de integración C.

$$C = -\frac{2 \cdot \mathrm{G} \cdot \mathrm{M}}{c^2} \qquad 7.47$$

Con la cual el coeficiente métrico g_{11} resulta igual a a la fórmula 7.40 que dimos antes:

$$g_{11} = \frac{1}{1 - \frac{2 \cdot G \cdot M}{r \cdot c^2}} \qquad 7.40$$

Y con la ecuación 7.47 hemos determinado los cuatro potenciales gravitatorios de Schwarzschild. Veamos ahora la extraña geometría del espacio-tiempo que ellos describen para un observador situado en un sistema arbitrario. Lo interesante de esta posibilidad, que es la validez de las observaciones para cualquier sistema arbitrario, es que el observador ya no requiere estar en un sistema inercial como prescribe la Relatividad Especial. Puede estar en un sistema acelerado y sus observaciones no dependerán de la aceleración que tenga su sistema y éste es uno de los más importantes logros de la Relatividad General, lo cual se debe a que sus ecuaciones tienen carácter tensorial.

3. Comienza la fantasía. La métrica de Schwarzschild

Una vez que Schwarzschild dedujo sus cuatro potenciales gravitatorios, escribió la fórmula métrica de una geometría que describe un mundo extraño. Empecemos por conocer la ecuación métrica de ese mundo o "métrica de Schwarzschild". Para ello reemplazamos las ecuaciones de g_{11} (7.47), g_{22} (7.10), g_{33} (7.10) y g_{00} (7.14) en la ecuación métrica 7.12 y obtendremos:

$$ds^2 = \frac{dr^2}{1 - \frac{2 \cdot G \cdot M}{r \cdot c^2}} + r^2 \cdot d\vartheta^2 + r^2 \cdot sen^2\vartheta \cdot d\varphi^2 - \left(1 - \frac{2 \cdot G \cdot M}{r \cdot c^2}\right) \cdot c^2 \cdot dt^2 \qquad 7.48$$

Donde:

$$g_{00} = \left(1 - \frac{2 \cdot G \cdot M}{r \cdot c^2}\right) \quad g_{11} = \frac{1}{1 - \frac{2 \cdot G \cdot M}{r \cdot c^2}} \quad g_{22} = r^2 \quad g_{33} = r^2 \cdot sen^2\vartheta \qquad 7.49$$

La ecuación 7.48, nacida en una desagradable trinchera de la Primera Guerra Mundial en 1916, no es popularmente célebre como $E = m \cdot c^2$, pero sí lo es en el ámbito científico. La Física ha extraído de ella "mucho jugo", el que ha permitido comprender mejor el Universo y también descubrir en él algunos de sus extraños habitantes, como son los agujeros negros, predecir las trayectorias en campos gravitatorios intensos, etc. Ud. podrá decir: si, pero la métrica de Schwarzschild es una fórmula deducida sobre la base de numerosas simplificaciones. Es verdad, pero aún así el aporte de ella a nuestra comprensión del Universo es más que significativo, porque las observaciones de numerosos fenómenos astronómicos coinciden sensiblemente con lo que predice la métrica de Schwarzschild. Puede Ud. incluirla, sin temor a error, dentro del Código Cósmico.

Hay dos términos en esa fórmula 7.48 que generan las sorpresas y que el lector seguramente ya se percató. El primero es el coeficiente de la coordenada *r*, es decir la distancia de un punto del espacio al centro de la masa gravitatoria. Y el segundo es el coeficiente del término temporal. En ambos casos hay un valor del radio que a todas luces produce una situación singular: es cuando el radio es igual al llamado "radio gravitatorio" o "radio de Schwarzschild", y que responde a la siguiente fórmula:

$$r_g = \frac{2 \cdot G \cdot M}{c^2} \qquad 7.50$$

En ese radio sucede que el coeficiente del radio *r* es igual a infinito y el coeficiente temporal se hace cero. ¿Qué significa esto? ¿Qué es lo que está sucediendo a la distancia del radio gravitatorio? Las preguntas tienen respuestas curiosas que veremos de ahora en adelante, pero anticipemos algo, como para empezar la fantasía; ya vimos que en el radio gravitatorio el término espacial radial es infinito y el temporal es nulo. Bien, debido a esa infinitud del coeficiente radial, en el radio de Schwarzschild no se cumple ninguna geometría, porque no existe manera alguna para un observador externo de medir distancias. Por otra parte, a causa de la nulidad del término temporal en el radio gravitatorio, ese mismo observador verá que el tiempo no transcurre, que los objetos están detenidos y que los seres vivos no envejecen. Claro que para éstos las cosas son completamente diferentes, ya que ellos si pueden medir distancias, sienten que el tiempo transcurre normalmente y pueden observar movimientos. Por lo tanto, cuando algo o alguien cruza hacia adentro del círculo gravitatorio el observador externo deja de verlos y los eventos que ocurren dentro del círculo le están vedados. Es por eso que el radio gravitatorio se conoce también como "horizonte de eventos".

¿Qué relación existe entre el radio geométrico de la masa gravitatoria y el radio gravitatorio? Veremos más adelante que la densidad relaciona estos dos parámetros geométricos de los astros, según la fórmula 7.128.

En astros de baja densidad, el radio geométrico es mucho mayor que el gravitatorio. Por lo tanto los fenómenos que ocurren en la vecindad del radio gravitatorio no se pueden observar, porque éste está "embutido" en la masa del astro. A medida que la densidad aumenta, ambos radios tienden a igualarse, situación en la cual la estrella se transforma en un agujero negro. Pero antes de eso fue una estrella de neutrones, cuyo radio geométrico puede ser del orden de 3 a 5 veces el radio gravitatorio. Recién cuando el radio gravitatorio supera el geométrico se dice que la estrella se transformó en un agujero negro, en el que ocurren los fenómenos develados por la solución de Schwarzschild y que hemos descripto antes en forma resumida.

Podemos definir una "masa gravitatoria geometrizada" mediante la siguiente fórmula:

$$m_g = \frac{G \cdot M_g}{c^2} \qquad 7.51$$

Observemos que el radio de Schwarzschild es el doble del valor de la masa gravitatoria expresada en unidades de longitud, y que es ésta quien realmente determina la ubicación del horizonte de eventos. Astros como el Sol tienen una masa geometrizada del orden de 1,470 m en tanto el de la Tierra es de apenas 7.4 mm. Esta forma de expresar la masa de los astros nos será de gran utilidad para simplificar muchas de las ecuaciones que siguen en el resto de este libro. Véase la Figura 7.1. El caso de la Tierra sería el astro de la izquierda del diagrama. Se ha indicado en línea de trazos la superficie de nuestro astro, sugiriendo la existencia de la delgada capa fértil vivible que tiene la Tierra.

La misma figura muestra a la derecha el caso de una estrella de neutrones. En ella todavía no "aflora" el radio gravitatorio; el horizonte de eventos está dentro de la masa de la estrella y por lo tanto los fenómenos en su superficie son observables. Sin embargo, la superficie no tiene vida en absoluto por lo que no hay nada que observar ya que ningún fenómeno ocurre sobre ella.

El diagrama de la derecha de la Figura 7.1 muestra el caso de un agujero negro. En él el horizonte de eventos está fuera de su masa y por lo tanto no se pueden observar los fenómenos que ocurran sobre su superficie.

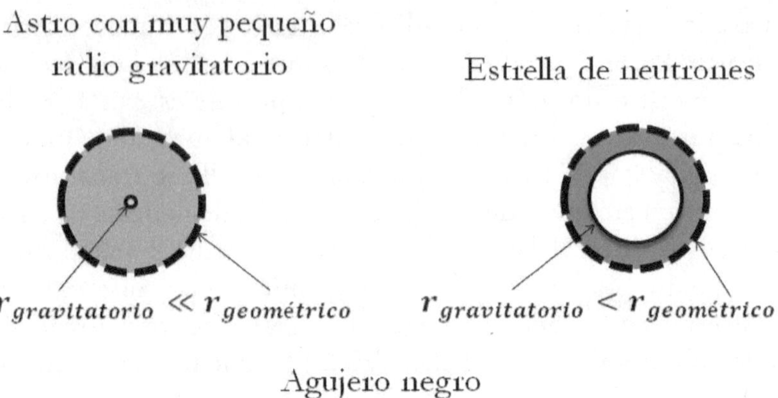

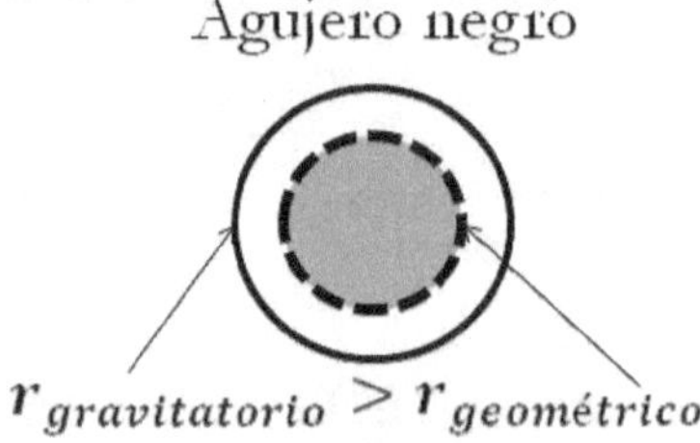

Figura 7.1. Definición de tipo de astro según la relación entre su radio gravitatorio y su radio geométrico

Si no podemos ver a través de él significa que la luz no puede salir de su interior, lo cual nos lleva directamente al concepto de velocidad de escape y de agujero negro. Recordemos que aquélla es la mínima velocidad a la cual un cuerpo puede escapar de un astro venciendo al campo gravitatorio de éste. El valor de esta velocidad de escape, se deduce igualando la energía cinética del cuerpo con su energía potencial gravitatoria y despejando de esta ecuación la velocidad:

$$-\frac{G \cdot M_g \cdot M_c}{r} = \frac{1}{2} \cdot M_c \cdot v^2 \qquad 7.52$$

Donde M_c es la masa del cuerpo que escapa del astro. Esta ecuación puede ser vista también como la igualación de la fuerza centrífuga del astro con la fuerza gravitatoria. Cualquiera sea la deducción que adoptemos, la velocidad de escape resulta igual a:

$$v_e = \sqrt{\frac{2 \cdot G \cdot M_g}{r}} = c \cdot \sqrt{\frac{2 \cdot m_g}{r}} \qquad 7.53$$

Cuando el radio r de la masa gravitatoria es suficientemente pequeño, es decir inferior al de su masa geometrizada m_g, la relación $\frac{2 \cdot m_g}{r}$ dentro del radical de la 7.53 se hace superior a 1 y la velocidad de escape resulta entonces superior a la velocidad de la luz. En esta situación ni la luz puede salir del astro, lo que nos dice que se trata de un agujero negro. Hemos encontrado así otra posible definición de agujero negro: es un astro cuya velocidad de escape supera a la de la luz.

Según la ecuación 7.53, la velocidad de escape de un astro esférico será igual a la de la luz toda vez que el radio r de su masa sea igual $2 \cdot m_g$.

Si bien ni el mismo Einstein creía en su existencia y suponía que las singularidades de los coeficientes métricos de Schwarzschild eran meros resultados matemáticos, sin significación física alguna, ya entrada la segunda mitad del siglo XX, se ha comprobado que realmente existen y la métrica de Schwarzschild ha demostrado ser una poderosa herramienta para su entendimiento conceptual.

La existencia de los agujeros negros quedó teóricamente corroborada en 1963, cuando Kerr encontró una solución a las ecuaciones de campo para un astro esférico en rotación. Esta "prueba teórica" ocurrió porque la situación hipotética de Kerr responde a una realidad comprobada por la Astronomía; esto es que las estrellas de neutrones giran a altas velocidades y las que vienen de estrellas masivas están en continua contracción. Cuando su radio geométrico es inferior a su gravitatorio siguen girando a velocidades cada vez mayores, para conservar su momento cinético. Y este es el caso resuelto por Kerr. La métrica de Kerr no será estudiada en este libro. Será nuestra deuda con el lector, que pagaremos en un trabajo posterior.

4. La energía de la métrica de Schwarzschild

La ecuación métrica 7.48 de Schwarzschild contiene un amplio espectro de información sobre la energía del campo y la de los astros que se mueven libremente en ellos. Ella también encierra, además de la información sobre la geometría del espacio-tiempo, la forma de las trayectorias geodésicas que siguen los astros en el espacio-tiempo. Para hallar esta valiosa información hay que modificar la presentación de la ecuación 7.48 mediante algunos planteos físico-matemáticos sencillos. En este punto veremos la energía que contiene la ecuación métrica de Schwarzschild, la que nos servirá, más adelante, para predecir los movimientos de astros en los campos gravitatorios.

Recordemos algunas definiciones sencillas, que todos sabemos o creemos saber. La energía de un cuerpo libre en un campo gravitatorio está formada por tres componentes:

a) La energía de su masa en reposo ($E_0 = m \cdot c^2$)

b) La energía cinética T del astro, causada por su movimiento

c) La energía potencial gravitatoria U

La energía total es la simple suma de las tres ya que estas propiedades de los cuerpos no tienen carácter vectorial, aunque si tienen carácter tensorial según vimos antes.

La forma matemática de las componentes anteriores es más que simple y la damos para mostrar la nomenclatura que usaremos en lo sucesivo. La energía total tiene la siguiente forma:

$$E_t = E_0 + T + U \qquad 7.54$$

Lógicamente las unidades en que se miden estas magnitudes son en términos de fuerza por distancia. De las tres componentes de la energía, la de la masa en reposo, tiene generalmente un valor extraordinariamente elevado frente al de las otras dos componentes.

La energía cinética es la debida a su velocidad y su expresión es bien conocida:

$$T = \frac{1}{2} \cdot M_a \cdot v^2 \qquad 7.55$$

Llamaremos M_a a la masa del astro transitando libre y lentamente por un campo gravitatorio estacionario, creado por una masa gravitatoria M_g. Entenderemos además que la masa gravitatoria es muy superior a la masa del astro, por lo cual el campo gravitatorio creado por éste es despreciable.

La energía potencial gravitatoria la desarrollaremos más adelante. Por ahora todo lo que conocemos es que ella, en un espacio-tiempo plano, es igual a

$-G \cdot \frac{M_g}{r}$. Es interesante también anticipar que las expresiones de estas energías potenciales surgirán de la misma ecuación métrica de Schwarzschild.

Si dividimos la 7.55 por la masa del astro tendremos todos sus términos expresados en unidades de energía por unidad de masa, o lo que es lo mismo en términos de velocidad al cuadrado. Estas expresiones de la energía son mucho más cómodas para tratar que hacerlo con las de las energías totales:

$$e_t = e_0 + e_k + e_p \qquad 7.56$$

Donde cada término es igual a: $e_j = \frac{E_j}{M_c}$. El término e_0 es igual a c^2.

Y ya es momento de "extraer" de la ecuación de la métrica de Schwarzschild la energía en un espacio-tiempo curvo. Para simplificar las expresiones consideraremos una partícula libre moviéndose en el plano ecuatorial de $\vartheta = 90^0$. Esta especial consideración no afecta en nada a la generalidad de nuestras futuras conclusiones y nos permite trabajar con una métrica más sencilla que la de la 7.48, que es la siguiente:

$$ds^2 = \frac{dr^2}{g_{00}} + r^2 \cdot d\varphi^2 - g_{00} \cdot c^2 \cdot dt^2 \qquad 7.57$$

Donde $g_{00} = \left[1 - {}^{2 \cdot G \cdot M}/_{(r \cdot c^2)}\right]$, de acuerdo con la primera de las fórmulas 7.49.

Por tratarse de un campo lento es $ds = i{\cdot}c{\cdot}d\tau$, la que reemplazada en 7.57 e intercambiando g_{00} y $d\tau$ al otro término, produce la siguiente ecuación:

$$-c^2 \cdot g_{00} = \left(\frac{dr}{d\tau}\right)^2 + g_{00} \cdot r^2 \cdot \left(\frac{d\varphi}{d\tau}\right)^2 - g_{00}{}^2 \cdot c^2 \cdot \left(\frac{dt}{d\tau}\right)^2 \qquad 7.58$$

Trasladamos al primer miembro el tercer sumando de 7.58 y dividimos por 2 toda la ecuación, lo cual nos mostrará ciertas "caras conocidas", que son las expresiones de los diferentes tipos de energía vistos en la Mecánica Clásica y además un "nuevo rostro", que se debe a la curvatura del espacio-tiempo. Veamos esta nueva "fotografía" de la ecuación de la energía, extraída de la fórmula geométrica 7.48.

$$\frac{1}{2} \cdot [g_{00}{}^2 \cdot \dot{t}^2 - 1] \cdot c^2 = \frac{\dot{r}^2}{2} + \frac{r^2 \cdot \dot{\phi}^2}{2} - m_g \cdot r \cdot \dot{\phi}^2 - \frac{G \cdot M_g}{r} \qquad 7.59$$

En el segundo miembro de la 7.59, de izquierda a derecha, los sumandos representan:

a.) La componente de la energía cinética por unidad de masa debida a la velocidad radial del astro: $e_{kr}(r) = \frac{v_{radial}^2}{2} = \frac{\dot{r}^2}{2}$.

b.) La componente de la energía cinética por unidad de masa debida a la velocidad lineal del astro: $e_{kl}(r) = \frac{v_{lineal}^2}{2} = \frac{(r \cdot \dot{\phi})^2}{2}$.

c.) La componente de la energía cinética debida a la curvatura del espacio-tiempo (efecto relativista): $e_{relativista}(r) = -m_g \cdot v_{lineal} \cdot \dot{\phi}$

.

d.) La energía potencial de acuerdo a la Mecánica Clásica: $u_{newtoniano}(r) = -\frac{G \cdot M_g}{r}$

Las componentes a) y b) sumadas forman la energía cinética newtoniana del astro, tal como la define la Mecánica Clásica, toda vez que entre ambas contienen la velocidad total del astro. A esta energía cinética newtoniana hay que agregar la corrección relativista de la componente c). Lógicamente, este término no existe en la solución newtoniana. La energía potencial newtoniana está formada por la componente d).

Más abajo demostraremos que tanto la componente b) como la c) son inversamente proporcionales al cuadrado y al cubo de la distancia radial respectivamente y es por eso que se las considera como una forma de energía potencial. Es por esta razón que la suma de las componentes b), c) y d) se llama "potencial efectivo", al que designaremos $u_{ef}(r)$.

La suma de las cuatro componentes es conocida como la energía mecánica de la partícula, a la que designaremos con e_m, la que de acuerdo al principio de conservación de la energía se mantiene constante a lo largo de toda la trayectoria del astro. Bien podemos escribir entonces el siguiente grupo de relaciones que definen la formación de la energía mecánica e_m de un astro en un campo gravitatorio:

$$e_m = e_k(r) + u_{newtoniano}(r) \quad 7.60$$

$$e_k(r) = e_{kr}(r) + e_{kl}(r) + e_{relativista}(r) + u_{newtoniano}(r) \quad 7.61$$

$$e_{kr}(r) = \frac{v_{radial}^2}{2} = \frac{\dot{r}^2}{2} \quad 7.62$$

$$e_{kl}(r) = \frac{v_{lineal}^2}{2} = \frac{r^2 \cdot \dot{\phi}^2}{2} \quad 7.63$$

$$e_{relativista}(r) = -m_g \cdot v_{lineal} \cdot \dot{\phi}. = -m_g \cdot r \cdot \dot{\phi}^2 \quad 7.64$$

$$u_{newtoniano}(r) = -\frac{G \cdot M_g}{r} \quad 7.65$$

$$e_m = e_{kr}(r) + u_{ef}(r) \quad 7.66$$

$$u_{ef}(r) = -\frac{G \cdot M_g}{r} + \frac{r^2 \cdot \dot{\phi}^2}{2} - m_g \cdot r \cdot \dot{\phi}^2 \quad 7.67$$

A continuación deduciremos dos sencillas expresiones, a las que reemplazaremos en la 7.63, 7.64 y 7.67 para eliminar a $\dot{\phi}$ de ellas. Esta sustitución nos mostrará que estas componentes de la energía dependen del radio y del momento cinético solamente. En efecto, vimos que el momento cinético de un astro por unidad de masa es:

$$l_c = r^2 \cdot \dot{\phi} \quad 7.68$$

De donde podemos deducir que:

$$r^2 \cdot \dot{\phi}^2 = \frac{l_c^2}{r^2} \quad 7.69$$

Y que:

$$r \cdot \dot{\phi}^2 = \frac{l_c^2}{r^3} \quad 7.70$$

Y reemplazando ahora la 7.69 y la 7.70 en las ecuaciones 7.63 y 7.64, obtenemos:

$$e_{kl}(r) = \frac{l_c^2}{2 \cdot r^2} \quad 7.71$$

$$e_{relativista}(r) = -\frac{m_g \cdot l_c^2}{r^3} \quad 7.72$$

$$e_m = \frac{\dot{r}^2}{2} + \frac{l_c^2}{2 \cdot r^2} - \frac{m_g \cdot l_c^2}{r^3} - \frac{m_g \cdot c^2}{r} \quad 7.73$$

Y finalmente, teniendo en cuenta la 7.59 la energía mecánica también puede escribirse de la siguiente forma:

$$e_m = \frac{c^2}{2} \cdot [g_{00}^2 \cdot \dot{t}^2 - 1] \qquad 7.74$$

Y así, de una ecuación geométrica, como es la 7.57, y el principio de conservación del momento cinético, hemos obtenido las expresiones de la energía mecánica 7.73 y 7.74. Éstas representan dos formas diferentes de expresar la energía mecánica de un astro que se mueve libremente en un campo gravitatorio. La 7.73 lo hace sumando los diferentes tipos de energía que forman la energía mecánica, incluyendo una corrección relativista. En cambio, la 7.74 recurre a la energía de la masa en reposo c^2, corregida por las relaciones métricas de la coordenada temporal de la métrica del espacio tiempo. Esto sugiere que la energía mecánica no es otra cosa que la energía de la masa en reposo, afectada por la curvatura del espacio-tiempo.

De la 7.74 podemos despejar la expresión de la derivada del tiempo observado respecto del tiempo propio, la que nos será de utilidad más adelante:

$$\frac{dt}{d\tau} = \frac{\sqrt{\left(1 + 2 \cdot \frac{e_m}{c^2}\right)}}{g_{00}} \qquad 7.75$$

Reemplazando las ecuaciones 7.69 y 7.70 en la ecuación 7.67 del potencial efectivo tendremos la siguiente expresión de éste, que es la que se usa habitualmente en la Relatividad General:

$$u_{ef}(r) = -\frac{m_g \cdot c^2}{r} + \frac{l_c^2}{2 \cdot r^2} - \frac{m_g \cdot l_c^2}{r^3} \qquad 7.76$$

La componente relativista del potencial efectivo, que es $m_g \cdot l_c^2 / r^3$ no aparece en la Mecánica Clásica. Su valor es muy pequeño en comparación con los otros dos, toda vez que se trate de campos gravitatorios débiles. Sin embargo, a pesar de su debilidad, este término tiene profundas consecuencias sobre las trayectorias de los astros, porque deforma la curva de potencial efectivo, haciendo que éste tenga valores negativos muy grandes en las proximidades del centro de la esfera gravitatoria, y no positivos como establece la Mecánica Clásica. Veremos que los astros que entran en esta región no tienen ninguna posibilidad de salir de ella. Ellos son "devorados" por los seres más increíbles del Cosmos: los agujeros negros.

¿Cuánto valen cada una de estas tres componentes para el caso de la Tierra? Veamos sus valores en kgr·m/kg masa o m^2/seg^2:

$$\left(-\frac{m_g \cdot c^2}{r}\right)_{Tierra} = -2,668.00$$

$$\left(\frac{l_c^2}{2 \cdot r^2}\right)_{Tierra} = 5.94 \cdot 10^{13}$$

$$\left(-\frac{m_g \cdot l_c^2}{r^3}\right)_{Tierra} = -3.52$$

Como vemos la colaboración de la componente relativista de la Tierra a su energía potencial efectiva, es muy pequeña, apenas un 0.13% de la componente debida a la de la ley de Newton y absolutamente despreciable frente a la gigantesca energía potencial efectiva del momento cinético. Esta situación es similar en los demás planetas, excepto que la componente relativista crece para los planetas más alejados mucho más que lo que lo hace la componente proveniente de la ley de Newton. Pero siempre dicha componente relativista de los planetas del Sistema Solar, es despreciable frente a la del momento cinético.

5. Un modelo universal sin dimensiones

Existen en la Naturaleza constantes fundamentales, que de ninguna manera se relacionan entre sí ni pueden ser derivadas de otras. Hay dos de ellas que nos interesan especialmente que son la constante de gravitación universal G y la velocidad de la luz c. Si ambas se igualan a 1, las numerosas ecuaciones en las cuales ellas están y particularmente en la Relatividad, se simplifican sensiblemente. Adicionalmente, se suele hacer igual a 1 a una tercera constante, como la de Planck o la de Boltzmann, lo cual permite que se "fabriquen" constantes para introducir arbitrariamente en las fórmulas, haciendo que los resultados de éstas queden expresados en unidades de longitud, aunque tales resultados correspondan a diferentes naturalezas físicas. Por ejemplo si se divide la energía por el cuadrado de la velocidad de la luz, se obtiene una longitud. Y esto no altera el comportamiento del fenómeno. Lo único que se ha hecho es medir a éste en otras unidades y con fórmulas más sencillas para facilitar la interpretación de los resultados. Este método, llamado de "geometrización de unidades" es muy común en la Relatividad Especial y General.

En este libro aplicaremos el método de geometrización de unidades pero haciendo una propuesta algo diferente, que es usando unidades no dimensionales. Al igual que las unidades geométricas, estas unidades no dimensionales se transforman fácilmente en valores con unidades reales. El modelo propuesto consiste en dividir los valores expresados en longitudes por la masa gravitatoria geométrica, las velocidades por la de la luz y las energías por el cuadrado de la velocidad de la luz. Como resultado de este criterio obtenemos las siguientes magnitudes no dimensionales:

a.) Distancia:

$$\rho = \frac{r}{m_g} \qquad 7.77$$

b.) Momento cinético relativo:

$$\lambda = \frac{l_c}{c \cdot m_g} \qquad 7.78$$

c.) Energía:

$$\varepsilon = \frac{e}{c^2} \qquad 7.79$$

d.) Energía potencial o potencial efectivo:

$$\upsilon = \frac{u}{c^2} \qquad 7.80$$

e.) Velocidad:

$$\nu = \frac{v}{c} \qquad 7.81$$

El momento cinético relativo es el momento cinético del astro por unidad de masa gravitatoria, expresado en unidades adimensionales. No es una propiedad de la partícula en movimiento solamente, sino que también depende de la magnitud de la masa gravitatoria. Podemos entonces decir que se trata de una propiedad del conjunto astro-masa gravitatoria, formado por una masa gravitatoria dominante y otra más pequeña atraída por la primera. Veremos más adelante que este valor λ permite anticipar, junto con otras variables, la forma de las trayectorias gravitatorias.

Reemplacemos ahora estas expresiones en las ecuaciones 7.73 y 7.76 y obtendremos las siguientes expresiones de las ecuaciones vistas de la energía, pero bajo una forma más simple:

a.) Energía mecánica:

$$\varepsilon_m = \frac{v_r^2}{2} - \frac{1}{\rho} + \frac{\lambda^2}{2 \cdot \rho^2} - \frac{\lambda^2}{\rho^3} \qquad 7.82$$

b.) Potencial efectivo:

$$\upsilon_{ef}(\rho) = -\frac{1}{\rho} + \frac{\lambda^2}{2 \cdot \rho^2} - \frac{\lambda^2}{\rho^3} \qquad 7.83$$

O bien:

$$\upsilon_{ef}(\rho) = \frac{\left[1 - \frac{2}{\rho(t)}\right]}{2} \cdot \left[1 + \left(\frac{\lambda}{\rho}\right)^2\right] - \frac{1}{2} \qquad 7.84$$

La energía total es aquella que está formada por la energía de la masa en reposo mas la energía mecánica. Por lo tanto de acuerdo a las ecuaciones 7.56 y 7.82 resulta igual a:

$$\varepsilon_t = 1 + \frac{v_r^2}{2} - \frac{1}{\rho} + \frac{\lambda^2}{2 \cdot \rho^2} - \frac{\lambda^2}{\rho^3} \qquad 7.85$$

Nótese que la energía total y la mecánica "parecen" depender del radio. Sin embargo de acuerdo al principio de conservación son magnitudes constantes. Si pudiéramos colocar un medidor de energía en un astro libre, veríamos que su valor no varía, independientemente de la posición que tenga el astro.

6. Curvas universales del potencial efectivo. Puntos singulares

El potencial efectivo es la expresión del "estado gravitatorio" que una masa crea en el espacio y del momento cinético que tiene un astro en movimiento dentro de él. Ese estado gravitatorio es el que permite determinar regiones del espacio donde podría encontrarse dicho astro y el tipo de trayectoria que éste sigue.

¿Qué es exactamente el potencial efectivo? Lo recordemos; cuando analizamos las componentes de la ecuación 7.59, vimos que el potencial efectivo es una energía formada por tres componentes: la energía potencial newtoniana mas dos componentes provenientes de la energía cinética del astro, una de las cuales se debe a la curvatura del espacio tiempo (efecto relativista). Por lo tanto no debe caerse en el error común de confundir el potencial efectivo con la energía potencial de un astro, ya que el valor de aquél incluye además componentes debidas a la energía cinética del astro.

La distribución en el espacio del potencial efectivo creado por una esfera estática (hipótesis de Schwarzschild), tiene, lógicamente, una perfecta simetría radial y por lo tanto los valores que presenta son idénticos a lo largo de cualquier eje que pase por el centro de la masa gravitatoria. Por lo tanto, si representamos tales valores, los podemos mostrar en un diagrama de dos dimensiones solamente, que sería el potencial efectivo versus la distancia radial al centro de la masa gravitatoria.

Observando las ecuaciones 7.83 y 7.84 vemos que el potencial efectivo adimensional no sólo depende del radio ρ sino también del momento cinético relativo λ. Esto nos obliga a graficar el potencial efectivo mediante varias curvas, cada una de las cuales correspondiente a un valor del momento cinético relativo λ. El resultado es una familia de curvas, mostradas en la Figura 7.2, que tienen validez universal y que permite estudiar la ubicación y movimientos de un astro cualquiera, en un campo de Schwarzschild. Las conclusiones de tal estudio y cálculos correspondientes, pueden ser pasadas de unidades adimensionales a unidades físicas fácilmente.

Las curvas del potencial efectivo tienen valores singulares que vamos a determinar en este punto y cuyas fórmulas nos ayudarán a estudiar las trayectorias de los astros y las regiones del espacio donde ellos pueden encontrarse. La expresión matemática del potencial efectivo que estudiaremos es la de la ecuación 7.83.

a. Potencial efectivo en el cero y en el infinito del eje radial

En los dos extremos del espacio, es decir en el centro de la masa gravitatoria y en el infinito, los valores del potencial efectivo son los siguientes:

$$v_{ef}(0) = \lim_{\rho \to 0}\left(-\frac{1}{\rho} + \frac{\lambda^2}{2 \cdot \rho^2} - \frac{\lambda^2}{\rho^3}\right) = -\infty \qquad 7.86$$

$$v_{ef}(\infty) = \lim_{\rho \to \infty}\left(-\frac{1}{\rho} + \frac{\lambda^2}{2 \cdot \rho^2} - \frac{\lambda^2}{\rho^3}\right) = 0 \qquad 7.87$$

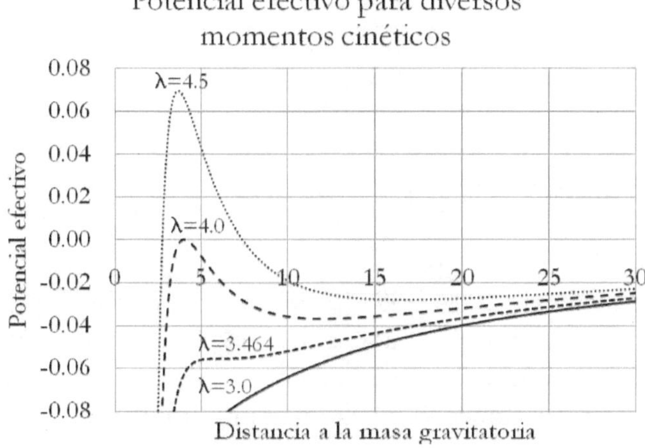

Figura 7.2. Curvas universales del potencial efectivo

Esto nos dice que el potencial efectivo es fuertemente negativo en las proximidades del centro de la masa gravitatoria y va progresivamente aumentando hacia el cero, a medida que el astro se aleja de dicho centro. En la Mecánica Clásica el potencial efectivo está formado solamente por el primero y segundo sumando de la 7.83, lo que hace que la curva del potencial próximo al origen tenga valores positivos. La Relatividad General ha demostrado que esto es erróneo. Este cambio de signo en el origen y sus proximidades cambia completamente las trayectorias posibles de los cuerpos libres en esa región.

b. Máximo y mínimo del potencial efectivo

Siguiendo con nuestra investigación de las propiedades físicas del potencial efectivo, veamos si sus valores presentan alguna "ondulación" entre el cero y el infinito o si van progresivamente del menos infinito al cero de manera asintótica. Claro que si el lector miró, aunque sea rápidamente las curvas de la Figura 7.2, ya conoce la respuesta; hay un máximo y hay un mínimo excepto para pequeños valores del momento cinético que presentan una tendencia asintótica al cero.

Apliquemos el clásico procedimiento para determinar máximos y mínimos de una función, derivando a la ecuación 7.83 e igualando su resultado a cero.

$$\frac{dv_{ef}(\rho)}{d\rho} = \frac{1}{\rho^2} - \frac{\lambda^2}{\rho^3} + \frac{3 \cdot \lambda^2}{\rho^4} = 0 \qquad 7.88$$

La solución de la ecuación 7.88 nos dice que el máximo y el mínimo están ubicados en:

$$\rho_{max} = \frac{\lambda^2 - \lambda \cdot \sqrt{\lambda^2 - 12}}{2} \qquad 7.89$$

$$\rho_{min} = \frac{\lambda^2 + \lambda \cdot \sqrt{\lambda^2 - 12}}{2} \qquad 7.90$$

La Figura 7.3 muestra el gráfico de los valores de ρ_{max} y ρ_{min} en función del momento cinético.

La estructura matemática de 7.89 y 7.90 nos dice también que para valores del momento cinético inferiores a $\sqrt{12}$ sus soluciones son imaginarias. En este caso no hay máximo ni mínimo y la tendencia al cero del potencial efectivo transcurre sin "ondulaciones" hasta llegar al infinito. Por lo tanto, concluimos que el potencial efectivo presenta un máximo y un mínimo toda vez que sea:

$$\lambda^2 \geq 12 \qquad 7.91$$

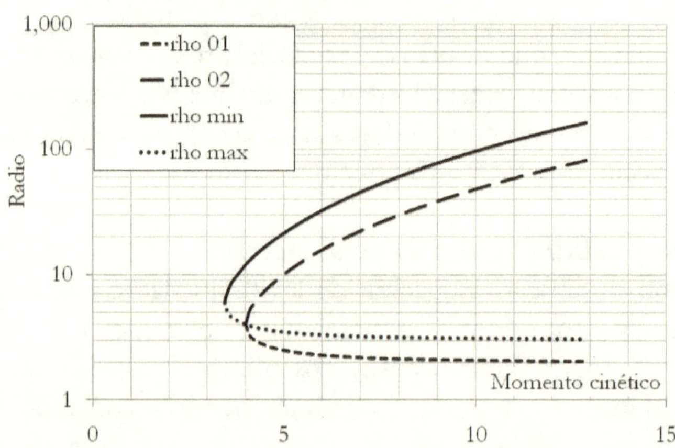

Figura 7.3. Ubicación de máximo, mínimo y ceros del potencial efectivo

Y de esta fórmula definimos el valor del momento cinético crítico, por encima del cual la curva del potencial efectivo presenta un máximo muy próximo a la masa gravitatoria, y un mínimo para radios mucho más lejanos:

$$\lambda_{crítico} = \sqrt{12} \cong 3.46 \qquad 7.92$$

Para valores menores que el crítico el potencial efectivo aumenta en forma continua desde el centro de la masa gravitatoria, donde vale $-\infty$, hasta que a una distancia infinita vale cero. Véase en la Figura 7.2 que la curva del potencial efectivo para un momento cinético igual a 3 no tiene ni máximo ni mínimo. Además obsérvese que la curva de momento cinético igual al crítico tiene su máximo y su mínimo en el mismo radio, al que también denominaremos "radio crítico". Es apenas una suave inflexión que se produce en las coordenadas $\rho_{crítico} = 6$ y $\upsilon_{ef} = -0.05556$.

Ya hemos aprendido a calcular tres de los puntos singulares que se encuentran en la coordenada radial: máximo, mínimo y crítico. Veamos ahora el valor que tienen el potencial máximo y el mínimo. Éstos se obtienen simplemente reemplazando las ecuaciones 7.89 y 7.90 en la 7.83, operación que arroja los siguientes resultados:

$$\upsilon_{ef\,máx} = -2 \cdot \frac{-\lambda \cdot \sqrt{\lambda^2 - 12} + \lambda^2 - 8}{\lambda \cdot \left(\lambda - \sqrt{\lambda^2 - 12}\right)^3} \qquad 7.93$$

$$\upsilon_{ef\,mín} = -2 \cdot \frac{\lambda \cdot \sqrt{\lambda^2 - 12} + \lambda^2 - 8}{\lambda \cdot \left(\lambda + \sqrt{\lambda^2 - 12}\right)^3} \qquad 7.94$$

Vemos que el valor máximo y el mínimo del potencial efectivo son una función solamente del momento cinético, de la misma forma que sucede con sus ubicaciones radiales dadas por las fórmulas 7.89 y 7.90, que hemos deducido antes.

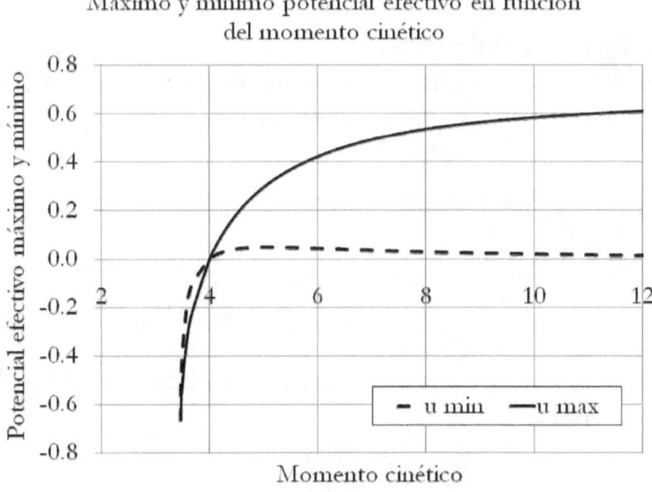

Figura 7.4. Valores de los potenciales máximo y mínimo versus el momento cinético

Véase en la Figura 7.4 el gráfico de los potenciales máximo y mínimo en función del momento cinético y obsérvese que el potencial efectivo máximo crece a medida que lo hace el valor del momento cinético, en forma continua. En cambio el potencial mínimo es muy pequeño respecto al anterior, siempre es negativo y tiende asintóticamente a cero a medida que aumenta el momento cinético. Para la Tierra por ejemplo, cuyo momento cinético es del orden de 10^4, la relación entre el potencial máximo y el mínimo es del orden de 3.9×10^{17}.

El momento cinético que hace cero al potencial máximo se obtiene muy simplemente igualando a cero la ecuación del potencial efectivo máximo 7.93.

$$-\lambda \cdot \sqrt{\lambda^2 - 12} + \lambda^2 - 8 = 0 \qquad 7.95$$

El resultado de esta ecuación es:

$$\lambda_0 = 4 \qquad 7.96$$

Este resultado dice que toda vez que el momento cinético λ sea superior a 4, el pico máximo del potencial efectivo es positivo. Para valores menores de 4 este máximo se hace negativo.

Véase esta propiedad en la Figura 7.2, la que muestra que la curva de momento cinético igual a 4 es un límite que separa los potenciales máximos positivos de los negativos.

c. Ceros del potencial efectivo

Un rápida mirada a la Figura 7.2 nos dice que para momentos cinéticos superiores a 4 el potencial efectivo presenta dos ceros.

Para calcular su ubicación igualamos a cero la ecuación 7.83 de la manera que se muestra a continuación:

$$-\frac{1}{\rho} + \frac{\lambda^2}{2 \cdot \rho^2} - \frac{\lambda^2}{\rho^3} = 0 \qquad 7.97$$

La que se reduce a la siguiente una vez que ambos miembros de la anterior se multiplican por ρ^3.

$$\rho^2 - \frac{\lambda^2}{2} \cdot \rho + \lambda^2 = 0 \qquad 7.98$$

Las soluciones son bien conocidas porque se trata de una sencilla ecuación de segundo grado. Ellas son:

$$\rho_{01} = \frac{\lambda^2 - \lambda \cdot \sqrt{\lambda^2 - 16}}{4} \qquad 7.99$$

$$\rho_{02} = \frac{\lambda^2 + \lambda \cdot \sqrt{\lambda^2 - 16}}{4} \qquad 7.100$$

En la Figura 7.3 se grafican los cuatro puntos singulares que hemos calculado y que corresponden a las ecuaciones 7.89, 7.90, 7.99 y 7.100, en función del momento cinético del astro.

Las curvas de esta figura presentan una notoria simetría y la conclusión más importante es que el máximo potencial y el primer cero se encuentran siempre muy próximos al centro de la masa gravitatoria. Si reemplazamos la 7.51 en la 7.50 concluiremos que el radio gravitatorio es igual a 2 veces la masa gravitatoria expresada en unidades de longitud ($r_g = 2 \cdot m_g$). Y teniendo en cuenta la 7.77, vemos que el radio gravitatorio no dimensional es igual a 2. Por lo tanto si exceptuamos los agujeros negros, resulta que el máximo y el primer cero de la curva del potencial efectivo se encuentran dentro de la masa gravitatoria. Esto es así aún en las estrellas de neutrones, uno de los tipos de astros más pequeños y de mayor voracidad gravitatoria que existen en el Cosmos.

A partir de un momento cinético aproximadamente igual a 8 estas dos magnitudes; el primer cero y el radio del máximo potencial efectivo, son insensibles al valor que tenga el momento cinético del astro. Se mantienen en valores iguales a 2 y a 3 respectivamente. En tanto, el mínimo potencial y el segundo cero se alejan cada vez más de la masa gravitatoria a medida que crece el momento cinético del astro, arrastrando consigo el "pozo gravitatorio" que se produce en el mínimo potencial efectivo.

d. La región del horizonte de eventos

Hemos visto antes que los hechos que ocurran en las coordenadas radiales ρ inferiores a 2 no se pueden observar, salvo que alguien se atreva a soportar los tremendos "tirones gravitatorios" que hay dentro del horizonte de eventos. Pero es seguro que no vivirá para contarlo.

En el radio de Schwarzschild el valor del potencial efectivo es totalmente independiente del momento cinético. Esto se comprueba fácilmente si hacemos $\rho = 2$ en la ecuación 7.83 del potencial efectivo, la que retornará, cualquiera sea el momento cinético relativo λ, un valor igual a –0.5. Véase en la Figura 7.5 una ampliación de esta región del diagrama potencial efectivo-radio, donde se comprueba gráficamente esta conclusión.

7. La velocidad de los astros y sus límites

A lo largo de su trayectoria un astro tiene una energía mecánica y un momento cinético constantes, debido a los conocidos principios de conservación de la Mecánica Clásica. Pero en su trayecto, la energía potencial del astro va variando de acuerdo a su posición respecto de la masa, lo que obliga a que varíe también su energía cinética para que la energía mecánica se mantenga constante. Y la energía cinética puede ajustarse de una sola manera: el astro debe modificar su velocidad. Por supuesto que éste no es un proceso volitivo de los astros que circulan por el Cosmos, ya que carecen de vida propia. Se trata en cambio de un juego de sus energías, el que se manifiesta mediante el continuo intercambio de energía potencial en cinética, y viceversa, para que la energía se mantenga constante. ¿Cuál energía, la mecánica o la total? La pregunta es ociosa porque ambas difieren solamente en el cuadrado de la velocidad de la luz y por lo tanto ambas se conservan. Ver la explicación de la ecuación 7.56.

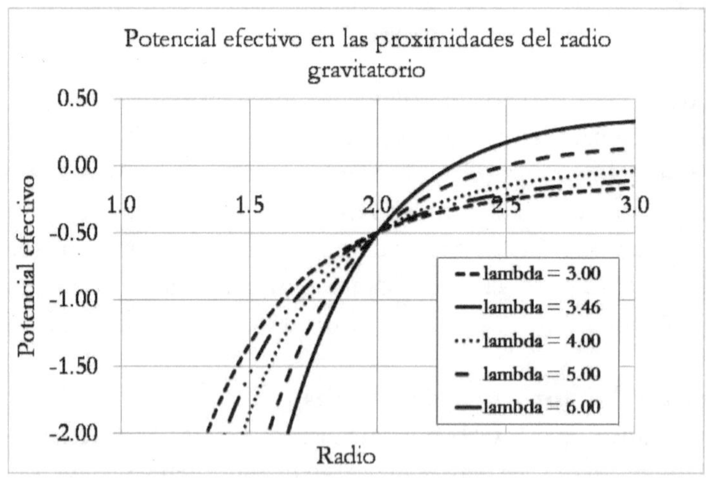

Figura 7.5. Potencial efectivo en las proximidades del radio gravitatorio.

Esta conclusión nos dice que los astros se mueven con velocidad variable, salvo en el caso que se muevan en órbitas perfectamente circulares. Este tipo de órbitas tienen una velocidad radial nula y por lo tanto su potencial efectivo y su energía potencial son constantes. Se trata de un caso especial, en el que el mínimo del potencial efectivo es exactamente igual a la energía mecánica del astro.

a. Velocidad lineal

Su fórmula no dimensional proviene de la sencilla ecuación de la Mecánica Clásica, $v_l = r \cdot \dot{\varphi}$, dividida por la velocidad de la luz según vimos en la fórmula 7.81.

$$v_l(\rho, \varphi) = \frac{r}{c} \cdot \frac{d\varphi(\tau)}{d\tau} = \frac{m_g}{c} \cdot \rho(\tau) \cdot \frac{d\varphi(\tau)}{d\tau} \qquad 7.101$$

La presencia de m_g tiene su lógica, porque cuanto mayor sea la masa gravitatoria más intensa será su acción sobre el astro, lo que motivará una mayor velocidad lineal. La velocidad angular de la ecuación 7.101 puede ser reemplazada teniendo en cuenta la fórmula 7.77 de definición de distancia no dimensional y la 7.78 de momento cinético relativo. De este reemplazo se obtiene:

$$\frac{d\varphi(\tau)}{d\tau} = \frac{l_c}{r(\tau)^2} = \frac{c \cdot \lambda}{m_g \cdot \rho(\tau)^2} \qquad 7.102$$

Reemplazando la 7.102 en la 7.101 se llega a la siguiente expresión de la velocidad lineal en función del momento cinético relativo y del radio:

$$v_l(\rho) = \frac{\lambda}{\rho(\tau)} \qquad 7.103$$

Esta sencilla expresión contiene una importante consecuencia respecto de la velocidad que puede tener un astro a medida que se acerca a la masa gravitatoria. Veremos esto haciendo la 7.103 igual a 1, que es la condición para que su velocidad lineal sea igual a la de la luz. Y como la Relatividad Especial impide que se supere a la velocidad de la luz, esto demuestra que todo astro que esté a una distancia adimensional ρ igual o inferior a λ de su masa gravitatoria, su velocidad lineal tiende a la de la luz.

Por lo tanto podemos expresar esta condición de distancia radial del astro para que se mueva próxima a la velocidad de la luz, mediante la siguiente fórmula:

$$\rho_{lc} = \lambda \qquad 7.104$$

En el párrafo siguiente completaremos esta condición con la impuesta a la velocidad radial por la misma razón; la velocidad de la luz.

b. Velocidad radial

Es sencillo obtenerla reemplazando la ecuación 7.62 en la 7.66 y despejando la velocidad radial del resultado, obtenemos:

$$v_r(r) = \sqrt{2 \cdot [e_m - u_{ef}(r)]} \qquad 7.105$$

Hemos destacado al potencial efectivo como una función de *r*, para poner de manifiesto que a lo largo de la trayectoria este potencial va variando y produciendo cambios en la velocidad radial del astro, según explicamos anteriormente.

En unidades adimensionales la 7.105 es igual a:

$$v_\rho(\rho) = \sqrt{2 \cdot [\varepsilon_m - \upsilon_{ef}(\rho)]} \qquad 7.106$$

Recordemos que la Relatividad Especial establece que el máximo valor de esta velocidad adimensional es igual a 1. A esa velocidad, la de la luz, la diferencia entre la energía mecánica y el potencial efectivo adimensional es igual a 0.5. Esto significa que la energía mecánica adimensional nunca puede ser superior 0.5, para que la velocidad radial no supere a la de la luz. La distancia a la cual la velocidad radial del astro llega a la velocidad de la luz se obtiene resolviendo la siguiente ecuación, obtenida de la 7.106 en la que se hizo su resultado igual a 1:

$$\varepsilon_m + \frac{1}{\rho_{rc}} - \frac{\lambda^2}{2 \cdot \rho_{rc}^2} + \frac{\lambda^2}{\rho_{rc}^3} - 0.5 = 0 \qquad 7.107$$

Multiplicando ambos miembros de la 7.106 por ρ^3, tendremos la siguiente ecuación de tercer grado:

$$\varepsilon_m \cdot \rho_{rc}^3 + \rho_{rc}^2 - \frac{\lambda^2}{2} \cdot \rho_{rc} + \lambda^2 - 0.5 = 0 \qquad 7.108$$

Resolviendo la 7.108 para ρ_{rc}, obtenemos las distancias para la cual la velocidad radial se hace igual a la de la luz.

La ecuación 7.105, o la 7.106, demuestra que la energía mecánica debe ser siempre superior al potencial efectivo, porque de lo contrario la velocidad radial tendría naturaleza matemática imaginaria, lo cual es imposible físicamente.

El comportamiento de la velocidad radial merece algunas observaciones adicionales. Vimos que su valor depende de la raíz cuadrada de la diferencia entre la energía mecánica y el potencial efectivo. Dado que esta última es variable con el radio, la velocidad radial también lo es. A una distancia infinita el potencial efectivo es nulo cualquiera sea el valor del momento cinético, por lo tanto, de acuerdo a la ecuación 7.106 la velocidad radial a una distancia infinita de la masa gravitatoria es igual a:

$$v_\rho(\infty) = \sqrt{2 \cdot \varepsilon_m} \qquad 7.109$$

Esta ecuación dice que si la energía mecánica es positiva la velocidad radial en el infinito tiene un valor finito. Pero si es cero o negativa entonces la velocidad radial allá en el infinito es nula o imaginaria. Esta última solución indica que un astro con energía negativa no puede encontrarse en el infinito; se trata de una condición prohibida. De esta ecuación surge también que la energía mecánica en el infinito no puede ser nunca igual o mayor que 0.5, para no igualar o superar la velocidad de la luz.

A lo largo de una trayectoria la velocidad radial del astro va variando según lo expresa la ecuación 7.106. Ésta nos indica que toda vez que el potencial efectivo se haga igual a la energía mecánica del astro la velocidad radial se hace igual a cero. Los radios para los cuales la velocidad radial se hace cero, se obtiene resolviendo la ecuación que representa esta condición y que es la siguiente:

$$\varepsilon_m + \frac{1}{\rho} - \frac{\lambda^2}{2 \cdot \rho^2} + \frac{\lambda^2}{\rho^3} = 0 \qquad 7.110$$

Multiplicando ambos miembros de la 7.110 por ρ^3, obtenemos la expresión clásica de una ecuación de tercer grado, según sigue:

$$\varepsilon_m \cdot \rho^3 + \rho^2 - \frac{\lambda^2 \rho}{2} + \lambda^2 = 0 \qquad 7.111$$

Esta ecuación tiene tres soluciones, que se interpretan en el punto 7.9. Energía y trayectorias.

¿Cómo se calculan los puntos de velocidad radial cero en la Mecánica Clásica? Muy simple: la ecuación 7.110 no tiene el término cúbico, que es el que considera el efecto relativista y por lo tanto la 7.110 queda reducida a:

$$\varepsilon_m \cdot \rho^2 + \rho - \frac{\lambda^2}{2} = 0 \qquad 7.112$$

Con lo cual nos queda una ecuación de segundo grado, en vez de la de tercer grado de la 7.111. Sin embargo, para el caso de la Tierra, sus resultados son prácticamente iguales a los anteriores. Esto indica que la curvatura del espacio-tiempo en ella es muy pequeña y despreciable para la gran mayoría de las aplicaciones prácticas. Podemos decir lo mismo del resto de los planetas del Sistema Solar.

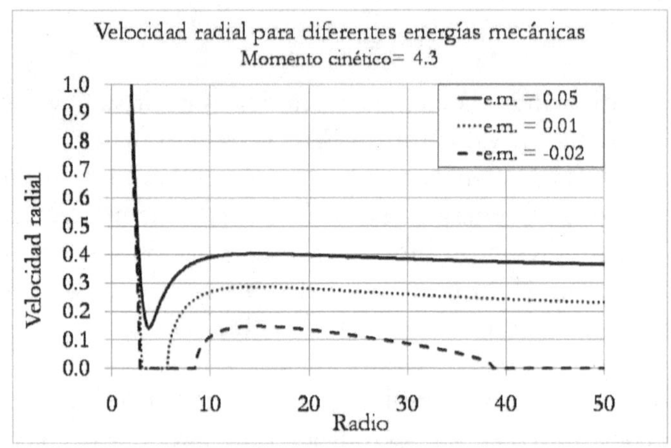

Figura 7.6. Comportamiento de la velocidad radial de un astro para diferentes valores de su energía mecánica (em)

En la Figura 7.6 se grafican los valores de la velocidad radial para tres valores diferentes de la energía mecánica de un astro, cuyo momento cinético relativo es igual a 4.3. Veamos rápidamente cada uno de estos tres casos.

1. $\varepsilon_m = 0.05$. Esta energía es superior al potencial efectivo máximo, el que en este caso es igual a 0.04. En coincidencia con este último la velocidad radial presenta un valor mínimo, y a medida que se acerca al círculo gravitatorio crece abruptamente hasta llegar a la velocidad de la luz. Este crecimiento está explicado por la fuerte caída del potencial efectivo hacia valores negativos, que según vimos tiende a $-\infty$. En el infinito, la velocidad radial tiene el valor dado por la fórmula 7.108 y la velocidad lineal es nula.

2. $\varepsilon_m = 0.01$. A diferencia del caso anterior, esta velocidad no presenta un mínimo sino que cuando el astro llega a la barrera gravitatoria impuesta por el pico positivo del potencial efectivo, cae a cero porque se igualan la energía mecánica con la gravitatoria (Ecuación 7.105). Lo que en

ese momento ocurre es que el astro está girando alrededor de la masa gravitatoria y retornando hacia el infinito nuevamente.

Suponiendo que el astro esté ubicado próximo al círculo gravitatorio, el comportamiento de su velocidad radial es similar al caso anterior: crece abruptamente hasta llegar a la de la luz. La velocidad radial de este caso tiene también un valor en el infinito dado por la fórmula 7.108.

En la Figura 7.7 se ve una ampliación de la región próxima al círculo gravitatorio, que se corresponde con el caso expuesto en la Figura 7.6

3. $\varepsilon_m = -0.02$. Este es el caso de la inmensa mayoría de los astros que se encuentran cautivos por el campo gravitatorio de una masa y que por lo tanto están condenados a girar a su alrededor, mientras a la estrella no se le agote su combustible. En el Sol, esto sucederá dentro de muchos millones de años. Afortunadamente la Tierra está comprendida en esta clase de astros, lo cual nos mantiene a una óptima distancia del Sol, permitiendo así que disfrutemos de la vida. La región gravitatoria permitida para astros con energía mecánica negativa, se encuentra entre la parte negativa de la curva del potencial efectivo y el eje de las distancias radiales ρ. Esta región es conocida como "pozo gravitatorio" y en él, vimos que la velocidad radial tiene dos ceros, que están en los extremos de su eje mayor. Véase ecuaciones 7.99 y 7.100.

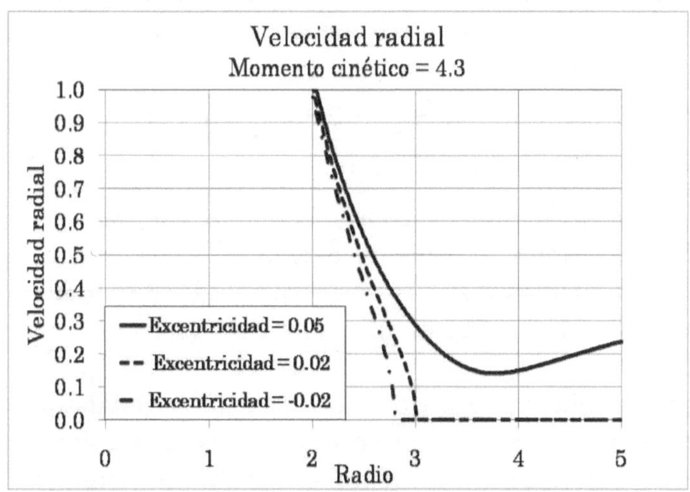

Figura 7.7. Velocidad radial en la región próxima al círculo gravitatorio para diferentes valores de la energía mecánica (em)

Al igual que en los casos anteriores, hay una segunda región permitida en este caso que le permite al astro estar próximo al círculo gravitatorio, pero se trata de una región muy estrecha. Además, para que el astro pueda circular por esta región, la masa gravitatoria debe tener un radio inferior a su círculo gravitatorio, y éste sería un caso muy especial, porque obliga a que la densidad de la masa gravitatoria sea extraordinariamente elevada: los agujeros negros son los únicos que cumplen con esta condición.

En las Figuras 7.6 y 7.7 se ve que en todos los casos en las cercanías del círculo gravitatorio la velocidad radial crece bruscamente hasta que llega a la de la luz en $\rho = 2$. Es decir que cualquier astro que entra al círculo gravitatorio, lo hace con una velocidad radial igual a la de la luz.

c. Velocidad total

El límite de la velocidad de la luz debe ser considerado no sólo para las velocidades lineal y radial como lo hemos hecho antes sino también para su velocidad total. Esto se debe a que es posible que cada una de aquéllas sea menor a la velocidad de la luz, pero que la velocidad total iguale a la de la luz. Veamos las matemáticas de este razonamiento, empezando por la expresión de la velocidad total

$$v_t = \sqrt{v_l^2 + v_r^2} = c \cdot \sqrt{V_l^2 + V_r^2} \qquad 7.113$$

En este caso el cálculo del radio para el cual la velocidad total del astro iguala a la de la luz, se calcula resolviendo ρ_c en la ecuación resultante de reemplazar 7.103 y 7.106 en la 7.113, e igualando el resultado a 1.

$$\left(\frac{\lambda}{\rho_c}\right)^2 + 4 \cdot \left(\varepsilon_m + \frac{1}{\rho_c} - \frac{\lambda^2}{2 \cdot \rho_c^2} + \frac{\lambda^2}{\rho_c^3}\right)^2 = 1 \qquad 7.114$$

Donde por los principios de conservación, λ y ε_m son constantes. La complejidad de la expresión resultante hace inútil la búsqueda de una fórmula general. Sin embargo, la 7.114 es una ecuación de sexto grado, la que para un programa de matemáticas es muy simple de resolver.

Ahora bien, a medida que el astro se acerca a la masa gravitatoria, su energía potencial newtoniana, que es siempre negativa, disminuye significativamente y esta disminución debe compensarse con un aumento de la energía cinética, para cumplir con el principio de conservación de la energía. Como consecuencia, la velocidad total de un astro es tanto más elevada mientras más cerca se encuentre éste de la masa gravitatoria.

8. Las regiones gravitatorias

La curva de potencial efectivo versus radio permite determinar la existencia de "regiones prohibidas" en el espacio, para el tránsito de cualquier astro. La condición para que en una región sea posible físicamente el tránsito de cualquier astro, es que el cálculo de su velocidad en esa región arroje un número real. Recurramos entonces a las fórmulas de la velocidad radial y lineal para determinar en qué casos sus resultados son números reales. La velocidad lineal responde a la ecuación 7.103 y sus resultados son siempre reales. En cambio, la velocidad radial responde a las ecuaciones 7.105 o 7.106 y puede dar un resultado imaginario si la energía mecánica es menor que el potencial efectivo. Esto nos dice que las regiones prohibidas son aquéllas que se encuentran debajo de la curva del potencial efectivo. En esas regiones la velocidad radial de un astro es imaginaria y por lo tanto éste no puede estar ni transitar en ellas. Esta condición de región permitida para el movimiento de cualquier astro se expresa así:

$$\mathrm{e}_m \geq \mathrm{u}_{ef}(r) \qquad \varepsilon_m \geq \upsilon_{ef}(\rho) \qquad 7.115$$

Vemos entonces que las curvas del potencial efectivo determinan las regiones del espacio donde es imposible que se encuentre o transite un astro, debido a la incompatibilidad entre su energía mecánica y su potencial efectivo.

Adicionalmente, el diagrama del potencial efectivo permite determinar las regiones donde la velocidad del astro iguala o supera a la velocidad de la luz, lo cual no tiene sentido físico debido a las restricciones que impone la Relatividad Especial.

Ya vimos que el límite de la velocidad de la luz impide que un astro con energía positiva tenga una energía mecánica superior a 0.5 en el infinito (Ecuación 7.109). Esta condición es aplicable a todos los astros que tienen trayectorias abiertas, porque ellos son los que vienen del infinito. En estos casos ellos pueden girar alrededor de la masa gravitatoria y retornar al infinito, o bien impactar contra la superficie de aquélla. Dado que no pueden superar la velocidad de la luz, su energía mecánica no dimensional en el infinito no debe ser superior a 0.5 para el caso de momento cinético $\lambda = 6$.

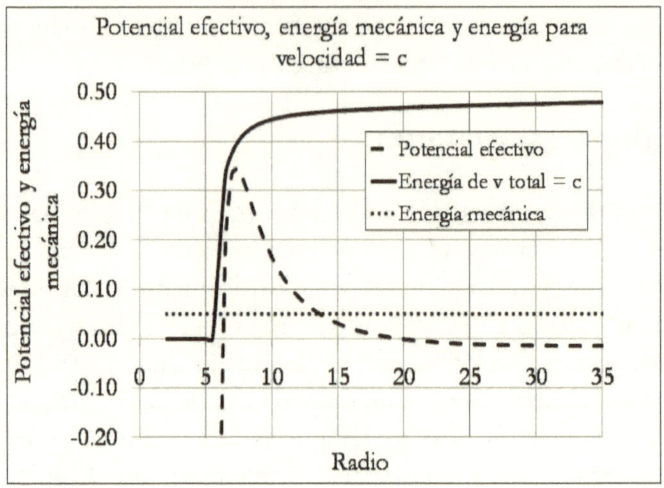

Figura 7.8. Potencial efectivo y energía para la cual la velocidad total es igual a la de la luz

Ahora bien, a medida que el astro se aproxima a la masa gravitatoria, su velocidad lineal es cada vez mayor y la diferencia $\varepsilon_m - \upsilon(\rho)$ puede hacerse superior a 0.5 en la zona donde el potencial efectivo es negativo. Tales hechos harían que la velocidad total del astro supere a la de la luz. Por lo tanto debemos definir un límite a la energía mecánica del astro, para que éste no supere la velocidad de la luz y graficar mediante una curva ese límite en el diagrama potencial efectivo-radio.

Para derivar la ecuación de tal curva, despejamos la energía mecánica ε_m de la ecuación 7.114. Ésta será la expresión de la energía mecánica que debe tener el astro, en cualquier posición radial, para que su velocidad iguale a la de la luz. El resultado es el siguiente:

$$\varepsilon_{mc}(\rho) = \frac{1}{2} \cdot \sqrt{1 - \left(\frac{\lambda}{\rho}\right)^2} - \frac{1}{\rho} + \frac{\lambda^2}{2 \cdot \rho^2} - \frac{\lambda^2}{\rho^3} \qquad 7.116$$

En la Figura 7.8 se ve el gráfico de la curva correspondiente a la ecuación 7.116.

Todo astro cuya energía mecánica sea inferior a la curva de trazo lleno (Energía de v total = c) de $\varepsilon_{mc}(\rho)$, se mueve a una velocidad inferior a la de la luz. Caso contrario lo hace a la velocidad de la luz.

Finalmente veamos que condición debemos imponer a los astros cuya energía mecánica es negativa. En este caso la única consideración es que su energía mecánica sea superior al potencial efectivo mínimo del astro. Si así no fuera, el astro estaría en una región claramente prohibida, ya que no cumpliría con las condiciones 7.115.

El análisis anterior nos dice que el valor de la energía mecánica de un astro tiene límites que debe respetar para que el caso sea posible físicamente.

Figura 7.9. Identificación de las regiones gravitatorias para un potencial efectivo máximo inferior a 0.5

Podemos resumir los límites de la energía mecánica de la siguiente manera:

a.) La energía mecánica positiva no puede superar el valor 0.5 en el infinito. Como todos los astros que siguen trayectorias abiertas vienen y retornan al infinito, esta restricción es aplicable a todos ellos. Véase ecuación 7.109.

b.) La energía mecánica negativa debe ser superior siempre al potencial efectivo mínimo. Esta restricción es aplicable a todos los astros que siguen trayectorias cerradas, los que siempre tienen energía mecánica negativa. Véase las ecuaciones 7.105 y 7.106.

c.) Para cada radio existe un valor máximo de la energía mecánica que haría transitar el astro a la velocidad de la luz. Véase la ecuación 7.116.

De acuerdo a estos límites el diagrama potencial efectivo-radio tiene cuatro regiones gravitatorias principales. Véanse las figuras 7.8 y 7.9.

a.) Positiva alta; arriba del potencial efectivo máximo y debajo de ε_{mc}.

a.) Positiva baja; abajo del potencial máximo y a la derecha del pico positivo del de potencial efectivo. Si el potencial máximo es superior a 0.5, entonces esta región se encuentra debajo de ε_{mc} y a la derecha del pico positivo de potencial efectivo. Este caso se ve en la Figura 7.9

b.) Negativa; abajo del eje de potencial cero y arriba de la curva del potencial efectivo que define el pozo gravitatorio.

c.) De hundimiento; a la izquierda del tramo creciente izquierdo del potencial efectivo.

Resumamos diciendo que en cada una de las regiones descriptas por las figuras 7.9 y 7.10, los astros circulan siguiendo un tipo de trayectoria que depende de las relaciones entre su energía mecánica y su momento cinético. La forma de las trayectorias depende de estos dos valores y conociéndolos es posible predecir algunas características de sus trayectorias.

9. Energía y trayectorias

Ya tenemos una idea conceptual de las regiones gravitatorias prohibidas y permitidas y la forma general de las posibles trayectorias gravitatorias. Sin embargo, tengamos presente que aunque la curva de potencial gravitatorio nos ha dado mucha información sobre estas últimas, no nos ha dado la forma geométrica exacta de ellas. Tenemos entonces todavía un largo camino que recorrer dentro de las ecuaciones de campo, pero eso lo haremos más adelante.

Hemos visto que la energía mecánica, el momento cinético de los astros, la distancia de éstos a la masa gravitatoria y su velocidad radial no son hechos físicos independientes. Como la energía y el momento cinético son constantes, debido a los principios de conservación, hay infinitos pares de valores de velocidad radial—radio, correspondientes a cada par de valores de energía mecánica—momento cinético, que están definidos por la ecuación 7.82. Esto hace que el astro no pueda moverse a una velocidad radial arbitraria en cada punto del espacio donde se encuentre. Viceversa, tampoco puede encontrarse en cualquier punto del espacio para una determinada velocidad radial, sino donde la combinación entre energía mecánica y momento cinético se lo permitan. Demostraremos que en base al conocimiento del valor de la energía mecánica y el del potencial efectivo de un astro, es posible anticipar si la órbita de éste será abierta, tipo hipérbola o parábola, o cerrada, tipo elipse. Más aún, podremos calcular algunas características geométricas de la trayectoria, pero su forma exacta solamente la conoceremos cuando en el capítulo siguiente desarrollemos las ecuaciones diferenciales de las trayectorias y las soluciones que ellas tienen.

Cuando la energía mecánica es igual al potencial efectivo, significa que la energía cinética debida a la velocidad radial es igual a cero y el astro se encuentra en un punto de "potencial efectivo puro". Esta situación se da en las órbitas elípticas toda vez que la distancia del astro a la masa gravitatoria es la máxima (afelio) o a la mínima (perihelio) posible de la órbita. Por supuesto que en un espacio plano estos dos puntos son los extremos del eje mayor de la conocida órbita de forma elíptica, establecidas por las leyes de Kepler. Y finalmente este sería también el caso de una órbita circular perfecta, cuya velocidad radial en todos sus puntos es cero.

En cambio, las órbitas abiertas exhiben solamente el perihelio, porque el astro viene del infinito y gira alrededor de la masa gravitatoria retornando nuevamente hacia el infinito. En el punto de la mayor proximidad a la masa gravitatoria es donde la velocidad radial del astro es cero.

Para cualquier tipo de órbita podemos determinar la ubicación de los puntos en que la velocidad radial se anula, con la ecuación 7.110 o la 7.111. Como se trata de una ecuación de tercer grado es sencillo encontrar sus raíces, aunque también podemos tener gráficamente estos resultados como muestra la Figura 7.8.

a. Trayectoria cerrada. Tres raíces reales positivas

Este caso corresponde a energía mecánica negativa. Dos de estas raíces representan a la máxima y mínima distancia de la masa gravitatoria a un astro, que se mueve en órbita cerrada a su alrededor. La tercera solución corresponde al caso inestable en la zona de hundimiento, donde el astro se precipita hacia el centro de la masa gravitatoria haciendo una trayectoria en espiral.

Las dos raíces más grandes están representadas en la Figura 7.8 por la intersección de la curva del potencial efectivo con la recta de la energía mecánica, indicada como "trayectoria cerrada". y se produce cuando la energía mecánica es negativa y su valor está comprendido entre el mínimo de la curva de potencial efectivo y cero. Estas dos raíces son reales y corresponden al afelio y al perihelio y esto indica que la órbita es cerrada. Esta situación también está contemplada en la Mecánica Clásica, la que llama "pozo gravitatorio" a la concavidad de la curva de potencial donde se encuentra el mínimo del potencial. Es la región del espacio donde los astros se mueven siempre en órbitas cerradas, como lo hacen los planetas alrededor del Sol. En la Mecánica Clásica se demuestra que la forma de la trayectoria es elíptica, pero en la Relativista se deforma por un efecto de precesión del eje mayor de la elipse, que veremos más adelante.

Claro que nada nos impide suponer que haya un astro "al otro lado" de la barrera gravitatoria, en la región de hundimiento. Este caso está dado matemáticamente por la más pequeña de las tres raíces, la que está muy próxima al horizonte de eventos, más allá del cual los fenómenos son inobservables. En estos casos el astro caerá inexorablemente hacia el centro de la masa gravitatoria y no podrá de ninguna manera hacer un camino inverso. Este tema se verá más en detalle al estudiar los agujeros negros.

Veamos el caso de la Tierra. Los valores de su energía mecánica adimensional y momento cinético relativo son:

$$\varepsilon_m = -7.89 \cdot 10^{-9}$$
$$\lambda = 10{,}102$$

Reemplazando estos valores en la ecuación 7.110 0 7.111, y resolviendo para ρ, obtenemos las tres soluciones siguientes:

$$\rho_1 = 2$$
$$\rho_2 = 9.77 \times 10^{7}$$
$$\rho_3 = 1.07 \times 10^{8}$$

De acuerdo a la fórmula 7.83 y recordando que la masa geométrica del Sol es igual a 1470.4 metros, las distancias anteriores expresadas en metros son:

$$r_1 = 2{,}935 \text{ m}$$
$$r_2 = 14{,}336.5 \times 10^{7} \text{ m}$$
$$r_3 = 15{,}701.2 \times 10^{7} \text{ m}$$

Y de estos valores deducimos que la distancia media de la Tierra al Sol es del orden de 150 millones de kilómetros y que el eje mayor de la órbita es del orden de 300 millones de kilómetros. La solución r_1 carece de sentido físico porque el radio del Sol es del orden de los 696,000 kilómetros y por lo tanto la Tierra, como así también ningún otro astro, pueden estar a 2,935 metros de su centro.

b. Trayectoria abierta. Dos raíces reales positivas y una negativa

Este caso corresponde a energía mecánica cero o positiva. Esta energía es menor que el pico positivo del potencial efectivo.

Las raíces positivas representan la intersección de la energía mecánica con ambos lados del pico máximo del potencial efectivo. La mayor de ellas corresponde a una trayectoria abierta que viene del infinito, se aproxima a la masa gravitatoria, la rodea y se va nuevamente al infinito. La menor de ellas describe una trayectoria en la zona de hundimiento, con forma de espiral hacia el centro de la masa gravitatoria.

La raíz negativa carece de realidad e interpretación física.

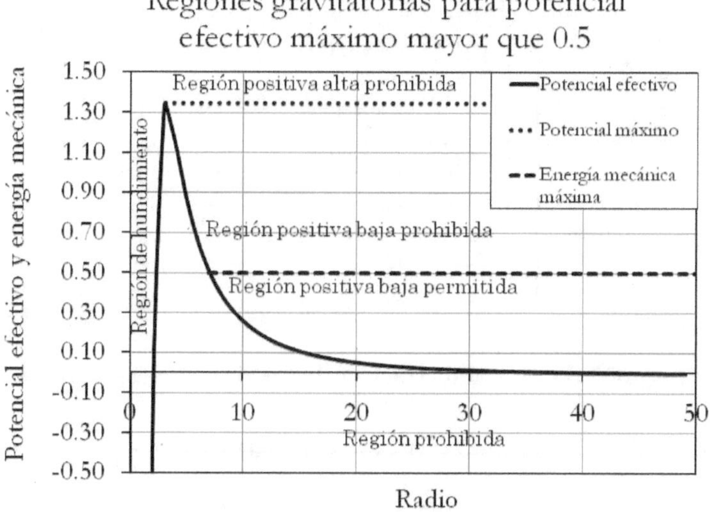

Figura 7.10. Identificación de las regiones gravitatorias para un potencial efectivo máximo superior a 0.5

Véase en la Figura 7.11 el caso llamado "trayectoria abierta". ¿Por qué esta trayectoria no puede seguir hasta el centro de la masa gravitatoria? Porque la región debajo de la curva del potencial gravitatorio está prohibida; ella no permite el paso del astro porque no se cumpliría la condición de fórmulas 7.115. Por lo tanto el pico positivo del potencial efectivo debe ser considerado como una verdadera "barrera gravitatoria" con la que se encuentra el astro y que lo obliga a retornar por donde venía.

c. Trayectoria de impacto. Ninguna raíz

Este caso corresponde a una energía mecánica positiva mayor que el pico positivo del potencial efectivo, e inferior a la energía que produce una velocidad igual o superior a la de la luz. La recta de la energía mecánica del astro no intercepta al potencial efectivo en ninguno de sus puntos. Se mantiene siempre por sobre él. No realiza ni una órbita cerrada, ni una abierta. Simplemente impacta contra la masa gravitatoria. Si el campo gravitatorio es intenso la caída será haciendo una espiral alrededor de la masa gravitatoria. Véase en la Figura 7.11 el caso llamado "impacto".

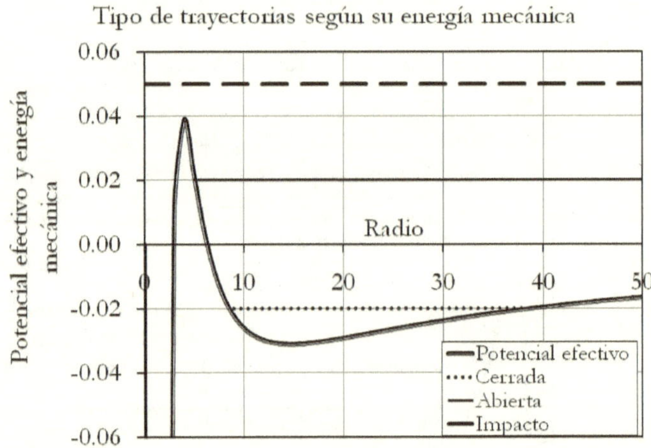

Figura 7.11. Caracterización de los tipos de trayectoria

10. Velocidad de la luz en un campo gravitatorio

Ya sabemos que los campos gravitatorios no son simplemente una fuerza de atracción. Donde ellos están, el tiempo y el espacio dejan de ser tal como los observamos en nuestra vida diaria. La geometría de nuestros años escolares pierde toda validez, por lo que no podemos medir las cosas como estamos acostumbrados, el transcurso del tiempo se hace más lento y, por supuesto, nuestro sentido común ya no nos orienta como lo hace habitualmente. Un "baño de gravedad" tiene entonces grandes consecuencias sobre todo lo que lo rodea y aún sobre cosas tan inmateriales como son el tiempo y el espacio. Y pensando en las cosas inmateriales de este mundo recordemos que existe la energía radiante electromagnética, de la cual la luz es un caso muy especial. Entonces bien vale la pena saber si la gravedad es capaz también de modificar el comportamiento de aquélla. Es razonable creer que si la gravedad afecta algo tan inmaterial como el espacio y el tiempo, también debería ser capaz de afectar a la luz.

Ésta es un fenómeno muy especial en el Universo. Se trata de una forma de energía que la transmiten unas partículas carentes de masa, llamadas fotones y que se mueven a la máxima velocidad posible en el Cosmos: que es aproximadamente igual a 300 millones de metros por segundo, en el vacío.

Veamos entonces que sucede con la velocidad de un rayo de luz cuando entra en un campo gravitatorio. Para no complicar nuestro razonamiento imaginemos que el rayo de luz se mueve en un espacio vacío inundado por un campo gravitatorio. Vayamos ahora a la ecuación 7.48 de la distancia de universo *ds* entre dos puntos, dada por la solución de Schwarzschild en coordenadas polares:

$$ds^2 = \frac{dr^2}{1 - \frac{2 \cdot G \cdot M}{r \cdot c^2}} + r^2 \cdot d\vartheta^2 + r^2 \cdot sen^2\vartheta \cdot d\varphi^2 - \left(1 - \frac{2 \cdot G \cdot M}{r \cdot c^2}\right) \cdot c^2 \cdot dt^2 \qquad 7.48$$

Dado que la distancia *dl* recorrida por la luz es igual a la distancia entre los dos puntos que ella conecta, la suma de los tres términos espaciales de la 7.48 es igual al cuarto sumando, que es el temporal. Por lo tanto podemos escribir la 7.48 de la siguiente forma:

$$ds^2 = dl^2 - \left(1 - \frac{2 \cdot G \cdot M}{r \cdot c^2}\right) \cdot c^2 \cdot dt^2 = 0 \qquad 7.117$$

Donde *c* es la velocidad del fotón y *dl* es la distancia espacial entre los dos puntos conectados por el rayo de luz que es igual a:

$$dl^2 = \frac{dr^2}{1 - \frac{2 \cdot G \cdot M}{r \cdot c^2}} + r^2 \cdot d\vartheta^2 + r^2 \cdot sen^2\vartheta \cdot d\varphi^2 \qquad 7.118$$

La velocidad del fotón es igual a la relación *dl/dt,* la que una vez despejada de la 7.117 arroja la siguiente expresión:

$$c' = \sqrt{1 - \frac{2 \cdot G \cdot M}{r \cdot c^2}} \cdot c \qquad 7.119$$

Donde c' es la velocidad de la luz dentro del campo gravitatorio. Esta expresión suele aproximarse, con un pequeño error, mediante la siguiente fórmula:

$$c' = \left(1 - \frac{G \cdot M}{r \cdot c^2}\right) \cdot c \qquad 7.120$$

Pero según hemos visto el potencial gravitatorio newtoniano $u_{newtoniano}(r)$ por unidad de masa, al que antes designamos con $\Phi(r)$, está dado por la relación $-G{\cdot}M/r$, por lo tanto podemos expresar la influencia de la gravedad sobre la velocidad de la luz mediante la siguiente ecuación:

$$c' = \left[1 - \frac{u_{newtoniano}(r)}{c^2}\right] \cdot c \qquad 7.121$$

Y aplicando la 7.80 llegamos finalmente a:

$$c' = [1 - \upsilon_n(\rho)] \cdot c \qquad 7.122$$

Donde $\upsilon_n(\rho)$ es el potencial newtoniano adimensional y también la reducción en tanto por uno de la velocidad de la luz.

Para el caso del Sol, el potencial newtoniano al ras de su superficie es igual a 2.11×10^{-6}. Por lo tanto, la reducción de la velocidad de la luz cuando pasa rasante sobre la superficie del Sol es igual a 0.000211% de la del vacío. Poco menos que despreciable, pero calculemos este valor en una estrella de neutrones, cuya masa típica es dos veces la masa solar y su radio es del orden de los 15 Km. Por simples relaciones aritméticas concluiremos que la pérdida de velocidad de la luz será igual al 19.5%, cifra significativamente superior a la que dimos antes para la superficie del Sol. Pero debemos aclarar que para estos cálculos hemos usado las fórmulas derivadas del modelo de Schwarzschild, que es aplicable para campos gravitatorios débiles como el del Sol, pero no para campos intensos como el de una estrella de neutrones por ejemplo. Por lo tanto el resultado dado para la estrella de neutrones, debe considerarse una aproximación que ha sido hecha con fines didácticos.

El razonamiento matemático anterior puede verse más sencillamente reemplazando $u_{newtoniano}(r)$ por $m_g \cdot c^2/r$ en la ecuación 7.121, con lo cual obtendremos:

$$c' = \left(1 - \frac{m_g}{r}\right) \cdot c \qquad 7.123$$

Y como la distancia más corta a la que puede pasar un rayo de luz respecto del centro del astro es igual a su radio geométrico, resulta que la pérdida de velocidad de la luz en % de la del vacío es sencillamente igual a:

$$\delta c_{\%} = \frac{m_g}{r_a} \times 100 \qquad 7.124$$

Donde r_a es el radio del astro.

De las fórmulas anteriores también podemos obtener las siguientes relaciones:

La pérdida % de velocidad de la luz en un campo gravitatorio puede expresarse en función de su radio geométrico adimensional, según sigue:

$$\delta c_{\%} = \frac{m_g}{r_a} \times 100 = \frac{100}{\rho_a} \qquad 7.125$$

Y como $1/\rho_a$ es el valor del potencial newtoniano sobre la superficie del astro, hemos demostrado nuevamente que el potencial gravitatorio adimensional en la superficie de éste es igual a la pérdida de velocidad de la luz en tanto por uno de su velocidad en el vacío. Puede decirse también que esa pérdida es también igual a la inversa del radio adimensional de la masa del astro.

En los planetas del sistema Solar esta pérdida de velocidad es casi nula. Oscila entre 10^{-8}% para Mercurio y $2 \times 10^{-6}\%$ para Júpiter. Para percibir este último valor, en la observación práctica, tendríamos que poder apreciar una pérdida de velocidad de 6 m/seg en 300×10^6 m/seg, que es la velocidad de la luz en el vacío. Y en cuanto a nuestra Tierra, es mejor olvidar su poder de reducción de la velocidad de la luz, porque es unas 30 veces inferior a la de Júpiter. Tendríamos que medir una pérdida de 0.2 m/seg, medición tal vez innecesaria por mucho tiempo.

Finalmente, una última observación; el radio geométrico adimensional de un astro puede ser interpretado como la relación entre la velocidad de la luz en el vacío y la pérdida de velocidad de un rayo de luz que pase tangente a la superficie del astro. En otras palabras, dicho radio indica cuanto mayor es la velocidad de la luz respecto del valor que pierde por efecto del campo gravitatorio de un astro, cuando el rayo pasa rasante a su superficie. Ya vimos también que el rayo de luz no solamente pierde velocidad en este caso, sino además que se desvía de su camino recto, siguiendo la curvatura del espacio-tiempo.

11. Densidad de los astros, velocidad de escape y agujeros negros

Cuando vimos las ecuaciones de campo en el Capítulo 6, dijimos que aquéllas son la relación entre la curvatura del espacio-tiempo y el tensor de energía. También agregamos que el tensor más común del Universo es el de una masa gravitatoria estática o moviéndose a baja velocidad (ver ecuación 6.35). Por lo tanto, bien podemos resumir las ecuaciones del campo en la siguiente expresión:

$$\textit{Curvatura} \propto \textit{Masa gravitatoria} \qquad 7.126$$

La cantidad de masa presente en una región del espacio es entonces una propiedad fundamental para anticipar la curvatura de aquél y el comportamiento de astros en campos gravitatorios.

Para poder ver los fenómenos relativistas en su verdadero esplendor, dejaremos de lado las masas gravitatorias "débiles", como los que hay en nuestro Sistema Solar, y nos ocuparemos solamente de aquéllas que crean campos gravitatorios intensos. ¿Y cuánto vale una alta intensidad del campo gravitatorio? Recurramos a una idea sencilla para contestar esta pregunta, que es la velocidad de escape. Consecuente con esta idea, establecemos que un campo gravitatorio es intenso toda vez que la velocidad de escape es del mismo orden que la de la luz.

Veamos ahora qué condiciones debe cumplir un astro para que la velocidad de escape sea igual a la de la luz. Si introducimos el radio gravitatorio en la fórmula 7.53 de la velocidad de escape, obtendremos

$$v_e = c \cdot \sqrt{\frac{r_g}{r_e}} \qquad 7.127$$

Donde:

$r_g = 2 \cdot m_g$ = Radio gravitatorio de la estrella

Hace poco más de 200 años que el matemático francés Pierre Laplace se le ocurrió que podría existir una estrella cuya masa fuera gigantesca, con su consecuente gravedad extraordinariamente intensa, que sería capaz de atraer toda la luz emitida por la estrella. Por lo tanto ésta sería un astro completamente oscuro. Ni el mismo Laplace creyó en la posibilidad de su idea. Sin embargo, de acuerdo a la fórmula 7.127 si un astro tiene un radio gravitatorio igual a su radio geométrico la velocidad de escape se iguala con la de la luz. Este astro crea entonces un campo gravitatorio intenso. ¿Existen estos astros? Si. Son los agujeros negros. De manera que hemos encontrado una primera definición de agujero negro: son los astros (estrellas) que tienen un radio gravitatorio igual a su radio geométrico.

En la inmensa mayoría de los astros, el radio gravitatorio es pequeño respecto del radio de la estrella, por lo cual el horizonte de sucesos de ésta se encuentra "engullido" por su masa. Véase la Figura 7.1. Dentro de ella queda entonces la región gravitatoria que es la que más distorsiones produce a las trayectorias. En nuestro Sistema Solar todos los astros cumplen con esta condición, incluido el Sol.

Vayamos ahora a las propiedades físicas elementales que hacen que una estrella sea un agujero negro. En este punto veremos las condiciones que deben cumplir tres de ellas; masa, densidad y tamaño y las fórmulas que relacionan a estas tres propiedades en los agujeros negros.

¿Qué densidad tiene un agujero negro? Se la puede determinar fácilmente sobre la base de la fórmula de la densidad de esferas sólidas, la que deducimos a continuación. Para ello, supondremos que la estrella es una esfera ideal, de densidad uniforme, cuyo valor está dado por la siguiente:

$$\rho_d = \frac{M_g}{V} = \frac{\left(\frac{m_g \cdot c^2}{G}\right)}{\left(\frac{4 \cdot \pi \cdot r_e^3}{3}\right)} = K_\rho \cdot \frac{r_g}{r_e^3} \qquad 7.128$$

Donde:

$$K_\rho = \frac{3 \cdot c^2}{8 \cdot \pi \cdot G} = 1.607 \times 10^{26} \qquad \left[\frac{Kg\ masa}{m}\right] \qquad 7.129$$

La fórmula 7.128 es válida si los radios r_g y r_e están expresados en metros. Dado que es habitual dar el valor de la masa de una estrella en términos de su equivalencia con la masa del Sol, podemos reemplazar a M_g por la siguiente fórmula:

$$M_g = M_{Sol} \cdot M_{\odot} \qquad 7.130$$

Donde:

$M_{\odot}$ = Masas solares equivalentes de la masa gravitatoria

Reemplazando 7.129 en la 7.128 obtenemos la densidad de una estrella, en función de su masa expresada en masas solares.

$$\rho_d = K_s \cdot \frac{M_{\odot}}{r_g^3} \qquad 7.131$$

Donde:

$$K_s = \frac{M_{Sol}}{\frac{4}{3} \cdot \pi} = 4.727 \times 10^{29} \qquad [Kg\ masa] \qquad 7.132$$

A modo de ejemplo imagine una estrella de neutrones típica, cuya masa sea equivalente a 4 masas solares y su radio geométrico igual a 30 Km. La aplicación de la fórmula 7.131 nos dice que la densidad es igual a 7×10^{16} kg masa/m^3, valor que es cinco millones de millones de veces superior a la densidad del mercurio, el elemento más pesado que conocemos.

Podemos demostrar también que existe una relación entre la densidad, la velocidad de escape y el radio geométrico de la masa gravitatoria. Para ello resolvemos la fórmula 7.127 para r_g y al resultado lo sustituimos en la fórmula 7.128, con lo cual obtenemos:

$$\rho_d = \frac{K_\rho}{r_g^2} \cdot \left(\frac{v_e}{c}\right)^2 \qquad 7.133$$

El gráfico de esta fórmula, para radios geométricos inferiores a un 1.5 millones de de kilómetros, se ve en la Figura 7.12. En ella se pueden apreciar las relaciones que existen entre la densidad media de un astro, la velocidad de escape referida a la de la luz y el radio de la estrella.

Apliquemos estas fórmulas al caso del Sol. Supondremos que cuando el hidrógeno de éste se haya agotado completamente la masa remanente sufrirá un colapso gravitatorio que la convertirá en un agujero negro. En tal caso el máximo valor de su radio geométrico sería igual a su radio gravitatorio que equivale apenas a 2,950 m. Hoy éste mide 696 millones de metros. Cuando se comprima hasta el radio de 2,950 metros, su densidad llegaría a un valor del orden de 2×10^{19} kg/m3 (actualmente equivale a 1,400 kg/m^3) y su velocidad de escape, que hoy equivale al 0.2% de la de la luz, se haría igual a esta última. El Sol sería apenas una brizna en el Universo, pero tendría una poderosa capacidad para engullir las masas y radiaciones de energía que hubieran a su alrededor. Sin embargo, esta situación es meramente hipotética ya que para que ocurra un colapso gravitatorio se requiere que el cuerpo tenga una masa crítica mínima del orden de 1.4 a 3.6 veces la masa del Sol, por lo que éste, muy probablemente no será nunca un agujero negro. Su "pequeña" masa hará que se transforme primero en una enana blanca y al terminarse totalmente su combustible será una bola de cenizas compactas llamada enana negra.

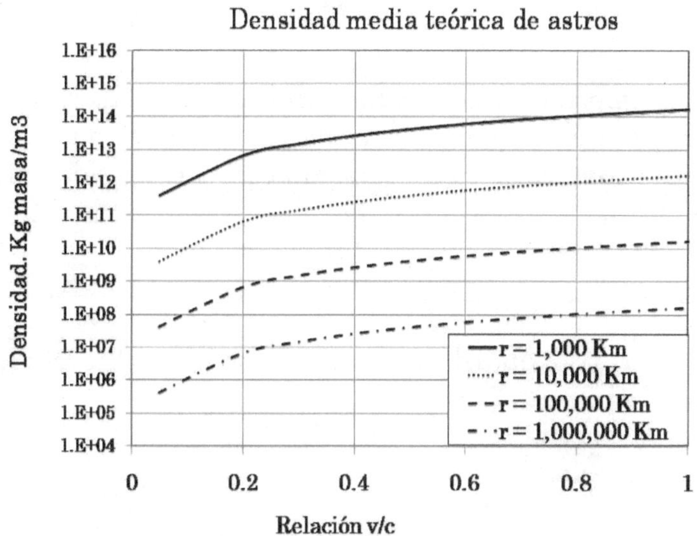

Figura 7.12. Relación entre la densidad media de un astro, su radio geométrico y su velocidad de escape

Existe la idea generalizada que los agujeros negros son extraordinariamente densos. Sin embargo no es forzosamente así. En las siguientes fórmulas demostraremos que la densidad de un agujero negro es inversamente proporcional al cuadrado de su masa, lo que nos dice que mientras mayor sea ésta menor es su densidad. Para demostrar esto recordemos que la condición para que un astro sea un agujero negro es que su radio geométrico sea, como máximo, igual a su radio gravitatorio. Por lo tanto es usual asumir que los agujeros negros son esféricos y que su densidad es igual al cociente de su masa dividida por el volumen de una esfera cuyo radio geométrico es igual al radio gravitatorio. Indudablemente que en este caso la densidad es la mínima que puede tener un agujero negro.

Hay tres características físicas que nos interesa relacionar para identificar un agujero negro en su expresión más simplificada: a) densidad, b) radio y c) masa. Para encontrar las relaciones entre ellas, sencillamente partimos de la definición geométrica de un agujero negro: son aquellos astros cuyo radio geométrico es menor o igual que su radio gravitatorio. Por lo tanto la densidad de un agujero negro se obtiene reemplazando r_e por r_g en la fórmula 7.128 y obtendremos:

$$\rho_{dan} = \frac{K_\rho}{r_g^2} \qquad 7.134$$

Si a su vez reemplazamos en esta fórmula la expresión de r_g de la fórmula 7.50, llegaremos a la siguiente relación entre la masa que debiera tener un astro para convertirse en un agujero negro y la densidad media de su masa.

$$\rho_{dan} = \frac{K_c}{M_c^2} \qquad 7.135$$

Donde M_c es la masa crítica de la estrella, por sobre la cual aquélla se convierte en agujero negro.

La fórmula y el valor de K_c son:

$$K_c = \frac{3 \cdot c^6}{32 \cdot \pi \cdot G^3} = 7.287 \times 10^{79} \qquad \left[\frac{Kg\ masa}{m}\right]^{\frac{3}{2}} \qquad 7.136$$

La 7.135 dice algo que todos sabemos intuitivamente, cuanto mayor sea la densidad de una estrella, menor es la masa necesaria para que ésta sea un agujero negro. Una tercera relación surge si se igualan las fórmulas 7.134 y 7.135. Surge así la relación que existe entre la masa crítica y el radio de un agujero negro exacto.

$$M_c = K_r \cdot r_g \qquad 7.137$$

Donde:

$$K_r = \sqrt{\frac{K_c}{K_\rho}} = \frac{c^2}{2 \cdot G} = 6.723 \times 10^{26} \qquad \left[\frac{kg \cdot seg^2}{m^3}\right] \qquad 7.138$$

La fórmula 7.135 dice que la masa crítica es directamente proporcional al radio gravitatorio. Dado que un agujero negro "devora" masa y energía su tamaño crece continuamente, lo cual sugiere que el tamaño de un agujero negro es la medida de su entropía.

Las fórmulas 7.133, 7.134 y 7.135 permiten relacionar fácilmente la densidad, el radio y la masa de un agujero negro "exacto", es decir aquél en que es $r_s = r_g$. Aplicando estas sencillas relaciones, se pueden imaginar los siguientes casos de agujeros negros exactos:

- Un agujero negro, que tenga un tamaño equivalente a la cabeza de un alfiler, tendría un radio igual a 1 mm aproximadamente y una densidad extraordinaria; $1.6 \times 10^{35}\ {}^{kg}/_{m^3}$.

- Un agujero negro puede tener la densidad del aire. Eso requiere una masa de 7.5×10^{39} kilogramos de aire puro a 0^0 grados centígrados, cuyo radio será igual a 7.5×10^{33} kilómetros. Este radio supera en muchas millones de veces el radio del Sistema Solar, el que equivale al radio medio de la órbita de Plutón, es decir unos 6 mil millones de kilómetros.

- Un agujero negro formado solamente por mercurio, el metal más pesado que conocemos ($13{,}579\ {}^{kg}/_{m^3}$), tendría una masa de 7.3×10^{37} kilogramos masa. Su radio sería equivalente al de la órbita del planeta Venus, es decir unos 110 millones de kilómetros. Dentro de esta "bola de mercurio" quedarían embutidos el Sol y el homónimo de la masa del agujero negro: el planeta Mercurio. Es interesante imaginar esta masa metálica líquida (recuerde a la conocida película Terminator 2; Día del Juicio), con forma esférica, pero sin emitir brillo alguno, por lo cual sería invisible y devorando cuanto exista a su alrededor.

Claro está que estos agujeros negros no existen, salvo quizá el del tamaño de la cabeza de un alfiler mencionado inicialmente, aunque se duda también que pueda existir. En realidad se estima que los agujeros negros pueden tener radios que van de 30 a 1,500,000 de kilómetros y que su densidad oscilaría entre $7.0\text{x}10^6$ y $1.3\ \text{x}10^{24}$ kg/m^3.

Los ejemplos dados nos dicen que el gran tamaño de los astros no es un indicador de alta densidad. Por ejemplo, la estrella más grande conocida que es Canis Mayor tiene una órbita de radio equivalente al de la órbita de Saturno y su densidad es de apenas 0.69 kg/m^3. Pero su masa total equivale a unos cuatro millones de soles. Por lo tanto, pese a su baja densidad se transformará en un agujero negro.

Imaginemos un agujero negro real y comparémoslo con la masa del Sol. Sea un astro con una densidad de 0.5×10^{18} kg/m^3. Como es un agujero negro exacto, es el caso de una estrella de neutrones que está convirtiéndose en agujero negro; apenas se la ve. Aplicando las fórmulas vistas sabemos que su masa será equivalente a 1.2×10^{31} kilogramos; unas seis veces más grande que el Sol. Este valor nos indica que inexorablemente se está convirtiendo en un agujero negro, ya que su masa supera las 3.6 a 4 masas solares. En ese entonces, su radio valdrá 18 kilómetros. Con este tamaño será apenas una partícula en el Universo, aunque con unas fauces muy potentes.

De menor voracidad que los agujeros negros, pero sumamente poderosas para curvar el espacio-tiempo, son las estrellas de neutrones. Ya dijimos que su densidad puede llegar a 10^{18} kg/m^3, razón por la cual su velocidad de escape no es superior a la de la luz. Por lo tanto no son cuerpos oscuros como los agujeros negros, sino que exhiben una luminosidad tenue, que en algunos casos se apaga paulatinamente, puesto que de a poco se van convirtiendo en agujeros negros. Claro que en estas estrellas, a pesar de estar apagadas, la vida es imposible aún antes de transformarse en agujeros negros, porque la tremenda gravedad que tienen destruye todo lo que esté sobre ellas.

12. Las masas gravitatorias celestes

Ya podemos relacionar las descripciones sobre los astros celestes que hicimos en el Capítulo 3 y los parámetros físicos y geométricos que los caracterizan en la solución de Schwarzschild. En este breve punto mencionaremos solamente los astros de muy alta densidad, que son los que tienen capacidad para curvar el espacio tiempo, mucho más allá de lo que lo hacen los astros del Sistema Solar.

Las estrellas de neutrones tiene radios geométricos que oscilan entre ρ = 3 y 6 aproximadamente. Si vamos ahora al gráfico de la Figura 7.6 vemos que el potencial máximo se ubica también entre ρ = 3 y 6. Por lo tanto la superficie de las estrellas de neutrones se encuentra en las proximidades del potencial máximo, lo cual no sucede con el resto de los astros, salvo los agujeros negros. El caso general es que la superficie del astro está mucho más allá de su potencial gravitatorio máximo.

Veremos en el estudio de las trayectorias, que es en esta región del potencial máximo donde se producen los más extraños fenómenos relativistas. Por lo tanto son las estrellas de neutrones y los agujeros negros, los astros que mejor muestran los efectos de la curvatura del espacio-tiempo en todo su esplendor.

Los agujeros negros se caracterizan porque su radio gravitatorio es igual o mayor que su radio geométrico. Esta relación hace que el círculo gravitatorio se convierta en unas poderosas fauces que reclaman toda la masa y energía de cualquier tipo que se aproxime a él.

Tabla 7.1. Parámetros físicos principales de astros de alta densidad

Astro	**Masas solares**	**Radio gravitatorio kilómetros**	**Radio geométrico kilómetros**	**Densidad kg masa/m^3**
Agujeros negros	4 a 50,000	30 a 1,500,000	30 a 1,500,000	7.0 x10^6 a 1.8 x10^{17}
Estrellas de neutrones	1 a 2	3 a 6	10 a 30	3.6 x10^{16} a 4.8 x10^{17}
Enanas blancas y negras	0.3 a 1	0.3 a 0.5	5,600 a 14,000	1.5 x10^7 a 7.5 x10^8

Como resumen de cuánto hemos visto puede consultarse la Tabla 7.1 donde se exponen las características físicas de los objetos estelares más importantes que afectan al espacio-tiempo, a causa de su extraordinaria. Obsérvese en particular la relación entre los valores del radio geométrico de los agujeros negros y los de las estrellas de neutrones, respecto de su radio gravitatorio (ρ geométrico). Tales valores indican que la región donde son más notorios los fenómenos gravitatorios relativistas, que es para ρ menor que 6, los agujeros negros y las estrellas de neutrones permiten el tránsito de otros astros, que lo harán siguiendo trayectorias muy diferentes a las previstas por la Mecánica Clásica.

Otro tipo de astros, como las estrellas negras, a pesar de su enorme densidad no nos mostrarán los fenómenos relativistas en forma tan perceptible porque se supone que mucho antes de llegar a la región del potencial máximo ya habrán hecho impacto sobre la superficie del astro. Sin embargo, este razonamiento no es válido para órbitas cerradas que exhiban el fenómeno de la precesión.

Los valores de las densidades que muestra la Tabla 7.1 nos dicen de la absoluta imposibilidad que tenemos de sobrevivir, en la superficie de esos astros. El monstruoso esfuerzo gravitatorio nos aplastaría de tal manera que quedaríamos reducidos a una lámina.

13. Algo para recordar: ¿Ciencia o fantasía? . . . en realidad un poco de ambas

Siempre fueron dos materias disociadas en nuestra escuela; la Geometría que nos hablaba de figuras, rectas y ángulos y la Física que nos contaba de energía, fuerzas, velocidades, etc. Y así adquirimos, no sólo conocimientos, sino también un cierto sentido común sobre el entorno que nos rodea. Nos acostumbramos a medir distancias con una regla y el peso gravitatorio con una balanza, que encontrábamos en las farmacias. Eran dos cosas diferentes. Pero . . . la ciencia avanza y allá por 1919 los diarios publicaron una noticia desconcertante: un experimento astronómico había demostrado que la Relatividad General era correcta, lo que significaba que las masas, elementos netamente físicos, no generan fuerzas gravitatorias sino que curvan el espacio-tiempo, es decir que afectan su geometría. Era desconcertante saber que en realidad "parece" que las masas generan una fuerza, pero eso es sólo una aproximación a la verdad. Aunque justo es reconocer, que esta aproximación tiene una asombrosa exactitud.

Se supo también entonces que un científico, llamado Einstein, había develado este increíble fenómeno de la curvatura, con un sistema de ecuaciones que su propio descubridor consideraba que no tenían solución. Sin embargo, el astrónomo alemán Schwarzschild vio con claridad que la Relatividad General "no podía no tener" una solución exacta a las ecuaciones de campo. Entonces tomó un camino correcto; imaginó una sencilla configuración de campo gravitatorio creado por una masa esférica estática. La consecuencia es simple: la masa forma un campo gravitatorio simétrico en todas las direcciones que salen del centro de ella.

Con esta configuración y las propiedades de un campo gravitatorio débil, Schwarzschild determinó los coeficientes métricos $g_{00,}$ g_{22} y g_{33} del espacio-tiempo. El cuarto coeficiente, $g_{11,}$ sólo puede ser obtenido resolviendo las ecuaciones de campo de Einstein para este caso particular. Y así se llega a una ecuación métrica, famosa en el ámbito científico, llamada la "métrica de Schwarzschild". Esta ecuación encierra no sólo las propiedades geométricas del espacio-tiempo, sino también las energías del astro que transite libremente por el campo gravitatorio.

De la métrica de Schwarzschild surge que el potencial efectivo es diferente al newtoniano. En un diagrama de potencial efectivo versus radio, es posible determinar las regiones gravitatorias prohibidas para un cierto par de valores de energía mecánica y momento cinético del astro que transita. También se puede ver en ese diagrama las regiones en las cuales los astros transitan a la velocidad de la luz. Y finalmente, este diagrama permite evaluar la forma general que tiene la trayectoria de un astro. Claro que no puede determinar su forma exacta, pero al menos da una idea de cómo se moverá un astro. En el próximo capítulo veremos que la trayectoria exacta surge también de la ecuación métrica de Schwarzschild.

Adicionalmente, esta ecuación nos permite determinar la influencia de un campo gravitatorio sobre la velocidad de la luz. Hemos demostrado que un rayo que pasa rasante a una masa gravitatoria, reduce su velocidad en una cantidad que depende del valor del potencial gravitatorio en su superficie.

Y finalmente debemos mencionar que de la métrica Schwarzschild surge el concepto de radio gravitatorio, u horizonte de eventos. Dentro del radio gravitatorio no es posible hacer ninguna observación y nada puede salir de él, ni siquiera la luz. En estos conceptos se basa la idea de un agujero negro.

Capítulo 8

TRAYECTORIAS CELESTES EN CAMPOS CURVADOS

El espacio tiempo dice a las masas como moverse y éstas le dicen al espacio como curvarse. John Archibald Wheeler

La tarea de descifrado del Código Cósmico ya la hemos terminado, al menos en la parte esencial necesaria para entender ese débil y poderoso pegamento que inunda el Universo, llamado gravitación. Ya tenemos en nuestra mente un aparato físico matemático que lo usaremos como si fuera un telescopio, a través del cual exploraremos el espacio. Él nos permitirá ver como se mueven los astros en los campos gravitatorios llamados de Schwarzschild y nos ayudará a entender fenómenos cósmicos, como los agujeros negros, sin necesidad de arriesgar nuestras vidas en aventuras astronáuticas. Este capítulo será entonces un paseo de nuestro intelecto pero sobre todo de nuestra imaginación y curiosidad por el Universo.

1. Trayectorias clásicas según los principios de conservación

La primera vez que en la historia de la humanidad alguien describió las trayectorias planetarias fue Johannes Kepler, en el siglo XVII. Sobre la base de observaciones astronómicas él dedujo tres leyes muy simples. La primera dice que los planetas se mueven en órbitas elípticas y el Sol está en uno de sus focos. La segunda hace referencia a la velocidad angular con que se mueven los planetas. Esta ley dice que el radio vector de la elipse barre áreas iguales en tiempos iguales. Y la tercera relaciona los períodos de rotación con el semieje mayor de las órbitas. Esta no es una relación lineal, ya que dice que el período de la órbita de los planetas es proporcional al semieje mayor de aquélla, elevado a la potencia 1.5. Las tres leyes valían oro porque entonces no existía la Mecánica de Newton. Éste nació trece años después de la muerte de Kepler y con su teoría demostró la validez de tales leyes, sobre la base de comprobados principios físicos. A partir de entonces las trayectorias planetarias han sido un ejemplo de la extraordinaria validez de la Mecánica Clásica . . . hasta que apareció Einstein en el siglo XX.

Dado el gran éxito que tuvo la Mecánica Clásica en predecir el Sistema Solar es lógico preguntarnos; ¿Cuáles son las bases filosóficas de la Mecánica Clásica? Y la respuesta está en el enunciado de unos pocos principios. A saber:

a.) El tiempo y el espacio son independientes entre sí y tienen carácter absoluto; es decir que nada tiene influencia sobre su comportamiento.

b.) La velocidad de la luz puede ser alcanzada por cualquier cuerpo. Más aún, un cuerpo puede llegar a velocidad infinita si se lo impulsa con una energía suficientemente grande.

c.) Un sistema en movimiento uniforme observa que la luz cumple con el teorema de adición de velocidades.

d.) Es posible asegurar que un cuerpo está absolutamente quieto.

Y nada de esto es correcto. Sin embargo la exactitud de la Mecánica Clásica merece todo nuestro respeto. Veamos uno de sus éxitos más resonantes: las trayectorias de los astros estudiados por la Mecánica Celeste.

La Mecánica Clásica puede determinar una trayectoria por diversos métodos, todos igualmente válidos. Para mostrar este interesante aspecto de la Mecánica, deduciremos las ecuaciones de las trayectorias clásicas aplicando dos metodologías diferentes: la Mecánica Newtoniana, y la Mecánica Analítica de Lagrange. En este punto veremos el primer método mencionado.

En general haremos referencia al movimiento de astros como si éstos se comportaran igual que las partículas. La determinación de la trayectoria gravitatoria de una partícula asume que sobre ésta no actúan fuerzas exteriores y que su movimiento está afectado solamente por el campo gravitatorio en el que se encuentra. Por supuesto que las conclusiones obtenidas para las partículas son también válidas para los astros esféricos ideales.

La aplicación de los dos principios de conservación antes mencionados al movimiento de una partícula libre, permiten plantear dos ecuaciones diferenciales que se convierten fácilmente en una sola. Ésta resulta ser válida para cualquiera de las posibles trayectorias de los astros y además, admite una solución general, que es la $r(\varphi)$ que estamos buscando y que pasaremos a deducir más abajo. Como se ve, más grato no podría ser el panorama de las trayectorias gravitatorias en el mundo clásico.

Por razones de conveniencia para los desarrollos posteriores usaremos coordenadas esféricas y haremos referencia a las propiedades físicas de las partículas en términos de las unidades correspondientes por unidad de su masa solamente.

La distancia entre dos puntos en coordenadas esféricas de un espacio plano está dada por la siguiente fórmula:

$$ds^2 = dr^2 + r^2 \cdot d\vartheta^2 + r^2 \cdot sen^2\vartheta \cdot d\varphi^2 \qquad 8.1$$

Obtenemos la velocidad derivando la anterior respecto del tiempo y luego la introducimos en la expresión de la energía cinética de la partícula por unidad de masa, con lo cual ésta queda expresada de la siguiente forma:

$$T = \frac{1}{2} \cdot [\dot{r}(t)^2 + r^2 \cdot \dot{\vartheta}(t)^2 + r(t)^2 \cdot sen^2\vartheta(t) \cdot \dot{\phi}(t)^2] \qquad 8.2$$

Si consideramos que la partícula libre se mueve en el plano ecuatorial de ϑ = 90^0, tal como hicimos con la ecuación 7.57, simplificaremos las expresiones matemáticas y no perderemos generalidad en nuestras futuras conclusiones. Por lo tanto la ecuación de la energía cinética de la partícula, queda reducida a la siguiente:

$$T = \frac{1}{2} \cdot [\dot{r}(t)^2 + r(t)^2 \cdot \dot{\phi}(t)^2] \qquad 8.3$$

En tanto que la energía potencial es solamente la debida al campo gravitatorio, con lo cual su fórmula es:

$$U = -\frac{G \cdot M_g}{r(t)} \qquad 8.4$$

Sumando 8.3 y 8.4 obtenemos la energía mecánica de la partícula, que de acuerdo al principio de conservación de la energía es constante a lo largo de todo su recorrido.

$$e_m = \frac{1}{2} \cdot [\dot{r}(t)^2 + r(t)^2 \cdot \dot{\phi}(t)^2] - \frac{G \cdot M_g}{r(t)} = Constante \qquad 8.5$$

Por otra parte tenemos el principio de conservación del momento cinético l_c que responde a la siguiente ecuación:

$$l_c = r(t)^2 \cdot \dot{\phi}(t) = Constante \qquad 8.6$$

Las ecuaciones 8.5 y 8.6 se pueden reducir a una sola, la que será la ecuación diferencial de las trayectorias. Prometemos que la deducción será corta y sencilla.

Comenzamos despejando $\dot{r}(t)^2$ de la ecuación 8.5, operación que nos arroja la siguiente expresión:

$$\dot{r}(t)^2 = 2 \cdot e_m + 2 \cdot \frac{G \cdot M_g}{r(t)} - r(t)^2 \cdot \dot{\phi}(t)^2 \qquad 8.7$$

A continuación buscaremos que esta ecuación tenga la forma de una ecuación diferencial, cuya solución sea la función $r(\varphi)$, que describe la trayectoria en coordenadas polares planas. Es inmediato que necesitamos dividir $\dot{r}(t)$ por $\dot{\phi}(t)^2$ para eliminar el parámetro tiempo del primer miembro y a $\dot{\phi}(t)^2$ del segundo miembro. Para hacer esto despejamos $\dot{\phi}(t)^2$ de la ecuación 8.6 y dividimos a la 8.7 por el resultado obtenido de la siguiente manera:

$$\frac{\dot{r}(t)^2}{\dot{\phi}(t)^2} = \frac{2 \cdot e_m + 2 \cdot \frac{G \cdot M_g}{r(t)}}{l_c^2} \cdot r(t)^4 - r(t)^2 \qquad 8.8$$

O lo que es lo mismo:

$$\left[\frac{\dot{r}(t)}{\dot{\phi}(t)}\right]^2 = 2 \cdot \frac{e_m}{l_c^2} \cdot r(t)^4 + \frac{2 \cdot G \cdot M_g}{l_c^2} \cdot r(t)^3 - r(t)^2 \qquad 8.9$$

Cuyo primer término lo podemos reducir al siguiente:

$$\left[\frac{\dot{r}(t)}{\dot{\phi}(t)}\right]^2 = \left[\frac{\frac{dr(t)}{dt}}{\frac{d\varphi(t)}{dt}}\right]^2 = \left(\frac{dr}{d\varphi}\right)^2 \qquad 8.10$$

A simple vista se nota que hemos dado un paso adelante ya que hemos encontrado la derivada del radio respecto de la latitud, lo que nos preanuncia la existencia de una ecuación diferencial integrable, cuya solución será la trayectoria que buscamos.

Pero seguimos teniendo una ecuación diferencial no lineal, a causa de las funciones $r(t)$ que hay en el segundo miembro. Sin embargo este problema se levanta fácilmente sustituyendo a $r(t)$ por su inversa: la variable auxiliar $u(t)$ en la ecuación 8.9. Después de esta sustitución y de reemplazar la 8.10 en la ecuación 8.9 se obtiene la siguiente ecuación diferencial:

$$\left(\frac{du}{d\varphi}\right)^2 = 2\cdot\frac{e_m}{l_c^2}\cdot u(t)^4 - l_c^2\cdot u(t)^2 + \frac{2\cdot G\cdot M_g}{l_c^2}\cdot u(t) \qquad 8.11$$

Ya estamos muy cerca. Sin embargo, nuestra ecuación sigue teniendo un molesto exponente 2 en el primer miembro, pero éste se levanta fácilmente derivando la 8.11 respecto de φ. Ordenamos después el resultado de esta derivada y así llegamos finalmente a la ecuación diferencial de las trayectorias newtonianas de los astros, que es la siguiente:

$$\frac{d^2u(\varphi)}{d\varphi^2} + u(\varphi) = \frac{G\cdot M_g}{l_c^2} \qquad 8.12$$

Una vez obtenido $u(\varphi)$ de esta ecuación, la ecuación $r(\varphi)$ de la trayectoria es simplemente la inversa de $u(\varphi)$.

La ecuación 8.12 tiene una solución que posteriormente usaremos para graficar algunas de las trayectorias tipo. Para mejor entender este tema recurriremos nuevamente al modelo explicado en el Capítulo 7, punto 5, referente a un modelo universal sin dimensiones. Esto nos permitirá simplificar los desarrollos matemáticos, entender el papel que juegan los diferentes parámetros físicos en el fenómeno de la gravedad y tipificar los comportamientos de las trayectorias.

Hemos definido:

$$u = \frac{1}{r} \qquad 8.13$$

Y considerando la ecuación 7.77 definimos a la variable no dimensional equivalente a u con la siguiente fórmula:

$$\mu = \frac{m_g}{r} = \frac{1}{\rho} \quad 8.14$$

Además, considerando a las fórmulas 7.51 y 7.78, el segundo miembro de la 8.12 es igual a:

$$\frac{G \cdot M_g}{l_c^2} = \frac{1}{\lambda^2} \quad 8.15$$

Reemplazando la 8.14 y la 8.15 en la 8.12 obtenemos la ecuación no dimensional de la trayectoria, como se muestra a continuación:

$$\frac{d^2\mu(\varphi)}{d\varphi^2} + \mu(\varphi) = \frac{1}{\lambda^2} \quad 8.16$$

La solución de esta ecuación diferencial está formada por la suma de su ecuación particular mas la de su ecuación homogénea:

$$\mu(\varphi) = \mu_p(\varphi) + \mu_h(\varphi) \quad 8.17$$

La solución particular $\mu_p(\varphi)$ es obvia:

$$\mu_p(\varphi) = \frac{1}{\lambda^2} \quad 8.18$$

La ecuación homogénea es:

$$\frac{d^2\mu(\varphi)}{d\varphi^2} + \mu(\varphi) = 0 \quad 8.19$$

Cuya solución, recordemos que es la siguiente:

$$\mu_h(\varphi) = A \cdot sen\varphi + B \cdot cos\varphi \quad 8.20$$

Pero podemos elegir los ejes de referencia de manera que sea $A = 0$, después de lo cual llegamos finalmente a la siguiente solución de la ecuación diferencial de las trayectorias gravitatorias, mediante la suma de su solución particular 8.18 y su solución homogénea 8.20:

$$\mu(\varphi) = \frac{1 + B \cdot \lambda^2 \cdot cos\varphi}{\lambda^2} \quad 8.21$$

Y en consecuencia la ecuación general de las trayectorias de una partícula libre en un campo gravitatorio es:

$$\rho(\varphi) = \frac{\lambda^2}{1 + B \cdot \lambda^2 \cdot cos\varphi} \quad 8.22$$

La 8.22 es bien conocida; se trata de la ecuación general de las curvas cónicas, en las que por directa analogía obtenemos las siguientes identidades:

a.) Latus rectum de la cónica:

$$\lambda^2 = \frac{LR}{2} \quad 8.23$$

Recordemos que el latus rectum de una elipse es el doble de la distancia entre el foco y un punto de la elipse, ubicado en el perpendicular de una recta que pasa por el mismo foco.

b.) Excentricidad de la cónica:

$$\varepsilon = B \cdot \lambda^2 \quad 8.24$$

Por lo tanto la solución buscada es la siguiente:

$$\rho(\varphi) = \frac{\lambda^2}{1 + \varepsilon \cdot cos\varphi} \quad 8.25$$

Posteriores desarrollos, que pueden encontrarse en los muchos y excelentes libros sobre Mecánica Clásica y por lo tanto no los reiteraremos en éste dedicado a la gravitación, demuestran que la excentricidad es una función de la energía mecánica de la partícula y de su momento cinético:

$$\varepsilon = \sqrt{1 + 2 \cdot \frac{e_m \cdot l_c^2}{(G \cdot M_g)^2}} \quad 8.26$$

En las unidades del modelo sin dimensiones la excentricidad es igual a:

$$\varepsilon = \sqrt{1 + 2 \cdot \varepsilon_m \cdot \lambda^2} \quad 8.27$$

De esta manera queda demostrada completamente la primera ley de Kepler que dice que los planetas siguen órbitas elípticas, en cuyo foco se encuentra el Sol.

En el caso de los planetas, que siempre siguen órbitas elípticas, se cumplen las siguientes relaciones geométricas, que tienen interés en el estudio de las trayectorias, por su relación con los parámetros físicos.

a.) Semieje mayor de la órbita:

$$\rho_a = \frac{\lambda^2}{1 - \epsilon^2} \qquad 8.28$$

b.) Semieje menor de la órbita

$$\rho_b = \frac{\lambda^2}{\sqrt{1 - \epsilon^2}} \qquad 8.29$$

c.) Mínima distancia a la masa gravitatoria (Sol):

$$\rho_{min} = \frac{\lambda^2}{1-\epsilon} \qquad 8.30$$

d.) Máxima distancia a la masa gravitatoria (Sol):

$$\rho_{max} = \frac{\lambda^2}{1+\epsilon} \qquad 8.31$$

Las consecuencias del resultado al que hemos llegado son bien conocidas. La forma geométrica de las trayectorias está identificada solamente con el valor de la excentricidad. Si éste es igual a cero la trayectoria es una circunferencia. Si la excentricidad es menor que 1, la trayectoria es elíptica. Y si es igual a 1, es una trayectoria abierta que responde a la ecuación de una parábola. Finalmente, si la excentricidad es mayor que 1, la trayectoria es una hipérbola.

Observando las cuatro últimas fórmulas, concluimos que los valores adimensionales del momento cinético y la energía mecánica identifican totalmente las elipses orbitales. En todas ellas la energía mecánica se manifiesta a través de la excentricidad. Véase la fórmula 8.27.

Hagamos algunas reflexiones conceptuales sobre la energía de las partículas, su signo y la forma de su trayectoria. Como sabemos, la energía cinética y la potencial tienen forzosamente diferentes signos, para que las variaciones de una y de otra se compensen mutuamente y así se pueda cumplir el principio de conservación de la energía. Es por esta razón física que a medida que una partícula se acerca a la masa gravitatoria, está obligada a aumentar su velocidad para compensar la mayor energía potencial gravitatoria, que adquiere a medida que se acerca a la masa creadora del campo.

Lógicamente, la energía mecánica resultante puede ser positiva o negativa. Si es positiva significa que tiene una energía cinética preponderante respecto de la potencial. En tal caso la partícula sigue una trayectoria abierta ya que su alta energía cinética no permite que sea capturada por el campo gravitatorio y así quedar orbitando dentro de él. Véase que la fórmula 8.27 dará, en este caso, un valor de la excentricidad mayor que 1. En cambio, si la energía mecánica es negativa, significa que la partícula se encuentra en un campo gravitatorio relativamente fuerte respecto de su energía cinética. La conclusión de esto es que está capturada en un pozo gravitatorio y su trayectoria es entonces una elipse. En este caso la fórmula 8.27 arroja un valor de excentricidad inferior a 1.

2. Ecuaciones diferenciales de las trayectorias clásicas con la Mecánica Analítica

La Mecánica Analítica de Lagrange es totalmente coincidente, en cuanto a sus conclusiones y resultados, con la Mecánica de Newton. Y esto es lógico porque la Naturaleza es única y no admite la validez de teorías que se contradigan. Sabemos que no existen "versiones contradictorias" de la realidad física, o al menos no debieran existir, pero no siempre esto es verdad. Los métodos de las dos mecánicas mencionadas son muy diferentes. La Newtoniana usa intensamente el concepto de fuerza en tanto que la Analítica recurre al de energía. La primera requiere interpretaciones gráficas, en tanto que la segunda puede hacer sus desarrollos sin recurrir al dibujo de las ideas. Y así podríamos hacer un extenso análisis comparativo, que para nuestros objetivos no tiene sentido, pero que siempre resulta interesante en la Ciencia. Sin embargo, no dejaremos de lado la oportunidad de encontrar las ecuaciones de las trayectorias gravitatorias que nos ocupa este capítulo, aplicando una ciencia tan exitosa y a la vez elegante, como es la Mecánica Analítica.

Una partícula libre sigue una trayectoria que responde al principio de Hamilton de la "economía de la Naturaleza". Éste dice que dicha partícula se desplaza siguiendo una trayectoria tal, que la integral curvilínea de su lagrangiano es mínima a lo largo de todo su trayectoria. Por lo tanto la expresión matemática de este principio es la siguiente:

$$\frac{\partial}{\partial \alpha}\oint_{t_1}^{t_2} L \cdot dt = \mathbf{0} \qquad 8.32$$

Donde:

α = parámetro que identifica el recorrido de una partícula entre el instante t_1 y el t_2. La derivada 8.32 pretende determinar el parámetro α que corresponda al recorrido que minimiza la integral curvilínea del lagrangiano. Ese parámetro identifica a la trayectoria.

En la ecuación 8.32, L es el lagrangiano de la partícula, cuya ecuación daremos más adelante. Veremos que el lagrangiano para la Mecánica Clásica no es el mismo que el de la Relatividad General.

Aplicando el Cálculo Variacional, el principio de Hamilton adopta la siguiente forma:

$$\delta \oint_{t_1}^{t_2} L \cdot dt = 0 \qquad 8.33$$

Esta notación deriva del uso generalizado en el Cálculo Variacional del símbolo δ, el que representa la operación de derivada parcial siguiente:

$$\delta = \frac{\partial}{\partial \alpha} \cdot \delta\alpha \qquad 8.34$$

La expresión desarrollada y poco usada, de la 8.33, es entonces la siguiente:

$$\frac{\partial}{\partial \alpha}\left(\oint_{t_1}^{t_2} L \cdot dt\right) \cdot \delta\alpha = 0 \qquad 8.35$$

La ecuación 8.35 es la herramienta para hacer exactamente lo que el Cálculo Variacional pretende, que es encontrar una función que haga que la integral curvilínea de L sea un extremal (máximo o mínimo). La condición de tal función es que ella sea a su vez función de las coordenadas generalizadas del fenómeno y de las derivadas temporales de éstas. Es decir que para que las fórmulas del cálculo variacional sean aplicables, el lagrangiano debe poder expresarse de la siguiente forma:

$$L = f(q_i, \dot{q}_i) \qquad 8.36$$

Donde las q_i son las coordenadas generalizadas, que identifican totalmente el estado de un sistema de partículas, y que definen en todo instante la posición y velocidad (su momento) exactas de aquél. La propia definición de coordenada generalizada induce a pensar que las coordenadas espaciales no sean quizá las más aptas para describir un fenómeno físico. Pueden ser otras las coordenadas que convengan adoptar para simplificar la obtención de las ecuaciones del movimiento del sistema en cuestión. Es por ello que se puede elegir como coordenadas generalizadas de un sistema, a magnitudes tales como la energía, momento cinético, temperatura, parámetros no dimensionales, etc.

Mediante la aplicación de la primera fórmula de Euler para funciones explícitas, se deduce la expresión del lagrangiano que cumple con la ecuación 8.35. Tal fórmula tiene la siguiente forma:

$$\frac{d}{dt}\left(\frac{\partial L}{\partial \dot{q}}\right) - \frac{\partial L}{\partial q} = 0 \qquad 8.37$$

Aplicaremos esta fórmula para deducir las ecuaciones diferenciales de las trayectorias de la Mecánica Clásica y también de la Relatividad General.

Pero antes de seguir con las trayectorias recordemos algunos pocos conceptos de la Mecánica Analítica. Ésta establece que el lagrangiano de una partícula libre en movimiento es igual a la diferencia entre su energía cinética y su energía potencial.

$$L = T(\dot{q}) - U(q) \qquad 8.38$$

Este lagrangiano tiene algunas propiedades físicas importantes que son:

a.) Dado que $U(q)$ no es función del tiempo, la derivada del lagrangiano respecto del tiempo suministra la velocidad de variación de la energía cinética. Si se deriva la 8.38 respecto del tiempo se obtendrá:

$$\frac{\partial L}{\partial t} = \frac{\partial T(\dot{q})}{\partial t} \qquad 8.39$$

b.) Dado que la energía cinética no es función de la posición de la partícula en el espacio, la derivada del lagrangiano respecto de una coordenada espacial es solamente igual al gradiente de las curvas de potencial a lo largo de esa coordenada. Derivamos la 8.38 respecto de q y obtenemos:

$$\frac{\partial L}{\partial q} = -\frac{\partial U(q)}{\partial q} \qquad 8.40$$

c.) Un sistema aislado (o cerrado) que se mueve a velocidad uniforme conserva el valor de su lagrangiano porque el espacio es homogéneo e isótropo. Es decir que es:

$$\delta L = 0 \qquad 8.41$$

d.) La derivada del lagrangiano respecto de la velocidad es igual al momento (o cantidad de movimiento) de la partícula:

$$\frac{\partial L}{\partial \dot{q}} = \frac{\partial}{\partial \dot{q}_i}\left(\frac{1}{2} \cdot \dot{q}_i^2\right) = \dot{q}_i = p_i \qquad 8.42$$

Donde p_i es el momento de la partícula por unidad de masa, respecto de la coordenada espacial q_i.

e.) La derivada del lagrangiano respecto de una coordenada espacial es igual a la fuerza aplicada sobre la partícula a lo largo de esa coordenada. Para comprobarlo hay que reemplazar $\partial L/_{\partial \dot{q}_i}$ por p_i en la 8.37, con lo cual se obtiene:

$$\frac{\partial p_i}{\partial t} = \frac{\partial L}{\partial q} \qquad 8.43$$

Recordar que, de acuerdo a la segunda ley de Newton, la derivada temporal del momento es igual a la fuerza aplicada a una partícula.

Y con este breve resumen tenemos ya los elementos matemáticos necesarios para aplicar la fórmula de Euler y con ella hallar la ecuación diferencial de las trayectorias gravitatorias. Empecemos por determinar las expresiones de $T(\dot{q})$ y $U(q)$ que aplicaremos y en ellas elegiremos las coordenadas generalizadas. Las ecuaciones 8.3 y 8.4 nos permiten formar el siguiente lagrangiano de la partícula que recorre el campo gravitatorio.

$$L = \frac{1}{2} \cdot [\dot{r}(t)^2 + r(t)^2 \cdot \dot{\phi}(t)^2] - \frac{G \cdot M_g}{r(t)} \qquad 8.44$$

Reemplazamos ahora L en la fórmula de Euler 8.37 y obtenemos dos ecuaciones diferenciales, una por cada una de las dos coordenadas generalizadas elegidas, que son $r(t)$ y $\varphi(t)$:

$$\frac{d}{dt}\left(\frac{\partial L}{\partial \dot{r}}\right) - \frac{\partial L}{\partial r} = \ddot{r}(t) + r(t) \cdot \dot{\phi}(t)^2 - \frac{G \cdot M_g}{r(t)^2} = 0 \qquad 8.45$$

$$\frac{d}{dt} \frac{\partial L}{(@)\varphi} \qquad 8.46$$

Tenemos como resultado de las fórmulas de Euler un sistema de dos ecuaciones diferenciales paramétricas, las que tienen como parámetro al tiempo t.

La segunda ecuación de este grupo, la 8.46, es fácilmente reconocible; se trata del principio de conservación del momento cinético de la partícula. Veamos el porqué. Obsérvese que si la derivada segunda de la ecuación 8.46 es igual a cero, significa que su derivada primera es una constante y por lo tanto es:

$$l_c = r(t)^2 \cdot \dot{\phi}(t) = \text{Constante} \qquad 8.47$$

Donde l_c es el momento cinético de la partícula por unidad de masa, que de acuerdo a la segunda ley de Newton se mantiene constante a lo largo de todo el recorrido de la aquélla. Si de esta última despejamos $\dot{\phi}(t)$ y la reemplazamos en la ecuación 8.45, el sistema de las dos ecuaciones 8.45 y 8.46, queda según sigue:

$$\ddot{r}(t) + \frac{l_c^{\,2}}{r(t)^3} - \frac{G \cdot M_g}{r(t)^2} = 0 \qquad 8.48$$

$$l_c - r(t)^2 \cdot \dot{\phi}(t) = 0 \qquad 8.49$$

Hemos desechado la ecuación 8.46, pero la hemos reemplazado por la 8.49 que contiene mayor información que la 8.46 y una forma más simple para ser procesada en busca de la ecuación de la trayectoria.

¿Cómo solucionar el sistema de ecuaciones formado por las 8.48 y 8.49? El lector avisado habrá ya notado que no son lineales y que su forma no responde a ninguna de las formas que permiten obtener una solución de carácter general. Por lo tanto la solución debe hacerse por métodos numéricos, adoptando a Δt como parámetro independiente y prefijando las condiciones iniciales de posición $r(t)$ y de velocidad angular $\dot{\phi}(t)$. Se recomienda usar cualquiera de los programas de Matemáticas conocidos en computación para obtener la ecuación de la trayectoria $r(\varphi)$. El intervalo de tiempo debe ser ajustado de manera que el resultado tenga coherencia con las conclusiones a que llegaremos con respecto a la forma de las trayectorias clásicas.

Recurriremos a este procedimiento cuando tratemos las trayectorias relativistas, aunque en ellas el lagrangiano no es la diferencia *T-U* sino la velocidad a lo largo de la línea de universo del tiempo propio del fenómeno.

3. Ecuaciones diferenciales de las trayectorias relativistas con las ecuaciones de campo

Las ecuaciones de campo son la fuente de los conocimientos que necesitamos para saber cómo se mueven los astros en un espacio-tiempo curvado por la gravedad. Ya dijimos que ellas no tienen una solución general debido a su complejidad, pero pueden resolverse para casos específicos como el de un espacio-tiempo que responda a la métrica de Schwarzschild o a la de Kerr. En este punto vamos a ver cómo podemos transformar las ecuaciones de campo de Einstein en un sistema de ecuaciones diferenciales, fáciles de resolver mediante métodos numéricos. Haremos la exposición para el caso de la métrica de Schwarzschild y veremos que estas soluciones describen trayectorias diferentes a las que describe la Mecánica de Newton o Lagrange.

Comencemos recordando que en un campo gravitatorio las partículas libres siguen trayectorias geodésicas, cuya ecuación es la 5.56 y que la volvemos a presentar a continuación:

$$\frac{d^2x^\mu}{ds} + \Gamma^\alpha_{\mu\nu} \cdot \frac{dx^\mu}{ds} \cdot \frac{dx^\nu}{ds} = 0 \qquad 5.56$$

Esta ecuación diferencial debe ser resuelta para obtener la trayectoria que sigue el cuerpo. Lógicamente, la 5.56 es una ecuación tensorial en el espacio-tiempo y por lo tanto no se trata de una única ecuación sino de un sistema de ecuaciones diferenciales, cuya complejidad dependerá de la curvatura que tenga el espacio-tiempo.

En un campo de Schwartzschild la ecuación geodésica se obtiene en dos pasos sucesivos:

a.) Reemplazar los potenciales gravitatorios de Schwarzschild 7.49 en los nueve símbolos de Christoffel 7.23 a 7.31.

b.) Reemplazar los nueve símbolos obtenidos en a) en la ecuación geodésica 5.56.

Esto dará un sistema de cuatro ecuaciones diferenciales, a las que llamaremos las "ecuaciones geodésicas de Schwartzschild". Lógicamente hay una ecuación para cada una de las cuatro coordenadas del espacio-tiempo, las que se escriben a continuación.

$$\frac{\partial^2 x_0}{\partial s^2} + 2 \cdot \Gamma^0_{01} \cdot \left(\frac{\partial x_0}{\partial s}\right) \cdot \left(\frac{\partial x_1}{\partial s}\right) = 0 \quad 8.50$$

$$\frac{\partial^2 x_1}{\partial s^2} + 2 \cdot \left[\Gamma^1_{00} \cdot \left(\frac{\partial x_0}{\partial s}\right)^2 + \Gamma^1_{12} \cdot \left(\frac{\partial x_1}{\partial s}\right)^2 + \Gamma^1_{22} \cdot \left(\frac{\partial x_2}{\partial s}\right)^2 + \Gamma^1_{33} \cdot \left(\frac{\partial x_3}{\partial s}\right)^2\right] = 0 \quad 8.51$$

$$\frac{\partial^2 x_2}{\partial s^2} + 2 \cdot \left[\Gamma^2_{33} \cdot \left(\frac{\partial x_3}{\partial s}\right)^2 + \Gamma^1_{12} \cdot \left(\frac{\partial x_1}{\partial s}\right) \cdot \left(\frac{\partial x_2}{\partial s}\right)\right] = 0 \quad 8.52$$

$$\frac{\partial^2 x_3}{\partial s^2} + 2 \cdot \left[\Gamma^3_{13} \cdot \left(\frac{\partial x_1}{\partial s}\right) \cdot \left(\frac{\partial x_3}{\partial s}\right) + \Gamma^3_{23} \cdot \left(\frac{\partial x_2}{\partial s}\right) \cdot \left(\frac{\partial x_3}{\partial s}\right)\right] = 0 \quad 8.53$$

Un recordatorio sobre los tensores simétricos: al igual que el resto de los tensores, ellos representan sumas de todos sus componentes y por lo tanto no debemos olvidar de sumar el simétrico de cada componente. En este caso el factor 2 tiene en cuenta las componentes simétricas de cada símbolo de Christoffel.

¿Qué buscamos? Una ecuación que defina la trayectoria en el espacio tiempo y que deberá tener la forma $f(r, \varphi, \vartheta, t) = 0$. Y dado que las trayectorias están en un solo plano y que el campo gravitatorio es simétrico respecto de ϑ, nada nos impide hacer que nuestras ecuaciones sean válidas para el plano ecuatorial solamente, en el que es $\vartheta = 90°$. Por lo tanto toda derivada de ϑ (o de x_2) respecto del tiempo es nula. De hecho la ecuación 8.52 tiene todos sus términos nulos y por lo tanto ya no será tenida en cuenta. De esta manera llegaremos a una solución paramétrica en la que para cada instante t, se define un solo valor de r y de φ. Esta forma matemática nos permitirá graficar la trayectoria.

Escribamos las ecuaciones geodésicas de Schwartzschild, eliminando las derivadas temporales de x_2, porque hacemos esta coordenada igual a $90°$ como dijimos antes.

$$\frac{\partial^2 (t)}{\partial s^2} + \frac{2 \cdot m_g}{g_{00} \cdot r^2} \cdot \frac{\partial r}{\partial s} \cdot \frac{\partial t}{\partial s} = 0 \quad 8.54$$

$$\frac{\partial^2 r}{\partial s^s} - \frac{2 \cdot m_g}{g_{00} \cdot r^2} \cdot \left(\frac{\partial r}{\partial s}\right)^2 - 2 \cdot g_{00} \cdot r \cdot \left(\frac{\partial \varphi}{\partial s}\right)^2 + \frac{2 \cdot g_{00} \cdot c^4 \cdot m_g}{r^2} \cdot \left(\frac{\partial t}{\partial s}\right)^2 = 0 \quad 8.55$$

$$\frac{\partial^2\varphi}{\partial s^2}+\frac{2}{r}\cdot\frac{\partial\varphi}{\partial s}\cdot\frac{\partial r}{\partial s}=0 \qquad 8.56$$

La ecuación 8.55 es la que nos interesa resolver de manera que su solución sea $r(t)$. La 8.56 es la que una vez resuelta su solución será $\varphi(t)$. Una vez obtenidas estas dos funciones quedará definida la trayectoria en coordenadas polares bajo una forma paramétrica, cuyo parámetro será el tiempo.

Veremos que la 8.55 es muy sencilla de resolver. En cambio, la 8.56 requiere determinar las derivadas desconocidas $\frac{\partial r}{\partial s}$, $\partial($/∂s y $\frac{\partial t}{\partial s}$. Deduzcamos las expresiones de cada una de estas tres derivadas.

a.) Derivada $\frac{\partial\varphi}{\partial s}$:

Si multiplicamos ambos miembros de 8.56 por r^2, su resultado nos muestra que tal ecuación es la derivada del producto de dos funciones; r^2 y $\frac{\partial\varphi}{\partial s}$ y por lo tanto la podemos escribir de la siguiente forma e integrarla fácilmente:

$$\frac{d\left(r^2\cdot\frac{\partial\varphi}{\partial s}\right)}{ds}=0 \qquad 8.57$$

El término entre paréntesis es lógicamente constante. De donde surge que esta ecuación no es otra cosa que la segunda ley de Kepler que dice que los radios de los planetas barren áreas iguales en tiempos iguales y también una expresión del principio de conservación del momento cinético, por lo cual el término entre paréntesis de la ecuación 8.57 es el momento cinético por unidad de masa l_c. La solución de la 8.53 es entonces:

$$\frac{\partial\varphi}{\partial s}=\frac{l_c}{r^2} \qquad 8.58$$

Bien puede decirse que la ecuación 8.56 no tiene nada de especial. Simplemente ha demostrado que de las ecuaciones de campo surge el principio de conservación del momento cinético. Esto no significa que aquél es debido a las ecuaciones de campo, sino simplemente a que la solución de la trayectoria debe considerar, forzosamente, que el momento cinético es constante a lo largo de ella.

b.) Derivada $\frac{\partial t}{\partial s}$:

La ecuación 8.54 tiene una solución similar puesto que se la puede reducir a la derivada del producto de dos funciones según muestra la ecuación 8.59:

$$\frac{d\left[g_{00} \cdot \frac{\partial t}{\partial s}\right]}{ds} = \mathbf{0} \qquad 8.59$$

Por lo tanto debemos concluir que:

$$\frac{dt}{ds} = \frac{C}{g_{00}} \qquad 8.60$$

Donde *C* es una constante de integración. Dado que en el infinito el espacio es plano y que estamos tratando con campos gravitatorios en donde los cuerpos se mueven lentamente, es $ds \cong i \cdot c \cdot dt$. En el infinito hay una condición de contorno importante que es que el tiempo propio τ es igual al observado t. Reemplazando entonces a ds en la 8.60, obtenemos el valor de la constante de integración C.

$$C = \frac{\mathbf{1}}{i \cdot c} \qquad 8.61$$

Y la derivada 8.60 queda finalmente igual a:

$$\frac{dt}{ds} = -\frac{i}{c \cdot g_{00}} \qquad 8.62$$

c.) Derivada $\frac{\partial r}{\partial s}$:

Si multiplicamos y dividimos esta derivada por $d\varphi$ y tenemos en cuenta a la ecuación 8.58, obtendremos:

$$\frac{\partial r}{\partial s} = \frac{\partial r}{\partial \varphi} \cdot \frac{\partial \varphi}{\partial s} = \frac{\partial r}{\partial \varphi} \cdot \frac{l_c}{r^2} \qquad 8.63$$

Y con esta última ecuación ya estamos en condiciones de obtener la ecuación diferencial 8.54 de la trayectoria expresada de manera que pueda ser resuelta por los métodos habituales usados en ecuaciones diferenciales. Podemos hacer esto porque disponemos de las fórmulas 8.58, 8.62 y 8.63 que son las tres derivadas inicialmente desconocidas.

Reemplazamos entonces 8.58, 8.62 y 8.63 en la ecuación 8.55 y considerando que debemos asociar esta ecuación con $\varphi(t)$ para poder definir la trayectoria, el sistema de ecuaciones generales a resolver es el siguiente:

$$\ddot{r}(\tau) - \frac{m_g \cdot \dot{r}(\tau)^2}{g_{00} \cdot r(\tau)^2} - \frac{g_{00} \cdot l_c^2}{r(\tau)^3} + \frac{m_g \cdot c^2 \cdot \left(1 + 2 \cdot \frac{e_m}{c^2}\right)}{g_{00} \cdot r(\tau)^2} = 0 \qquad 8.64$$

$$l_c - r(\tau)^2 \cdot \dot{\phi}(\tau) = 0 \qquad 8.65$$

Donde las variables r, φ y t y sus derivadas son funciones del tiempo propio τ, y e_m es la energía total del cuerpo en movimiento, entendiéndose como tal la suma de su energía potencial mas su energía cinética.

Dado que las ecuaciones 8.64 y 8.65 son no lineales debemos resolverlas aplicando métodos numéricos y es por eso que no podemos exponer una ecuación general de las trayectorias sobre la base de estas ecuaciones. Sin embargo, más adelante veremos algunos métodos que permiten obtener soluciones algebraicas sencillas del sistema 8.64 y 8.65 para el caso de los llamados campos de Schwarzschild, donde según vimos la masa gravitatoria es una esfera estática.

Es interesante comparar la estructura matemática de estas dos últimas ecuaciones con las ecuaciones 8.48 y 8.49 de las trayectorias clásicas. Vemos que la 8.65 y la 8.49 son iguales; ambas expresan de la misma manera matemática el principio de conservación del momento cinético. En cambio la 8.64 contiene elementos que no existen en la 8.48. Aparecen los potenciales gravitatorios de Schwarzschild y un sumando adicional en el que participan la velocidad de la luz y la energía mecánica del cuerpo. Estos nuevos elementos son debidos a la curvatura del espacio-tiempo.

4. Ecuaciones diferenciales de las trayectorias relativistas con la Mecánica Analítica

Hemos visto que partiendo de las ecuaciones de campo se llega a las ecuaciones diferenciales de las trayectorias en espacios curvos. Sin embargo, podemos también llegar a ellas mediante la Mecánica Analítica de Lagrange aplicada a un espacio-tiempo que responda a la métrica de Schwartzschild.

La aplicación del principio de Hamilton a la trayectoria de una partícula libre en un espacio-tiempo curvado, demuestra que la economía de la Naturaleza no está dada por el extremal de la diferencia entre la energía cinética y la potencial del astro, como establece la Mecánica Clásica, sino por la distancia de universo, que por tratarse de una geodésica debe ser un mínimo. Sobre esta base podemos definir el lagrangiano de una trayectoria en el espacio-tiempo mediante la siguiente:

$$L = \frac{ds}{d\tau} = \sqrt{g_{\mu\nu} d\dot{x}_\mu \cdot d\dot{x}_\nu} \qquad 8.66$$

Donde el tensor métrico $g_{\mu\nu}$ responde a las ecuaciones 7.49

La aplicación de los potenciales gravitatorios de Schwarzschild a la ecuación 8.66 nos devuelve el siguiente lagrangiano de la trayectoria para la variable *r*:

$$L = \frac{\dot{r}(\tau)^2}{g_{00}} + r^2 \cdot \dot{\phi}(\tau) - g_{00} \cdot c^2 \cdot \dot{t}(\tau)^2 \qquad 8.67$$

Reemplazamos ahora la expresión 8.67 en la primera fórmula de Euler 8.37 y obtenemos, para la variable *r(τ)*, la siguiente ecuación diferencial:

$$\frac{d}{dt}\left(\frac{\partial L}{\partial \dot{q}}\right) - \frac{\partial L}{\partial q} = \frac{\ddot{r}(\tau)}{g_{00}} - \frac{m_g \cdot \dot{r}(\tau)}{g_{00}{}^2 \cdot r(\tau)^2} - r \cdot \dot{\phi}(\tau)^2 + \frac{m_g \cdot c^2 \cdot \dot{t}^2}{r(\tau)^2} = 0 \qquad 8.68$$

Esta ecuación no es posible integrarla y obtener la función *r(φ)* que buscamos sin antes eliminar a $\dot{t}$, la que está dada por la 7.75. Reemplazando esta última en la 8.68, obtenemos nuevamente la 8.64, la que junto con la 8.65 constituyen las ecuaciones diferenciales generales de la trayectoria en un campo de Schwarzschild.

De esta manera hemos demostrado que la Mecánica Analítica llega a los mismos resultados que ya habíamos obtenido mediante la Mecánica de Newton

En el siguiente razonamiento demostramos que estamos respetando también el principio de la conservación de la energía. Aplicamos para ello la primera fórmula de la ecuación de Euler al lagrangiano 8.67 para el tiempo *t* y obtenemos:

$$\frac{d}{dt}\left(\frac{\partial L}{\partial \dot{q}}\right) - \frac{\partial L}{\partial q} = -2 \cdot c^2 \cdot g_{00} \cdot \dot{t}(\tau) = 0 \qquad 8.69$$

De donde deducimos que es:

$$g_{00} \cdot \dot{t}(\tau) = \text{Constante} \qquad 8.70$$

Y reemplazando en ésta la 7.75, se obtiene una expresión formada solamente por dos constantes: e_m y c. Con esto hemos demostrado nuevamente que la energía mecánica es constante y que esa constancia está recogida en las ecuaciones de la trayectoria 8.64 y 8.65.

Si aplicamos el modelo no dimensional de las ecuaciones de la gravedad, las ecuaciones 8.64 y 8.65 se expresan de la siguiente forma:

$$\ddot{\rho}(t) - \frac{\dot{\rho}(t)^2}{\rho(\tau)\cdot g_{00}(\rho)} - \frac{g_{00}\cdot\lambda^2\cdot c^2}{\rho(\tau)^3\cdot m_g} + \frac{c^2\cdot(1+2\cdot\varsigma_m)}{m_g{}^2\cdot\rho(\tau)^2\cdot g_{00}(\rho)} = 0 \qquad 8.71$$

$$c\cdot\lambda - m_g\cdot\rho(\tau)^2\cdot\dot{\varphi}(\tau) = 0 \qquad 8.72$$

Podemos resumir este punto diciendo que la forma de la trayectoria y su ubicación respecto de los ejes coordenados está definida por las condiciones iniciales de posición y velocidad del astro y además por los valores de su momento cinético, energía mecánica y valor de la masa creadora del campo. Como dijimos antes los métodos de resolución numérica de ecuaciones diferenciales son los más adecuados para resolver este sistema de dos ecuaciones paramétricas en *t*.

Y a poco que Ud. lo observe, encontrará también que el desarrollo hecho sobre la base de la Mecánica Analítica no ha recurrido para nada a las ecuaciones de la Relatividad General, sino solamente a la ecuación métrica y a la primera fórmula de Euler. ¿Quiere decir esto que la Relatividad General no es necesaria? La respuesta es no.

Lo que hemos hecho, con el auxilio de la Mecánica Analítica, es resolver un problema geométrico en un espacio no euclídio, que en realidad lo postula la Relatividad General cuando establece que las trayectorias de las partículas libres son curvas geodésicas en un espacio-tiempo curvo.

No es entonces que la Mecánica Analítica ha postulado esta curvatura sino que ha sido el instrumento de solución en el espacio curvo.

5. Soluciones de las ecuaciones diferenciales de las trayectorias relativistas

La métrica de Schwarzschild, como cualquier otra métrica, describe la forma del espacio-tiempo y permite medir la distancia entre dos de sus puntos, lo cual ya es una importante cantidad de información contenida en una sola fórmula. No debería sorprendernos entonces, que en la ecuación métrica 7.48 se encuentre subyacente la ecuación de las geodésicas de la geometría de Schwarzschild. Y esto es así y fácilmente demostrable como haremos a continuación.

Reescribamos a la fórmula 7.57 de la distancia de universo de Schwartzschild para recordarla y usarla en nuestra demostración:

$$ds(\tau)^2 = \frac{dr(\tau)^2}{g_{00}} + r(\tau)^2 \cdot d\varphi^2 - g_{00} \cdot c^2 \cdot dt(\tau)^2 \qquad 7.57$$

Dividimos a la ecuación 7.57 por ds y obtenemos

$$1 = \frac{1}{g_{00}} \cdot \frac{dr^2}{ds^2} + r(\tau)^2 \cdot \frac{d\varphi^2}{ds^2} - g_{00} \cdot c^2 \cdot \frac{dt^2}{ds^2} \qquad 8.73$$

Las derivadas respecto de s ya las conocemos. En el orden en que se encuentran sus fórmulas son la 8.58, la 8.62 y la 8.63. Reemplazando estas tres fórmulas en la ecuación 8.73, obtenemos la siguiente:

$$\frac{1}{g_{00}} \cdot \left(\frac{\partial r}{\partial \varphi}\right)^2 \cdot \frac{l_c^{\,2}}{r(\tau)^4} + r(\tau)^2 \cdot l_c^{\,2} - 2 = 0 \qquad 8.74$$

Seguimos teniendo una ecuación diferencial complicada para resolver. Sin embargo, si reemplazamos a la variable r por su inversa, a la que denominaremos u, obtendremos la ecuación diferencial de las trayectorias en un espacio-tiempo de Schwarzschild, cuya forma más conocida es la siguiente:

$$\frac{d^2u(\varphi)}{d\varphi^2} + u(\varphi) = \frac{G \cdot M_g}{l_c^2} + \frac{3 \cdot G \cdot M_g}{c^2} \cdot u(\varphi)^2 \qquad 8.75$$

Es fácil comparar esta ecuación con la 8.12 y concluir que el segundo sumando del término de la derecha es la componente relativista de la trayectoria. Pero obsérvese que este término está dividido por el cuadrado de la velocidad de la luz, de manera que en general es muy inferior al primer sumando o término newtoniano. Sin embargo, para una masa gravitatoria muy elevada y un astro con momento cinético pequeño, los efectos relativistas son bien perceptibles y hasta son inevitables de tener en cuenta si se desea apreciar correctamente las trayectorias de estos casos.

El lector podrá decir que seguimos con problemas de integración de la ecuación diferencial de las trayectorias pese a que se reemplazó r por $1/u$, y tendrá razón. La 8.75 no es una ecuación diferencial lineal y debemos recurrir a algunas simplificaciones para resolverla, que veremos a continuación.

Conviene expresar la ecuación 8.75 en variables no dimensionales para dar mayor generalidad al estudio de trayectorias que sigue a continuación. Introduciendo tales variables, la 8.75 se transforma en la siguiente:

$$\frac{d^2\mu(\varphi)}{d\varphi^2} + \mu(\varphi) = \frac{1}{\lambda^2} + 3 \cdot (\varphi)^2 \qquad 8.76$$

Ésta es la ecuación diferencial general de las trayectorias en un campo de Schwarzschild. En los desarrollos siguientes veremos que el valor del momento cinético relativo λ del astro (momento cinético ÷ masa gravitatoria) juega un papel preponderante en la definición de la forma que tienen las trayectorias en campos curvados. En el Sistema Solar, donde el valor de la relación λ varía entre 6,000 y 60,000 aproximadamente, los fenómenos relativistas son apenas perceptibles. Veremos que para que los efectos relativistas sean sensiblemente notorios se requieren valores de λ inferiores a 50.

La ecuaciones diferenciales 8.75 y 8.76 no tienen una solución analítica directa y en general hay que recurrir a métodos numéricos para solucionarlas o bien aplicar procedimientos de solución aproximados, como el método de la perturbación o el de soluciones en serie que vemos más abajo. Estos dos últimos métodos proveen soluciones válidas en campos gravitatorios no intensos, como los que hay en nuestro Sistema Solar, y por eso los describimos a continuación. Además expondremos un caso especial de solución exacta que es aplicable solamente cuando $\lambda = \sqrt{12}$.

a. Método de la perturbación

Este método da como resultado una serie de sumandos, algunos de los cuales pueden ser despreciados toda vez que el momento cinético relativo λ sea elevado. Cuando éste es del orden de 50 o superior, el método de la perturbación provee soluciones casi coincidentes con los métodos de solución numérica, para excentricidades que varían entre casi 0 y 5. Las consideraciones que siguen están referidas a la ecuación 8.76, pero debe entenderse que ellas son también válidas para la ecuación 8.75.

La principal dificultad que presenta la ecuación 8.76 para ser integrada, es la presencia de la variable dependiente $\mu(\varphi)$ en el segundo miembro, por lo cual el método de la perturbación consiste en aceptar una solución de otra ecuación, similar a la que se busca resolver y reemplazarla en el segundo miembro para eliminar la presencia de la variable dependiente *$\mu(\varphi)$* en aquél. Esta sustitución dará una expresión que es fácilmente integrable, la que a su vez se vuelve a introducir en la ecuación diferencial a resolver. Y así se sigue recursivamente hasta llegar a una solución total de precisión aceptable. Dicha solución total es la suma de todas las soluciones encontradas en el mencionado proceso de recursión.

¿Qué solución adoptamos inicialmente? La respuesta es obvia; la de la Mecánica Clásica. Por lo tanto adoptamos a la ecuación 8.16 de la Mecánica Clásica como ecuación "parecida" a la 8.76 que pretendemos resolver. Entonces, la inversa de la ecuación 8.25, que es la solución de la 8.16, es la solución inicial que adoptamos para 8.76. Usamos el subíndice cero para esta primera solución, a la que designamos $\mu_0(\varphi)$. Y así obtenemos una ecuación diferencial "parecida" a la 8.76, que tiene la ventaja de no contener a la variable dependiente en su segundo miembro.

$$\frac{d^2\mu(\varphi)}{d\varphi^2} + \mu(\varphi) = \frac{1}{\lambda^2} + 3\cdot\left(\frac{1+\epsilon\cdot cos\varphi}{\lambda^2}\right)^2 \qquad 8.77$$

Donde $((\varphi)$, de acuerdo a la teoría de las ecuaciones diferenciales, es la suma de las soluciones posibles. Como primer paso ponemos entonces:

$$\mu(\varphi) = \mu_0(\varphi) + \mu_1(\varphi) \qquad 8.78$$

En esta ecuación no conocemos a $\mu_1(\phi)$ pero lo haremos reemplazando a 8.78 en la 8.77. Así obtenemos:

$$\frac{d^2\mu_1(\varphi)}{d\varphi^2} + \mu_1(\varphi) + \frac{d^2\mu_0(\varphi)}{d\varphi^2} + \mu_0(\varphi) = \frac{1}{\lambda^2} + 3\cdot\left(\frac{1+\epsilon\cdot cos\varphi}{\lambda^2}\right)^2 \qquad 8.79$$

Observemos que la suma del tercero y cuarto sumando del primer miembro es igual al primer sumando del segundo, según la 8.16, y por lo tanto la ecuación anterior queda reducida a la siguiente:

$$\frac{d^2\mu_1(\varphi)}{d\varphi^2} + \mu_1(\varphi) = 3\cdot\left(\frac{1+\epsilon\cdot cos\varphi}{\lambda^2}\right)^2 \qquad 8.80$$

Podemos resumir este procedimiento de solución de la ecuación diferencial de las trayectorias 8.76, diciendo que la suma de las sucesivas soluciones obtenidas por recursión es la solución buscada. A su vez cada solución individual surge de resolver la siguiente ecuación diferencial:

$$\frac{d^2\mu_i(\varphi)}{d\varphi^2}+\mu_i(\varphi)=\frac{1}{\lambda^2}+3\cdot\mu_{i-1}(\varphi)^2 \qquad 8.81$$

Esta ecuación tiene la clásica forma:

$$\frac{d^2y(x)}{dx^2}+y(x)=f(x) \qquad 8.82$$

Cuya solución general es la siguiente:

$$y(x)=A\cdot sen\varphi+B\cdot cos\varphi+senx\cdot\int cosx\cdot dx\cdot f(x)-cosx\cdot\int senx\cdot f(x)\cdot dx \qquad 8.83$$

Para nuestro caso, la aplicación de la 8.83 arroja la siguiente solución:

$$\mu(\varphi)=\frac{1+\varepsilon\cdot cos\varphi}{\lambda^2}+\frac{1}{\lambda^4}\cdot\left(3\cdot\varepsilon\cdot\varphi\cdot sen\varphi-\varepsilon^2\cdot cos\varphi^2+3\cdot\varepsilon\cdot cos\varphi+3+2\cdot\varepsilon^2+\frac{cos\varphi}{\varepsilon}\right) \qquad 8.84$$

Y siguiendo con la reiteración de este procedimiento la ecuación de las soluciones se hace rápidamente más extensa, y no vale la pena presentarla porque no agrega mayor precisión en el caso de campos débiles y porque por su tamaño se hace inmanejable “con lápiz y papel”. Hay que recurrir entonces a un software de Matemáticas para su manejo. Afortunadamente la ecuación 8.84 se puede reducir a una sencilla fórmula, la que demostramos a continuación. Veremos que esta fórmula, a pesar de ser una aproximación, pone de manifiesto la precesión de las órbitas astrales.

Observemos que la fórmula 8.84 tiene un término predominante que pone de manifiesto la inestabilidad de esta solución; es el primero de los que están dentro del paréntesis. A medida que el astro gira este término aumenta su valor, debido al factor φ , por lo cual los demás términos se hacen rápidamente despreciables. Pero tal crecimiento también nos llevaría a rechazar esta solución por su inestabilidad. Sin embargo, para momentos cinéticos relativos elevados este término se comporta en forma razonablemente estable y permite ser usado para encontrar la siguiente solución, que aunque aproximada, tiene una notable precisión en campos gravitatorios débiles y una destacada capacidad para describir el fenómeno de la precesión.

Despreciando los términos pequeños en comparación con ($3 \cdot \varepsilon \cdot \varphi \cdot sen\varphi$), la ecuación 8.84 se transforma en la siguiente:

$$\mu(\varphi) = \frac{1}{\lambda^2} + \frac{\varepsilon}{\lambda^2} \cdot \left(cos\varphi + \frac{3}{\lambda^2} \cdot \varphi \cdot sen\varphi\right) \quad 8.85$$

En el término entre paréntesis tenemos un ángulo aparente de gran importancia física, ya que demostraremos que representa a la precesión de la órbita. Definimos a ese ángulo mediante la siguiente fórmula:

$$\delta = \frac{3}{\lambda^2} \cdot \varphi \quad 8.86$$

Debido a los altos valores de λ > 50, para los cuales estamos buscando esta solución, el ángulo es muy pequeño. Y reemplazando esta fórmula en la 8.85 obtenemos:

$$\mu(\varphi) = \frac{1}{\lambda^2} + \frac{\varepsilon}{\lambda^2} \cdot (cos\varphi + \delta \cdot sen\varphi) \quad 8.87$$

Pero el término entre paréntesis responde a una conocida relación trigonométrica, que es la siguiente:

$$\begin{aligned} \mu(\varphi) &= \frac{1}{\lambda^2} + \frac{\varepsilon}{\lambda^2} \cdot (cos\varphi + \delta \cdot sen\varphi) \\ cos(\varphi - \delta) &= cos\varphi \cdot cos\delta + sen\varphi \cdot sen\delta \end{aligned} \quad 8.88$$

Y como es muy pequeño, son válidas las siguientes igualdades:

$$sen\delta \cong \delta \qquad cos\delta \cong 1$$

Reemplazando estos valores en la relación 8.88, ésta se convierte en la que sigue:

$$cos(\varphi - \delta) = cos\delta + \delta \cdot sen\varphi \quad 8.89$$

Reemplazando esta fórmula en la 8.88 llegamos finalmente a la siguiente solución de la trayectoria en campos gravitatorios débiles (curvatura pequeña):

$$\mu(\varphi) = \frac{1 + \varepsilon \cdot \cos(\varphi - \delta)}{\lambda^2} \quad 8.90$$

Se trata de una solución sencilla y con una asombrosa precisión para describir las trayectorias en campos débiles, por lo cual la llamaremos "ecuación de la trayectoria en campos débiles". De hecho, de ella se deriva el famoso cálculo de la precesión de la órbita de Mercurio, una de las pruebas de la validez de la Relatividad General.

El ángulo δ representa un retraso de la órbita, cuya fórmula en función de los parámetros físicos del astro y de la masa gravitatoria, deduciremos haciendo:

$$\varphi - \delta = \eta \cdot \varphi \qquad 8.91$$

Donde η es, lógicamente, menor que 1. Por lo tanto la ecuación 8.90 se convierte en:

$$\mu(\varphi) = \frac{1 + \varepsilon \cdot \cos(\eta \cdot \varphi)}{\lambda^2} \qquad 8.92$$

Y la ecuación de la trayectoria es la inversa de esta última:

$$\rho(\varphi) = \frac{\lambda^2}{1 + \varepsilon \cdot \cos(\eta \cdot \varphi)} \qquad 8.93$$

Donde el término η es el que recoge los efectos relativistas. En el caso de un espacio tiempo plano η es igual 1, lo que hace que la solución coincida plenamente con la de la Mecánica Newtoniana. Llamaremos a este parámetro el "coeficiente relativista de campos débiles".

La fórmula de η se obtiene reemplazando la 8.92 en la ecuación diferencial de las trayectorias 8.76, cuyo resultado es el siguiente:

$$\left(-\frac{\varepsilon}{\lambda^2} \cdot \eta^2 + \frac{\varepsilon}{\lambda^2}\right) \cdot \cos(\eta \cdot \varphi) + \frac{1}{\lambda^2} = \frac{1}{\lambda^2} + \frac{9}{\lambda^4} + \frac{9 \cdot \varepsilon^2}{\lambda^4} \cdot \cos^2(\eta \cdot \varphi) + \frac{6 \cdot \varepsilon}{\lambda^4} \cdot \cos(\eta \cdot \varphi) \qquad 8.94$$

Igualando los coeficientes de $\cos(\eta \cdot \varphi)$ y despejando η obtenemos una ecuación simple para despejar de ella el valor del coeficiente del efecto relativista en las trayectorias:

$$\left(-\frac{\varepsilon}{\lambda^2} \cdot \eta^2 + \frac{\varepsilon}{\lambda^2}\right) \cdot \cos(\eta \cdot \varphi) = \frac{6 \cdot \varepsilon}{\lambda^4} \cdot \cos(\eta \cdot \varphi) \qquad 8.95$$

De donde:

$$\eta = \sqrt{1 - \frac{6}{\lambda^2}} \qquad 8.96$$

Dado que en los campos débiles el momento cinético relativo es elevado, la fórmula 8.97 se suele aproximar, con un error despreciable, a la siguiente:

$$\eta = 1 - \frac{3}{\lambda^2} \qquad 8.97$$

De la fórmula 8.97 resulta claro que el valor de η es siempre menor que 1, toda vez que el momento cinético relativo sea superior a $\sqrt{6}$. Para valores de λ menores que $\sqrt{6}$ el resultado de la 8.99 es imaginario, lo cual hace inaplicable la ecuación de la trayectoria para campos débiles a estos casos. De todos modos es conveniente tener en cuenta las consideraciones del punto 8.5 c) Precisión del método de la perturbación, que está más adelante.

Veamos un ejemplo numérico, el de la Figura 8.1. En ella vemos que la trayectoria está afectada por el movimiento de precesión de la órbita, fenómeno que se debe físicamente a la curvatura del espacio-tiempo y matemáticamente a que el valor de η es menor que 1.

Las trayectorias de la Figura 8.1 responden a los siguientes parámetros físicos:

a.) Momento cinético relativo. $\lambda = 30$

b.) Excentricidad. $\varepsilon = 0.85$

c.) Coeficiente relativista. $\eta = 0.9967$

d.) Ángulo de precesión por cada revolución. $\delta\varphi_p = 0.021$ radianes = 1.2^0

Adelantándonos a la explicación de la precisión de la ecuación para campos débiles, sepamos que en el caso de la Figura 8.1 el error del residuo de la solución de la ecuación diferencial 8.76 de la trayectoria, es del orden de 4.6%. Podemos entonces aceptar la trayectoria determinada con la ecuación para campos débiles. La curva llena muestra la solución numérica de las ecuaciones diferenciales 8.64 y 8.65. La curva de trazos corresponde a la ecuación para campos débiles. No hay manera de obtener el movimiento de precesión, mostrado por las curvas de la Figura 8.1, sobre la base del modelo newtoniano de fuerzas centrales. Demostraremos esta imposibilidad en el punto siguiente.

Para esta figura y para las futuras debe tenerse en cuenta que el pequeño círculo negro de la Figura 8.1 es el foco de las órbitas.

Podemos interpretar que la ecuación 8.92, o la 8.93, tienen dos valores de la latitud. Una de ellas es la latitud geométrica o real φ, que indica la posición angular del radio vector del astro. La otra latitud es el producto $(\eta \cdot \varphi)$ Esta latitud es menor que la geométrica, y por ser $\eta < 1$ reduce el valor del radio vector correspondiente a φ. Es decir que en la latitud φ el radio vector es menor que el que tendría en la solución clásica, en la cual es $\eta = 1$. Es por eso que a la latitud $(\eta \cdot \varphi)$ la llamaremos "latitud efectiva". Este razonamiento lleva al concepto de precesión que se explica en el punto siguiente.

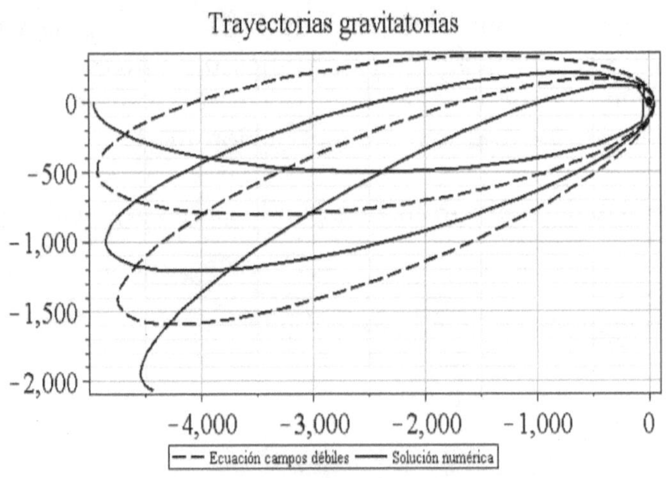

Figura 8.1. Trayectorias para λ = 10 y = 0.98

b. La precesión de los astros

Veamos qué consecuencias tiene este valor $\eta < 1$ sobre las trayectorias cerradas $(\in < 1)$. Anticipando las conclusiones, demostraremos conceptualmente que la órbita precesiona, es decir que en cada vuelta completa su eje mayor no retorna a la misma posición angular sino a otra más adelantada, tal como lo muestra la Figura 8.1.

Imaginemos ahora un astro que inicia su trayectoria en uno de los dos extremos del eje mayor de su futura órbita. Este hecho tenemos que ubicarlo en miles de millones de años atrás para los planetas del Sistema Solar y seguramente para miles de millones de otros astros que están en el resto del

Universo. En el instante inicial el ángulo φ es igual a cero. Nuestro astro avanza ahora angularmente alrededor de la masa gravitatoria y cuando ese ángulo es igual a 2π el astro ha dado una revolución completa. Sin embargo, de acuerdo a las ecuaciones 8.92 y 8.93, su radio en $2{\cdot}\pi.\ \eta$ no es igual al radio que tenía en $\phi=0$, sino que es menor. ¿Cuándo el radio de la órbita volverá a ser igual al que tenía en $\phi=0$? La respuesta es obvia: cuando la posición del astro sea $(\eta{\cdot}\varphi) = 2{\cdot}\pi$ y en esa posición el astro está ubicado en un ángulo igual a $2{\cdot}\pi{\cdot}\eta$. Y de este razonamiento se concluye que el eje mayor ha recorrido un ángulo total superior a $2{\cdot}\pi$ y que el ángulo en exceso recorrido, llamado "ángulo de precesión" es igual a:

$$\delta\varphi_p = 2 \cdot \pi \cdot \left(\frac{1}{\eta} - 1\right) \quad 8.98$$

En la Figura 8.2 se ve que el ángulo de precesión es muy elevado en los bajos valores del momento cinético relativo. Por ejemplo, para un $\lambda = 4$, el ángulo de precesión es igual a 100^0 sexagesimales. La doble escala logarítmica de este diagrama dice que la velocidad a la que varía el ángulo de precesión es muy elevada, es decir que pequeñas variaciones de η producen fuertes variaciones de la precesión.

Si en la 8.91 despejamos δ y sustituimos por $(2{\cdot}\varphi + \delta\varphi_p\ {}^{\delta\varphi_{\downarrow}p)}$ podemos demostrar que para ese φ resulta $\delta = \delta\varphi_p$. Es decir que el ángulo δ de la ecuación 8.90 es el ángulo de precesión.

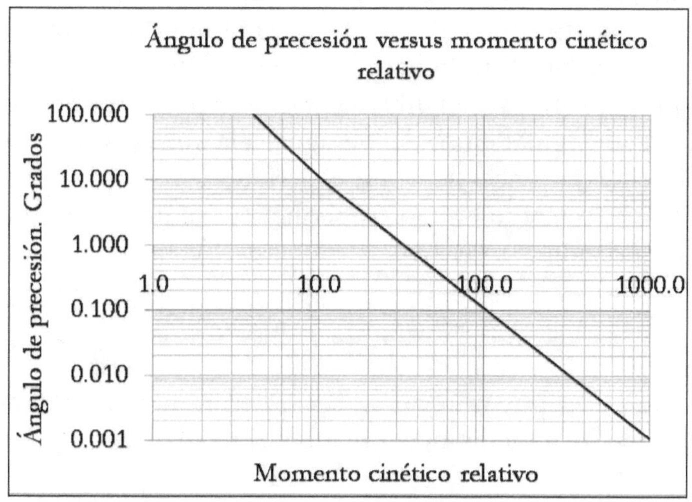

Figura 8.2. Ángulo de precesión versus el momento cinético relativo

En un espacio-tiempo plano la 8.98 es nula. Pero si éste está curvado, entonces η es menor que 1 y el ángulo de precesión deja de ser cero. La fórmula 8.98 está expresada en radianes por revolución lo que arroja valores muy pequeños e incómodos de manejar. Es por esta razón que en muy pequeños ángulos de precesión, como los que existen en el Sistema Solar, se recurre a expresar su resultado en segundos de arco por siglo.

La tercera ley de Kepler establece que el cuadrado de los períodos de rotación de los planetas es proporcional al cubo del radio mayor de la órbita. La expresión matemática de esta ley es la siguiente:

$$T_n^2 = \frac{4 \cdot \pi^2 \cdot a^3}{G \cdot M_g} = \left(\frac{2 \cdot \pi \cdot m_g}{c}\right)^2 \cdot \rho_a^3 \qquad 8.99$$

Donde:

T_n = Período de rotación de acuerdo a la Mecánica de Newton

α = Semieje mayor de la órbita

Tal como está, esta ley no es aplicable en la Relatividad porque no tienen ningún elemento que considere la curvatura del espacio-tiempo. Sin embargo es sencillo deducir la misma ley para la Relatividad mediante el siguiente razonamiento. Al cumplirse una rotación completa en el período newtoniano T_n el radio del astro no ha alcanzado aún el valor de su semieje mayor a causa de su precesión. Pero lo hará al cabo del tiempo T_r que lógicamente es mayor que T_n . Pero para ángulos de precesión pequeños podemos asumir que la velocidad angular en φ = 2·π es igual a la que el astro tiene (2·φ+$\delta\varphi_p$ $\delta\varphi_{\downarrow p}$) . Podemos entonces decir que el período T es proporcional al ángulo (2·φ+$\delta\varphi_p$ $\delta\varphi_{\downarrow p}$) recorrido entre dos perihelios y entonces resulta válida la siguiente proporción:

$$T_r = \frac{2 \cdot \pi + \delta\varphi_p}{2 \cdot \pi} \cdot T_n \qquad 8.100$$

Reemplazando $\delta\varphi_p$ por su fórmula 8.98, llegamos a la siguiente relación entre el período de rotación newtoniano y el relativista.

$$T_r = \frac{T_n}{\eta} \qquad 8.101$$

Y la velocidad angular de la precesión del perihelio resulta entonces igual a:

$$\omega_p = \omega_n \cdot (1 - \eta) \qquad 8.102$$

Donde ω_n es la velocidad angular newtoniana del astro derivada de las leyes de Kepler y Newton. Tanto ω_p como ω_n están en radianes por segundo. La 8.102 nos dice que en un espacio plano la velocidad angular del perihelio es nula y que en espacios curvados resulta inferior a la de la rotación. Si reemplazamos ω_n por $2 \cdot \pi / T_n$ y a T_n por la 8.99, obtenemos:

$$\omega_p = \frac{c \cdot (1 - \eta) \cdot \sqrt{m_g}}{r^{1.5}} \qquad 8.103$$

Esta fórmula demuestra que cuanto más elevada sea la masa gravitatoria, mayor será la velocidad angular de precesión del astro atraído por aquélla y que los planetas más distantes tienen velocidades angulares menores a los más cercanos.

c. Las trayectorias abiertas

Las trayectorias gravitatorias abiertas son una derivación de la parábola y de la hipérbola. En presencia de campos gravitatorios débiles, estas trayectorias son sensiblemente similares a las cónicas antes descriptas, pero en presencia de campos gravitatorios intensos estas trayectorias forman "nudos", que consisten en el cruce de la trayectoria de aproximación al astro con la de retorno, después de girar alrededor de éste. Véase la Figura 8.3. Cuanto menor sea el momento cinético relativo mayor es la tendencia a formarse de estos nudos.

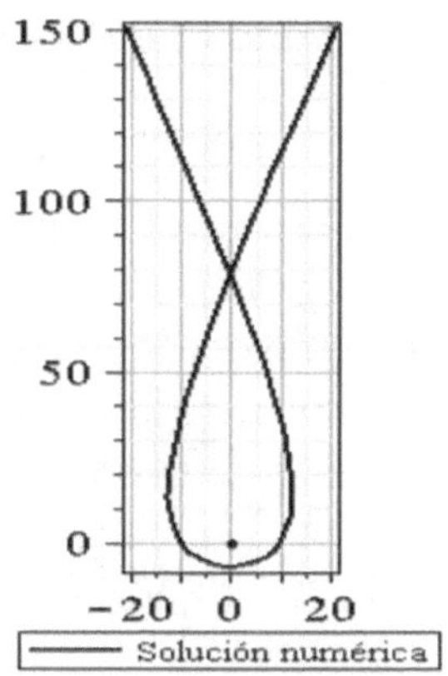

Figura 8.3. Trayectoria abierta con un nudo

Para el caso de las trayectorias en campos débiles (ecuación 8.93) vamos a demostrar que a medida que disminuye el momento cinético relativo aumenta el ángulo entre asíntotas Y cuando éste supera 360^0 las asíntotas arrastran a las ramas de las trayectorias, haciendo que se crucen, como indica la Figura 8.3. Lógicamente, se pueden formar tantos nudos como veces el ángulo de asíntotas supere los 360^0.

Las direcciones asintóticas son rectas que coinciden con las ramas de la hipérbola cuando el radio tiende a infinito. Y para que esto ocurra el denominador de la ecuación 8.92 o de la 8.93 de la trayectoria, deben hacerse igual a cero.

Esta condición nos permitirá despejar el ángulo entre las asíntotas de la siguiente manera: V

$$1 + \epsilon \cdot \cos\left(\eta \cdot \varphi\right) = 0 \qquad 8.104$$

De donde el ángulo de cada asíntota, expresado en radianes, es igual a:

$$\varphi_a = \frac{1}{\eta} \cdot arc \cos\left(-\frac{1}{\epsilon}\right) \qquad 8.105$$

De acuerdo a esta fórmula, el ángulo para el cual el radio tiende a infinito depende de dos parámetros:

a.) Coeficiente relativista η, que es una expresión del momento cinético relativo.

b.) Excentricidad ϵ , que es una función de la energía mecánica y del momento cinético.

c.) Cuando el ángulo de cada asíntota supera a 180^0 se forma el primer nudo. Y cuando aquéllas giran otros 180^0, se forma el segundo nudo. Y así cada 180^0 de variación del ángulo φ_a de cada asíntota se forma un nudo adicional. Por lo tanto la cantidad de nudos N que hay en una trayectoria abierta está dada por:

$$N = \frac{1}{\pi \cdot \eta} \cdot arc \cos\left(-\frac{1}{\epsilon}\right) \qquad 8.106$$

La Figura 8.4 es la solución gráfica de la ecuación 8.106.

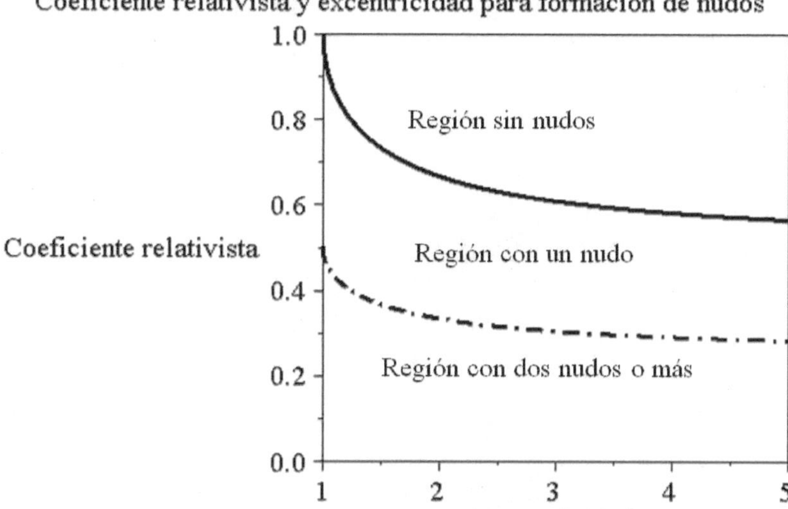

Figura 8.4. Pares de valores [ϵ,η] que forman nudos en trayectorias abiertas

Ella muestra las zonas donde están los pares de valores [ε,η] que forman nudos. Debe interpretarse que en la región limitada por ambas curvas el ángulo de cada asíntota está comprendido entre 180^0 y 360^0. Es decir que en esa zona hay un sólo nudo. Pero ya sobre la curva de rayas y puntos aparece el segundo nudo y así sucesivamente. Bajos valores de η corresponden a un espacio-tiempo muy curvado, o sea a campos gravitatorios muy intensos, para los cuales esta solución no es aplicable.

Veremos en el punto siguiente que para valores η inferiores a 0.93 esta solución pierde sensiblemente su precisión. Observe en la Figura 8.4 que las curva de trazos y puntos, y toda la región bajo ella, corresponden a valores muy bajos de η. Por lo tanto podríamos decir que estas curvas están fuera del rango de aplicación de las ecuaciones 8.92 u 8.93, porque para esos valores la precisión de la solución es pobre. Véase Tabla 8.1, la que se explica más abajo.

Vemos que la zona donde se forma un nudo es para valores de excentricidad apenas mayores que 1 y coeficientes relativistas η superiores que valen entre 0.93 y 1.00, según sea el valor de la excentricidad. Esta región está mostrada en el gráfico de la Figura 8.5.

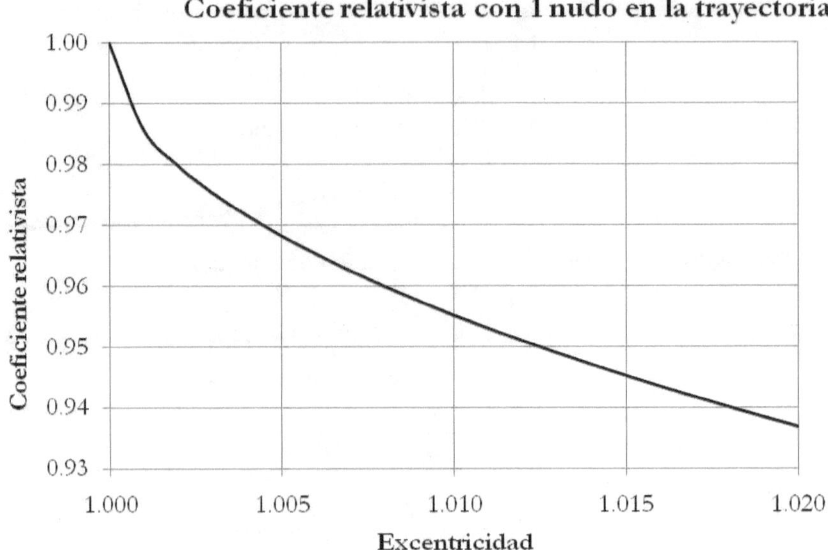

Figura 8.5. Zona ampliada de formación de un nudo

d. Precisión del método de la perturbación

Para evaluar cuanto se aleja la solución 8.92, o la 8.93, de una solución exacta, aquí proponemos medir el valor del residuo dejado por esta solución cuando se la introduce en la ecuación diferencial 8.76, de la cual es una solución.

Después de reemplazar la 8.93 en la 8.76, tendremos la siguiente expresión:

$$-\frac{\varepsilon \cdot \cos(\eta \cdot \varphi) \cdot \eta^2}{\lambda^2} + \frac{1}{\lambda^2} + \frac{\varepsilon \cdot \cos(\eta \cdot \varphi)}{\lambda^2} = \frac{1}{\lambda^2} + \frac{3}{\lambda^4} + \frac{6 \cdot \varepsilon \cdot \cos(\eta \cdot \varphi)}{\lambda^4} + \frac{3 \cdot \varepsilon^2 \cdot \cos^2(\eta \cdot \varphi)}{\lambda^4} \quad 8.107$$

Reemplazando η por su fórmula 8.96 en la 8.107, se demuestra que los términos que tienen a cos(η·ϕ) como factor común se anulan entre sí. Una vez eliminados estos términos nos queda la expresión 8.108 siguiente, que es una desigualdad.

$$\frac{1}{\lambda^2} \neq \frac{1}{\lambda^2} + \frac{3}{\lambda^4} + \frac{3 \cdot \varepsilon^2}{\lambda^4} \cdot \cos^2(\eta \cdot \varphi) \quad 8.108$$

Esta desigualdad se debe a que la ecuación 8.92, o la 8.93, no son una solución exacta de la 8.76. Pero veamos cuán grande es el error que esta solución tiene. Los sumandos segundo y tercero del segundo miembro de la 8.108 son los que no permiten que la solución de la 8.92 sea exacta. Es el residuo que deja la ecuación diferencial por la solución 8.92 y que idealmente debiera ser igual a cero. La fórmula de este residuo es:

$$R(\varphi) = \frac{3}{\lambda^4} \cdot [1 + \varepsilon^2 \cdot cos^2(\eta \cdot \varphi)] \qquad 8.109$$

Los valores de este residuo son variables a causa del término $cos^2(\eta \cdot \varphi)$. Sin embargo, a los fines de nuestro objetivo, que es medir las desviaciones de la solución 8.92, recurriremos a calcular el valor promedio del residuo $R(\varphi)$ y comparar su valor con $1/\lambda^2$ para sacar conclusiones sobre la aceptabilidad de la solución 8.92. La integración debemos hacerla para una vuelta completa de la órbita, por lo tanto debemos hacerla entre el ángulo cero y el ángulo para el cual el astro se encuentra nuevamente en el perihelio.

Por lo tanto integramos entre 0 y $2 \cdot \pi + \delta\varphi_p$. El valor promedio del residuo a lo largo de una órbita es:

$$\bar{R} = \frac{1}{2 \cdot \pi} \cdot \int_{\varphi=0}^{\varphi=2.\pi+\delta\varphi_p} \frac{3}{\lambda^4} \cdot [1 + \varepsilon^2 \cdot cos^2(\eta \cdot \varphi)] \cdot d\varphi = \frac{3 \cdot (\varepsilon^2 + 2)}{2 \cdot \eta \cdot \lambda^4} \qquad 8.110$$

Y finalmente evaluamos el error % respecto de $^1/_{\lambda^2}$ del residuo promedio, mediante la siguiente:

$$E_{\%} = \frac{\bar{R}}{\left(^1/_{\lambda^2}\right)} \cdot 100 = \frac{150 \cdot (\varepsilon^2 + 2)}{\lambda \cdot \sqrt{\lambda^2 - 6}} \qquad 8.111$$

Como vemos, el error de la solución propuesta es una función solamente de la excentricidad y del momento cinético relativo. Y leyendo la ecuación 8.111 podemos asegurar que los astros más aptos para esta solución son aquéllos cuya trayectoria tiene una baja excentricidad y un momento cinético elevado, como tienen los planetas del Sistema Solar . . .

Pero veamos en números esta idea. La Tabla 8.1 muestra los valores de $E_{\%}$ para diferentes valores de la excentricidad y del momento cinético relativo.

En esta Tabla 8.1 se ha adoptado el criterio de que este error no debiera superar el 5% y por eso están coloreadas las casillas que superan este valor y en blanco las casillas que son inferiores al 5%. Estas últimas definen el rango del par de valores de momento cinético relativo y de excentricidad en el que la ecuación 8.92 puede ser considerada una solución aceptable.

Para excentricidades inferiores a 10 y valores del momento cinético relativo superior a 100 podemos considerar que la solución 8.92, o la 8.93, son exactas. También podemos agregar que para órbitas cerradas ($\varepsilon < 1$), esta solución es exacta toda vez que el coeficiente relativista sea superior a 0.99247. En cambio, para órbitas abiertas no podemos decir lo mismo ya que el aumento del valor de la excentricidad genera errores que crecen cuadráticamente.

Tabla de desviaciones del residuo de la ecuación de campos débiles respecto de $1/\lambda^2$									
Momento cinético relativo λ	$1/\lambda^2$	Excentricidad: ε							Coeficiente relativista η
		0.01	0.10	0.20	0.50	1.00	5.00	10.00	
3	0.1111	57.7%	58.0%	58.9%	65.0%	86.6%	779.4%	2944.5%	0.57735
5	0.0400	13.8%	13.8%	14.0%	15.5%	20.6%	185.8%	702.0%	0.87178
10	0.0100	3.1%	3.1%	3.2%	3.5%	4.6%	41.8%	157.8%	0.96954
15	0.0044	1.4%	1.4%	1.4%	1.5%	2.0%	18.2%	68.9%	0.98658
20	0.0025	0.8%	0.8%	0.8%	0.9%	1.1%	10.2%	38.5%	0.99247
50	0.0004	0.1%	0.1%	0.1%	0.1%	0.2%	1.6%	6.1%	0.99880
100	0.0001	0.0%	0.0%	0.0%	0.0%	0.0%	0.4%	1.5%	0.99970
1,000	0.0000	0.0%	0.0%	0.0%	0.0%	0.0%	0.0%	0.0%	1.00000

Tabla 8.1. Precisión de la ecuación de la trayectoria para campos débiles

Como corolario digamos que cualquiera de los planetas del Sistema Solar puede ser estudiado con la solución de la ecuación 8.92 para campos débiles, ya que todos ellos tienen un momento cinético superior a 6,000 y excentricidades que no superan 0.28, valores que corresponden a errores prácticamente nulos, según se ve en la Tabla 8.1.

Veamos los gráficos de las trayectorias para evaluar la precisión del residuo de la solución 8.92. Para ello compararemos la gráfica de esta solución con la trayectoria que arroja una solución más sofisticada, que es la solución numérica de las ecuaciones diferenciales de la trayectoria 8.71 y 8.72. También hemos agregado la solución newtoniana correspondiente.

En la Figura 8.1 se ve una órbita cerrada, cuyo residuo dijimos que tiene un error del 4.6%. La comparación entre las dos curvas, que representan la solución numérica y la de campos débiles, muestra alguna diferencia aunque no significativa. Obsérvese también la diferencia de ambas con la curva de la solución newtoniana, la que no considera el efecto de la precesión.

Veamos ahora una trayectoria abierta tal como muestra la Figura 8.6 es una órbita abierta. El residuo de la solución de la ecuación para campos débiles, tiene un error del 55.1%. Tal solución exhibe una importante diferencia con la curva de la solución numérica, lo que podríamos haber anticipado con el cálculo del error del residuo. La solución numérica muestra un mayor alejamiento de la trayectoria newtoniana que la de la solución para campos débiles.

Veamos ahora un caso de trayectoria cerrada, representado en la Figura 8.7. En este caso la solución numérica es también muy diferente de la ecuación de campos débiles. El residuo de esta última tiene un error del 17.2%.

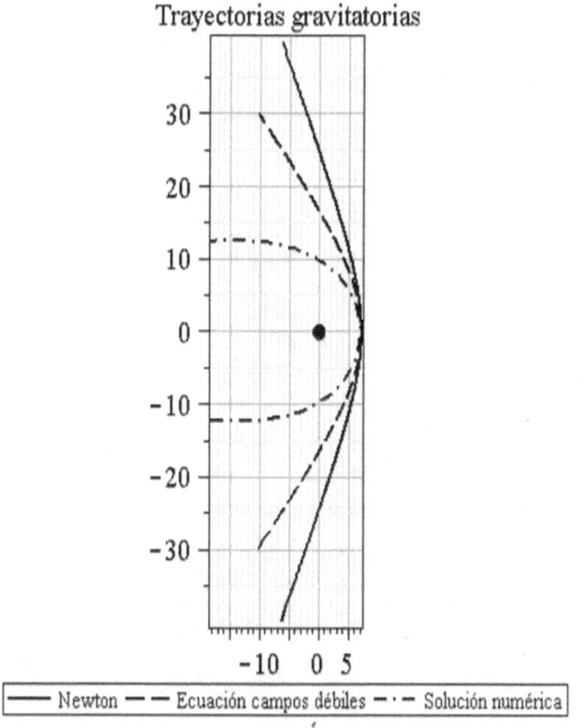

Figura 8.6. Trayectorias abiertas comparadas. $\lambda = 5$ y $\varepsilon = 2.45$

Con estas tres figuras hemos querido demostrar que existe una correlación entre el error del residuo y el alejamiento de la trayectoria de la solución 8.92 o de la 8.93, respecto de una solución más exacta, como es la numérica. Por lo tanto hemos podido demostrar que existe un rango de aplicación de la solución 8.92, o de la 8.93, que puede ser determinado con los valores del momento cinético relativo y la excentricidad de la trayectoria. Claro que la aceptabilidad debe ser adoptada según sean las exigencias del caso en estudio.

Concluyamos diciendo que en el Sistema Solar la solución 8.92 es perfectamente aceptable para todos sus astros, en aplicaciones donde no se requiera una extrema exactitud.

En Mercurio y Venus, que son los planetas que tienen la mayor excentricidad y un bajo momento cinético relativo, los errores de sus residuos valen 8.1×10^{-6} % y 4.1×10^{-6} % respectivamente.

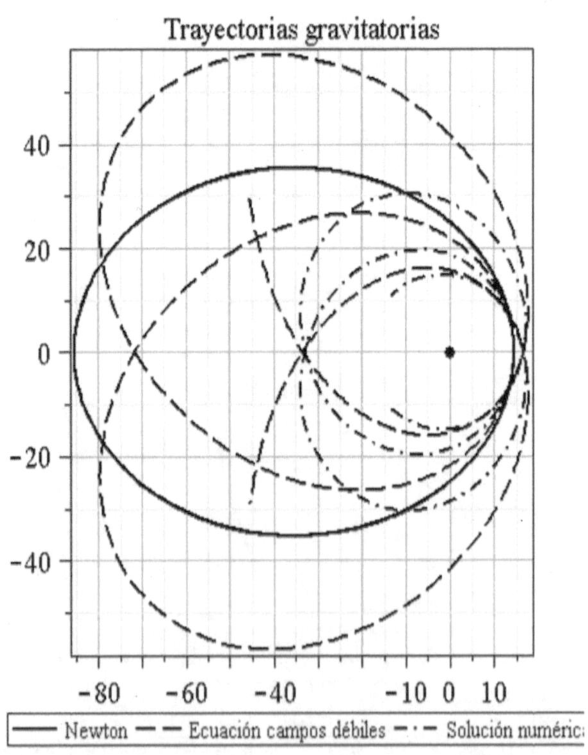

Figura 8.7. Trayectorias cerradas comparadas. λ = 5 y ε = 0.7

e. Método de las series numéricas

Este método es muy simple conceptualmente pero tiene el inconveniente de que sus expresiones algebraicas son numerosas y de manejo engorroso a medida que se necesita aumentar la exactitud de su solución. Históricamente se generó en el siglo XVII para explicar supuestos epiciclos en las trayectorias de los planetas, en los tiempos anteriores a Copérnico. Aquéllos se debían a la errónea idea aristotélica de suponer que la Tierra estaba en el centro del Universo. El método ayudó a explicar aquellos epiciclos imaginarios, los que posteriormente fueron desechados cuando el modelo de Copérnico demostró el heliocentrismo. En el siglo XIX se lo aplicó a la solución de ecuaciones diferenciales, tal como lo haremos nosotros a continuación, y actualmente es una de las herramientas favoritas de la Física Cuántica.

El fundamento de la solución es asumir que ésta tiene la siguiente forma:

$$\mu(\varphi) = \sum_{i=0}^{n} a_i \cdot \varphi^i \qquad 8.112$$

Donde los coeficientes a_i son reales y constituyen las incógnitas a ser deducidas por este procedimiento. Ya podemos deducir el coeficiente a_0 , prefijando como condiciones iniciales el valor del radio ρ_0 y $\varphi_0 = 0$. De esta posición inicial del astro surge el valor de a_0:

$$a_0 = \mu(0) = \frac{1}{\rho_0} \qquad 8.113$$

Dado que 8.112 es una solución de la ecuación diferencial 8.77 de las trayectorias, la reemplazamos en esta última, a la que previamente expresamos de la siguiente manera:

$$\frac{d^2\mu(\varphi)}{d\varphi^2} + \mu(\varphi) - \frac{1}{\lambda^2} - 3 \cdot \mu(\varphi)^2 = 0 \qquad 8.114$$

Para una solución en la que la 8.112 conste solamente de cuatro sumandos, las expresiones de $\mu(\varphi)$ a sustituir en ella son las siguientes:

$$\mu(\varphi) = a_0 + a_1 \cdot \varphi + a_2 \cdot \varphi^2 + a_3 \cdot \varphi^3 \qquad 8.115$$

$$\frac{d^2\mu}{d\varphi^2} = 2 \cdot a_2 + 6 \cdot a_3 \cdot \varphi \qquad 8.116$$

$$\rho(\varphi) = \frac{1}{a_0 + a_1 \cdot \varphi + a_2 \cdot \varphi^2 + a_3 \cdot \varphi^3} \qquad 8.117$$

Reemplazando 8.115 y 8.116 en la 8.114 y agrupando según los factores comunes de φ^i obtenemos:

$$-\frac{1}{\lambda^2} + f_0(a_0, a_2) + f_1(a_0, a_1, a_3) \cdot \varphi + f_2(a_0, a_1, a_2) \cdot \varphi^2 +$$
$$f_3(a_0, a_1, a_2, a_3) \cdot \varphi^3 + +f_4(a_1, a_2, a_3) \cdot \varphi^4 + \qquad 8.118$$
$$f_5(a_2, a_3) \cdot \varphi^5 + f_6(a_3) \cdot \varphi^6 = 0$$

Para que 8.118 se cumpla, cada una de las funciones f_i debe ser igual a cero. Dado que a_0 ha sido determinado con la fórmula 8.113 derivada de las condiciones iniciales de posición del astro, se puede calcular a_2 con f_0 =0 y con f_1 y f_2 se puede calcular a_3. Y con esto también queremos decir que las seis ecuaciones $f_i = 0$ que surgen de la 8.118 son redundantes. Las fórmulas resultantes de este procedimiento son las siguientes:

$$a_2 = \frac{1}{2 \cdot \lambda^2} - \frac{a_0}{2} \cdot (1 - 3 \cdot a_0) \qquad 8.119$$

$$a_1 = \sqrt{a_2 \cdot \left(\frac{1}{3} - 2 \cdot a_0\right)} \qquad 8.120$$

$$a_3 = a_1 \cdot \left(a_0 - \frac{1}{6}\right) \qquad 8.121$$

Lamentablemente este método no arroja resultados correctos con solamente cuatro términos (Ecuación 8.115). La sola comparación de la solución 8.92 con la 8.115 da una idea del alejamiento que tendrán las trayectorias derivadas de cada una y dado que la primera tiene una precisión razonable, se concluye que la solución expuesta de cuatro sumandos tiene una pobre exactitud para la determinación de trayectorias. Es necesario entonces aumentar sensiblemente el número de sumandos recurriendo a un software de matemáticas para manipular las largas expresiones resultantes.

Por lo tanto, no podemos recomendar el uso de este procedimiento y en cambio recomendamos fuertemente el derivado del método de la perturbación (Fórmulas 8.92 y 8.93).

f. Solución y trayectoria exactas para $\lambda_{crítico} = \sqrt{12}$

La ecuación diferencial de las trayectorias 8.76 tiene una solución exacta solamente en un caso, que es aquél en el que el momento cinético relativo es igual al $\lambda_{crítico}$ que vimos en la fórmula 7.92 y la energía mecánica del astro ε_m es igual a 0.05556. Lamentablemente éste es el único caso en el que la ecuación 8.76 admite una solución exacta.

Recordemos también que el $\lambda_{crítico}$ genera una curva de potencial efectivo que exhibe un máximo y un mínimo coincidentes en un mismo punto, cuyas coordenadas son:

$$\rho_{crítico} = 6$$
$$\varepsilon_{m_{crítico}} = -0.05556$$

Véase en la Figura 7.2 el suave punto de inflexión de la curva del potencial efectivo, que corresponde a estas coordenadas.

Si introducimos $\lambda_{crítico}$ en la ecuación 8.76, obtenemos una ecuación diferencial cuya solución exacta es la siguiente:

$$\mu(\varphi) = \frac{1}{6} + \frac{2}{\varphi^2} \qquad 8.122$$

Es muy sencillo reemplazar esta expresión en la ecuación diferencial 8.76 y verificar así que se trata de una solución exacta de ella, por lo cual no vale la pena ahondar en el procedimiento de obtención de la 8.122. Por supuesto que lo importante es determinar las consecuencias físicas de esta solución, cosa que haremos a continuación.

La ecuación de la trayectoria resultante de la 8.122 es la inversa de ella, y su resultado se puede escribir de la siguiente forma:

$$\rho_{\sqrt{12}}(\varphi) = \frac{6 \cdot \varphi^2}{12 + \varphi^2} \qquad 8.123$$

Veamos los extremos posibles de esta trayectoria. Para entender mejor el razonamiento siguiente supondremos que la masa gravitatoria está concentrada en un punto.

La ecuación 8.123 nos dice que para $\varphi = 0$ el radio correspondiente es también igual a 0, por lo tanto, el astro se encontraría teóricamente en el centro de coordenadas. Pero para que la trayectoria corresponda a un fenómeno gravitatorio, este centro no puede ser la posición inicial del astro, sino su posición final y además como aquél ya se encuentra dentro del círculo gravitatorio este camino no lo puede hacer en sentido contrario. Por lo tanto, idealmente el astro llega al centro en el instante final de su trayectoria.

El otro extremo de esta trayectoria se produce en el límite de $\rho_{\sqrt{12}}(\varphi)$ para φ que tiende a infinito, límite que es igual a 6. Concluimos entonces que el astro se encuentra inicialmente sobre el círculo de radio igual a 6 y va cayendo hacia la masa gravitatoria siguiendo una curva en espiral, según se ve en la Figura 8.8. En la misma figura se ha incluido la trayectoria obtenida por métodos numéricos. Si esta última tiene una posición inicial en $\rho = 6$, la trayectoria es una circunferencia perfecta igual a ese radio. Éste no es el caso mostrado en la Figura 8.8. En cambio, si el radio inicial es infinitesimalmente menor que 6 la trayectoria se transforma en una espiral que cae hacia el centro como muestra la Figura 8.8. Ésta ha sido hecha con $\rho = 5.99$. Este resultado se explica por la ecuación 7.89 del ρ_{max}, la que demuestra que el valor más pequeño que tiene el radio donde se encuentra el potencial máximo es igual a 6. Véase también la Figura 7.3.

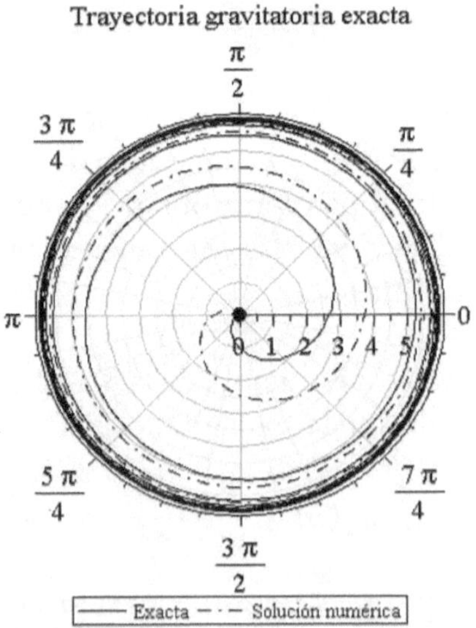

Figura 8.8. Trayectoria de las soluciones exacta y numérica para $\lambda = \sqrt{12}$

Cualquier ubicación del astro en un radio inferior a 6 significa que éste está ubicado entre la barrera gravitatoria del pico positivo del potencial y el centro de la masa gravitatoria. En esa región cualquier astro cae inexorablemente hacia el centro de la masa gravitatoria siguiendo una curva en espiral como las mostradas en la Figura 8.8. Por lo tanto la órbita de estable de menor diámetro que existe es la de $\rho = 6$ y es por eso que se la denomina Órbita Circular Interna más Estable (OCIE). En inglés se la conoce como Inner Most Stable Circular Orbit (ISCO)

Volvamos ahora a la solución exacta. Un astro cuyo momento cinético relativo sea igual a $\sqrt{12}$ cae hacia el centro de la masa gravitatoria haciendo un número infinito de rotaciones en forma de espiral y llega a dicho centro en un tiempo infinito. En un caso real la masa gravitatoria tiene un cierto volumen y por lo tanto el astro no puede llegar al centro. En vez de eso impacta sobre aquélla en un tiempo finito. El centro representa una singularidad donde la curvatura es infinita, se confunden el tiempo y el espacio y las leyes de la Física dejan de cumplirse. Corroborando lo ya dicho, la cantidad de revoluciones que el astro realiza en el radio igual a 6 es infinita, según se deduce despejando φ de la ecuación de la trayectoria 8.123. El resultado es el siguiente:

$$\varphi(6) = \lim_{\rho \to 6} \sqrt{\frac{12 \cdot \rho}{6 - \rho}} = \infty \qquad 8.124$$

La conclusión física es que el astro se quedaría orbitando para siempre en este círculo. Sin embargo, las simulaciones realizadas en este caso demuestran que la más leve perturbación, como puede ser una componente radial infinitesimal de su velocidad, o que su posición inicial esté infinitesimalmente dentro del radio igual a 6, hará que el astro comience a caer en espiral hacia el centro del círculo gravitatorio.

Veamos ahora la velocidad a la que se mueve un astro mientras cae siguiendo su trayectoria en espiral. La velocidad radial del astro está dada por la ecuación 7.105, que reproducimos a continuación:

$$v_\rho(\rho) = \sqrt{2 \cdot [\varepsilon_m - \upsilon_{ef}(\rho)]} \qquad 7.105$$

Reemplazando la ε_m y el λ de esta ecuación por los valores de $\varepsilon_{m_{crítico}}$ y de $\lambda_{crítico}$ que vimos antes, obtenemos la siguiente fórmula de la velocidad radial:

$$v_\rho(\rho) = \sqrt{-0.11112 + \frac{2}{\rho} - \frac{12}{\rho^2} + \frac{24}{\rho^3}} \qquad 8.125$$

La fórmula 8.125 dice que la velocidad radial del astro va creciendo progresivamente a medida que el astro se aproxima al centro. Y si éste fuera alcanzable, la fórmula 8.125 indica que la velocidad radial sería infinita, lo cual es imposible porque tal velocidad contradice la Relatividad Especial. Más abajo veremos hasta donde puede caer el astro respetando el límite de la velocidad de la luz.

Para $\rho = 6$ resulta $v_\rho(6) = 0$. Por lo tanto la velocidad radial inicial es nula. Y también de la fórmula 8.125 podemos deducir el valor del radio para el cual el astro llega a una velocidad radial igual a 1 o sea a la velocidad de la luz. De la ecuación $v_\rho(\rho) = 1$ se deduce que dicho radio es igual a: $\rho_{\rho l} = 1.9479$.

Es decir que para que el astro tenga una velocidad radial infinitesimalmente próxima a la de la luz debería entrar en el círculo gravitatorio. Sin embargo, a continuación veremos que mucho antes del límite de la velocidad radial, está el límite de la velocidad lineal del astro.

En efecto, si al igual que antes hacemos la ecuación 7.102 igual a 1, obtenemos:

$$v_l = \frac{\lambda}{\rho} = \frac{\sqrt{12}}{\rho} = 1 \qquad 8.126$$

Y el límite de la velocidad lineal de la luz se obtiene para: $\rho_{ll} = \sqrt{12} = 3.4641$. Es decir que la velocidad lineal iguala a la de la luz antes que lo haga la velocidad radial.

Sin embargo antes que la velocidad lineal sea igual a la de la luz, será la velocidad total la que lo haga. Aplicamos para esto la ecuación 7.112 y obtenemos la máxima aproximación posible en el radio límite $\rho_l = 3.4657$, valor que es muy próximo al del radio ρ_{ll} para el cual la velocidad lineal se hace igual a la de la luz.

Al llegar el astro al radio límite ρ_l la velocidad radial es despreciable; $v_{radial} = 0.0307$. En tanto que la velocidad lineal es; $v_{lineal} = 0.9996$. Es decir que la velocidad del astro tiene una fuerte componente lineal y una radial muy reducida en dirección al centro.

6. Caída libre en un campo de Schwarzschild

La caída libre de un cuerpo es aquélla en la que éste tiene una velocidad angular inicial igual a cero; $\dot{\phi}(0) = 0$. Como consecuencia, el ángulo φ de caída es constante y el momento cinético es nulo. Con estas condiciones nos interesa determinar las siguientes características de la caída libre en un campo de Schwarzschild: a) la forma geométrica de la trayectoria, b) velocidad de caída, y c) tiempo de caída.

Empecemos en el orden histórico: ¿Qué dice la Mecánica Clásica sobre el tiempo de caída? Recordemos la fórmula:

$$t_{clásico} = \sqrt{2 \cdot \frac{r_0 - r_i}{a_g}} \qquad 8.127$$

Donde $(r_0 - r_i)$ es la altura de caída y a_g es la aceleración de la gravedad, que se calcula con la siguiente fórmula:

$$a_g(r) = \frac{m_g \cdot c^2}{r^2} \qquad 8.128$$

Esta expresión corresponde a la Mecánica de Newton e indica que la aceleración varía con la posición radial del cuerpo. Es lógico, el campo gravitatorio no es uniforme, sino inversamente proporcional al cuadrado de la distancia entre la masa gravitatoria y el cuerpo atraído.

Saltemos ahora al siglo XX y determinemos la ecuación de la métrica de Schwarzschild para el caso especial de caída vertical y, tal como hicimos antes para simplificar, adoptamos $\vartheta = 90°$. La métrica resultante es:

$$ds^2 = g_{11}(r) \cdot dr^2 + r^2 \cdot d\varphi^2 - g_{00}(r) \cdot c^2 \cdot dt^2 \qquad 8.129$$

Donde $g_{11}(r)$ está dada por la ecuación 7.40 y $g_{00}(r)$ por la 7.14. Además, por tratarse de un campo lento es $ds = i \cdot c \cdot d\tau$, fórmula que reemplazamos en 8.129. Y teniendo en cuenta que $\dot{\phi}(0) = 0$, se llega a la siguiente expresión derivada de la métrica de Schwarzschild:

$$g_{11}(r) \cdot \dot{r}(\tau)^2 - g_{00}(r) \cdot c^2 \cdot \dot{t}(\tau)^2 + c^2 = 0 \qquad 8.130$$

Donde de acuerdo a la ecuación 7.75 es:

$$\dot{t}(\tau) = \frac{\sqrt{1 + \frac{2 \cdot e_m}{c^2}}}{g_{00}(r)} \qquad 7.75$$

Sustituyendo la fórmula 7.75 en la 8.130 y dividiendo por $g_{11}(r)$, obtenemos la ecuación métrica del espacio-tiempo en el que cae el cuerpo, la que solamente es función del radio y el tiempo propio.

$$\dot{r}(\tau)^2 - c^2 \cdot \left(1 + \frac{2 \cdot e_m}{c^2}\right) + g_{00}(r) \cdot c^2 = 0 \qquad 8.131$$

De esta ecuación podemos eliminar el término con la energía mecánica y dejar solamente el potencial gravitatorio g_{00}, mediante la siguiente deducción.

En el instante inicial de $\tau = 0$ el cuerpo se encuentra en el radio r_0 y su velocidad radial inicial $\dot{r}(0)$ es cero. Por lo tanto la 8.131 en ese momento es:

$$-c^2 \cdot \left(1 + \frac{2 \cdot e_m}{c^2}\right) + g_{00}(r_0) \cdot c^2 = 0 \qquad 8.132$$

De donde concluimos que:

$$g_{00}(r_0) = 1 + \frac{2 \cdot e_m}{c^2} \qquad 8.133$$

Esta ecuación demuestra que el valor del coeficiente temporal en la posición inicial de caída depende solamente de la energía mecánica, la cual en ese punto es igual al potencial efectivo. Si visitamos nuevamente la ecuación 6.54b encontraremos que la 8.133 expresa la misma propiedad física que aquélla. Por lo tanto la ecuación métrica de un cuerpo que cae se reduce a:

$$\dot{r}(\tau)^2 - c^2 \cdot [g_{00}(r) - g_{00}(r_0)] = 0 \qquad 8.134$$

Si derivamos esta última ecuación respecto del tiempo propio, obtendremos la ecuación diferencial de la caída libre de un cuerpo en un campo de Schwarzschild.

$$\ddot{r}(\tau) + \frac{c^2 \cdot m_g}{r(\tau)^2} = 0 \qquad 8.135$$

Lamentablemente la solución de la ecuación diferencial 8.135 es compleja y es por eso que no la usaremos. La hemos dado solamente a título informativo. Entonces recurriremos a otro procedimiento que se basa en la métrica del espacio-tiempo en el que estamos (Ecuación 8.129). Sobre la base de ella, determinaremos las tres características de la caída libre que mencionamos al empezar este tema: a) forma geométrica de la trayectoria, b) velocidad de caída y c) tiempo de caída.

a. Forma geométrica de la trayectoria

El supuesto básico de la caída libre es que su recta de caída pasa por el centro de la masa gravitatoria. Esto nos dice que el momento cinético del astro es nulo. Desde un punto de vista matemático esta condición se ve en la ecuación 8.134 ya que en ella no existe una relación entre el radio r y el ángulo de latitud φ. Por lo tanto la trayectoria de caída es una recta.

Esta conclusión es coherente con la simetría radial del campo de Schwarzschild y resulta indudablemente la característica más simple de determinar. Casi diríamos que su resultado pudo haberse explicado intuitivamente y sin más trámite.

b. Velocidad de caída

En este apartado describiremos el comportamiento de la velocidad de caída desde tres puntos de vista; a) según la Mecánica Clásica, b) según la Relatividad General para un observador local y c) según la Relatividad General para un observador externo. Empecemos por visitar las ecuaciones de la velocidad según estos tres criterios y luego veamos los comportamientos físicos que de ellas se derivan.

La velocidad de caída según la Mecánica Clásica está dada por la conocida fórmula siguiente para velocidad inicial cero:

$$v_{clásica} = \sqrt{2 \cdot a_g(r) \cdot (r_0 - r)} \qquad 8.136$$

Donde $a_g(r)$ es la aceleración de la gravedad, a la cual se supone constante cuando la altura de caída es pequeña frente al radio de la masa gravitatoria. No es este nuestro caso, porque las distancias en el Cosmos son gigantescas y los campos gravitatorios tienen fuertes variaciones a semejantes distancias. Aplicaremos entonces la siguiente fórmula, que reproduce la 8.128:

$$a_g(r) = \frac{G \cdot M_g}{r^2} = \frac{m_g \cdot c^2}{r^2} \qquad 8.137$$

Reemplazando la 8.137 en la 8.136, tendremos la siguiente expresión para la velocidad clásica de caída:

$$\frac{dr}{d\tau_{clásica}} = c \cdot \frac{\sqrt{2 \cdot m_g \cdot (r_0 - r)}}{r} \qquad 8.138$$

La ecuación 8.138 dice que en el instante en que se inicia la caída su velocidad es igual a cero. A medida que cae, su velocidad va aumentando, hasta que iguala a la de la luz en el radio de caída igual a $r_c = -m_g + \sqrt{m_g^2 + 2 \cdot m_g \cdot r_0}$. Más allá de este punto la ecuación 8.138 arroja una velocidad superior a la de la luz. Lógicamente esto no está permitido, de acuerdo a la Relatividad Especial.

La ecuación 8.134 a la que hemos llegado antes es fácil de interpretar físicamente; representa las energías por unidad de masa del astro durante su trayecto. Despejemos de ella a la velocidad radial propia.

$$\frac{dr(\tau)}{d\tau} = c \cdot \sqrt{g_{00}(r_0) - g_{00}(r)} \qquad 8.139$$

Es importante recordar que $g_{00}(r_0)$ es igual a 1 si r_0 tiende a infinito. Ver ecuación 7.14. Por lo tanto toda vez que se trate de la caída de un cuerpo desde una altura infinita, debe tenerse presente que el potencial $g_{00}(r_0)$ es igual a 1, lo cual simplifica varias de las expresiones que se dan a continuación.

Obtengamos ahora el comportamiento de la velocidad de caída observada desde un sistema de referencia arbitrario cualquiera. Demostraremos que dicha velocidad sigue la curva de trazos de la Figura 8.10.

Esta velocidad es la siguiente:

$$\frac{dr(\tau)}{dt(\tau)} = \frac{d\tau}{dt(\tau)} \cdot \frac{dr(\tau)}{d\tau} = \frac{\dot{r}(\tau)}{\dot{t}(\tau)} \qquad 8.140$$

Conocemos $\dot{r}(\tau)$, que está dada por la 8.139. Necesitamos entonces encontrar $\dot{t}(\tau)$. Para ello usaremos la ecuación de la derivada del tiempo 7.75, en la que previamente reemplazaremos el radicando de su numerador por la 8.133, y obtendremos:

$$\frac{dt}{d\tau} = \frac{\sqrt{g_{00}(r_0)}}{g_{00}(r)} \qquad 8.141$$

Dividimos ahora la 8.139 por la ecuación 8.141 y obtenemos la siguiente ecuación de la velocidad de caída, medida por un observador ubicado en un sistema de referencia arbitrario.

$$\frac{dr}{dt} = c \cdot g_{00}(r) \cdot \sqrt{1 - \frac{g_{00}(r)}{g_{00}(r_0)}} \qquad 8.142$$

Sobre la base de esta ecuación, puede demostrarse que la velocidad de caída tiene un máximo y dos ceros. El máximo se determina de la manera clásica; simplemente se deriva la ecuación 8.142 respecto de r y su resultado se lo iguala a cero. Resolviendo la ecuación resultante surge que la máxima velocidad de caída está en:

$$r_{max} = \frac{6 \cdot r_0 \cdot m_g}{4 \cdot m_g + r_0} \qquad 8.143$$

Y la velocidad máxima se obtiene reemplazando la 8.143 en la 8.142, lo cual nos devuelve el valor de la máxima velocidad que exhibe la caída, observada desde un sistema de referencia arbitrario.

$$v_{max(r_0)} = 0.3849 \cdot c \cdot \left(1 - \frac{2 \cdot m_g}{r_0}\right) \qquad 8.144$$

Esta expresión dice que los cuerpos caen con una velocidad creciente con su altura inicial, lo cual es coherente con la Mecánica Clásica. Para una caída desde el infinito la velocidad máxima llega al 38.49% de la de la luz, en el radio igual a $6 \cdot m_g$.

Designaremos r_{01} y r_{02} a los dos ceros de la ecuación 8.142, y comprobaremos que se producen en el punto inicial de caída (r_0) y en el radio gravitatorio. Demostramos esto resolviendo las dos siguientes ecuaciones, derivadas de igualar a cero la 8.142.

$$g_{00}(r) = g_{00}(r_0) \qquad r_{01} = r_0 \qquad 8.145$$

$$g_{00}(r) = 0 \qquad r_{02} = r_g = 2 \cdot m_g \qquad 8.146$$

La curva de la velocidad de caída en función del radio es entonces similar a una parábola invertida, tal como muestra la Figura 8.9 (ver curva de trazos). El valor cero de la velocidad en el radio gravitatorio, constituye una significativa diferencia con la Mecánica Clásica. Ésta no contempla semejante comportamiento.

c. Tiempo de caída

Definimos el tiempo de caída como el lapso que transcurre desde el punto en que el cuerpo inicia su caída hasta cualquier punto de su trayectoria vertical, que lógicamente tiene un radio inferior a la altura inicial de caída.

Ya que conocemos el comportamiento de la velocidad a lo largo de toda la caída, podemos calcular el tiempo que tarda el cuerpo que cae mediante la siguiente sencilla ecuación, que es aplicable a cualquiera de los tres casos que estamos viendo:

$$t_{caída} = \int_{r_i}^{r_0} \frac{dr}{v(r)} \qquad 8.147$$

Para aplicar esta expresión general a las ecuaciones de las velocidades de caída 8.138, 8.139 y 8.142, separamos variables en cada una de ellas y obtenemos las fórmulas del tiempo de caída que se dan más abajo. Hemos indicado con r_i el radio donde se produce el impacto o el radio hasta el cual deseamos medir el tiempo de caída.

- Tiempo clásico de caída:

$$\tau_{clásico} = \int_{r_i}^{r_0} \frac{r \cdot dr}{c \cdot \sqrt{2 \cdot m_g} \cdot \sqrt{(r_0 - r)}} \qquad 8.148$$

En unidades no dimensionales:

$$\tau_{clásico} = \int_{\rho_i}^{\rho_0} \frac{m_g \cdot \rho \cdot d\rho}{c \cdot \sqrt{2} \cdot \sqrt{(\rho_0 - \rho)}} \qquad 8.149$$

- Tiempo propio de caída

$$\tau_c = \frac{1}{c} \cdot \int_{r_i}^{r_0} \frac{dr}{\sqrt{g_{00}(r_0) - g_{00}(r)}} \qquad 8.150$$

La que en unidades no dimensionales se expresa de la siguiente forma:

$$\tau_c = \frac{m_g}{c} \cdot \int_{\rho_i}^{\rho_0} \frac{d\rho}{\sqrt{g_{00}(\rho_0) - g_{00}(\rho)}} \qquad 8.151$$

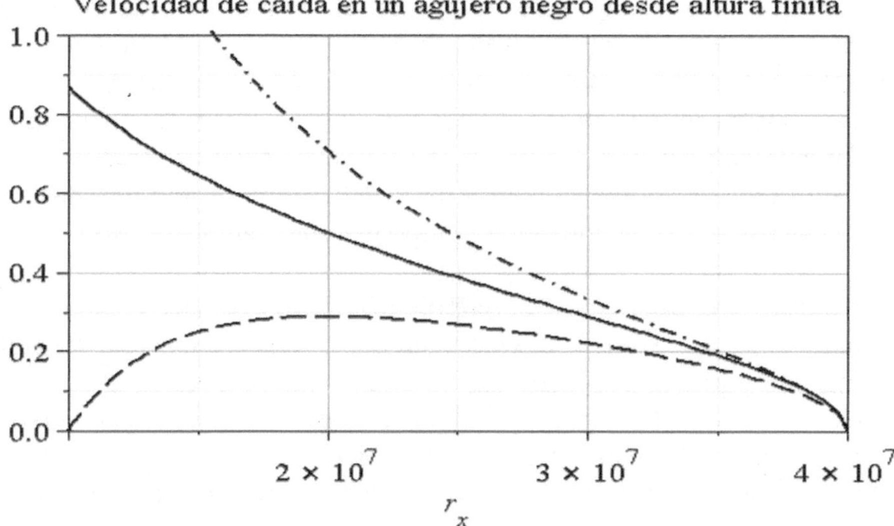

Figura 8.9. Velocidad propia de caída versus radio de impacto en un agujero negro exacto de Schwarzschild

Nótese que al igual que en la Mecánica Clásica la masa del cuerpo que cae no influye sobre el tiempo de caída que mide el observador local.

Las integrales 8.150 u 8.151 tienen como resultado largas expresiones algebraicas, aunque afortunadamente son de fácil manejo mediante computadora. Esto nos permite computar y graficar el tiempo propio de caída según el radio donde está el cuerpo. Por su extensión no vale la pena la escritura de las fórmulas resultantes de la integral 8.150 y de la 8.151, aunque si analizaremos los resultados que arroja su cómputo.

- Tiempo de caída observado desde un sistema de referencia arbitrario

$$t_c = \frac{\sqrt{g_{00}(r_0)}}{c} \cdot \int_{r_i}^{r_0} \frac{dr}{g_{00}(r) \cdot \sqrt{g_{00}(r_0) - g_{00}(r)}} \qquad 8.152$$

En unidades no dimensionales esta integral se expresa de la siguiente forma:

$$t_c = \frac{m_g \sqrt{g_{00}(\rho_0)}}{c} \cdot \int_{\rho_i}^{\rho_0} \frac{d\rho}{g_{00}(\rho) \cdot \sqrt{g_{00}(\rho_0) - g_{00}(\rho)}} \qquad 8.153$$

Al igual que ocurre con el tiempo propio, el tiempo de caída observado externamente depende solamente del potencial gravitatorio temporal $g_{00}(r)$. El tiempo de caída es entonces un fenómeno exclusivamente relacionado con la curvatura del espacio-tiempo. Compárense estas dos últimas integrales con las del tiempo propio 8.150 y 8.151. La sola estructura matemática de ellas indica que el comportamiento físico del tiempo propio de caída será sensiblemente diferente con el del tiempo del observador externo.

En el punto singular $r = 2 \cdot m_g$, el potencial $g_{00}(r)$ se hace igual a 0. En ese radio el tiempo observado externamente t_c tiende a infinito, en tanto que el tiempo propio τ_c es finito. ¿Cómo se traduce esto en términos de la realidad observada? Físicamente el observador externo ve que el cuerpo que cae detiene su caída en el radio gravitatorio y que nunca entra al círculo de Schwarzschild. Además observará que el tiempo no transcurre en ese cuerpo caído. Un reloj ubicado sobre él mostrará que su marcha se ha detenido, porque en ese lugar el tiempo se ha "congelado" y cesado de fluir. En cambio el observador local percibirá que ha entrado al círculo gravitatorio, hecho que lamentará ya que nunca más podrá salir de él.

Vamos ahora a desarrollar un ejemplo para que se pueda ver con claridad la influencia que tiene la curvatura del espacio sobre la velocidad y el tiempo de caída, en un campo de Schwarzschild.

d. Cálculo de la caída en un agujero negro

Sea un agujero negro exacto, de masa equivalente a unos 3,400 soles, cuyos datos físicos son:

- Masa gravitatoria geométrica: m_g = 5,000 Km
- Radio gravitatorio: $r_g = 2 \times m_g$ = 10,000 Km
- Radio geométrico: r_e = 10,000 Km
- Radio de caída del cuerpo: r_0 = 40,000 Km

Vemos que el radio geométrico y el gravitatorio coinciden, por lo tanto el astro está despareciendo de nuestra vista; es apenas una luz difusa en franca extinción. Calculemos primero la masa total y densidad de este astro.

$$M_g = \frac{m_g \cdot c^2}{G} = 6.75 \times 10^{33} \quad Kg$$
$$\rho_g = \frac{M_g}{\frac{4}{3} \cdot \pi \cdot r_g^3} = 1.61 \times 10^{12} \quad \frac{Kg}{m^3}$$

La densidad antes calculada es extraordinariamente alta, sobre todo si la comparamos con la densidad de la estrella más conocida por nosotros: el Sol, cuya densidad media es del orden de 1,402 Kg/m^3.

La aceleración de la gravedad de acuerdo a la Mecánica Clásica es la siguiente:

$$a_g(r) = \frac{G \cdot M_g}{r_i^2} = \frac{4.5 \times 10^{23}}{r^2} \qquad \left[\frac{m}{s^2}\right]$$

Y este valor de la aceleración de la gravedad bien vale la pena compararlo con la de la Tierra. Para ello supondremos que el radio de nuestro agujero negro es igual al de la Tierra. Introducimos el radio de la Tierra en la fórmula anterior y obtendremos que la aceleración de la gravedad sería de $7.14 \times 10^{16} \ {}^{m}/_{s^2}$. Recordemos que la aceleración de la gravedad en la que vivimos es de apenas 9.8 m/seg^2.

Los potenciales gravitatorios que necesitamos para aplicar las ecuaciones de la velocidad radial y tiempo de caída vistas antes son:

$$g_{00}(r) = 1 - \frac{10{,}000{,}000}{r}$$
$$g_{00}(r_0) = 1 - \frac{10{,}000{,}000}{40{,}000{,}000} = 0.75$$

Con los datos numéricos dados, las ecuaciones de la velocidad de caída son las siguientes:

- Velocidad según la Mecánica Clásica:

$$v_{clásica} = c \cdot \frac{\sqrt{2 \cdot m_g \cdot (r_0 - r)}}{r} = 9.49 \times 10^{11} \cdot \frac{\sqrt{40 \times 10^6 - r}}{r}$$

Radio de igualación con la velocidad de la luz en la Mecánica Clásica

$$r_c = -m_g + \sqrt{m_g^2 + 2 \cdot m_g \cdot r_0} = 15{,}616\ km$$

- Velocidad propia de caída:

$$v_p(r) = c \cdot \sqrt{g_{00}(r_0) - g_{00}(r)} = 2.6 \times 10^8 \cdot \sqrt{-\frac{1}{3} + \frac{1.33 \times 10^7}{r}}$$

- Velocidad de impacto:

$$v_{p_{impacto}} = 2.6 \times 10^8 \cdot \sqrt{-\frac{1}{3} + \frac{1.33 \times 10^7}{30{,}000}} = 259{,}566{,}305 \quad \frac{m}{seg}$$

Esta velocidad equivale al 86.5% de la de la luz.

- Velocidad de caída observada desde un sistema arbitrario:

$$v_o(r) = c \cdot g_{00}(r) \cdot \sqrt{1 - \frac{g_{00}(r)}{g_{00}(r_0)}} = 3.0 \times 10^8 \cdot \left(1 - \frac{10^7}{r}\right) \cdot \sqrt{-\frac{1}{3} + \frac{1.33 \times 10^7}{r}}$$

- Radio donde se produce el máximo de la velocidad observada:

$$r_{max} = \frac{6 \cdot r_0 \cdot m_g}{4 \cdot m_g + r_0} = 20{,}000 \quad Km$$

- Máxima velocidad medida por un observador externo:

$$v_{max(r_0)} = 0.3849 \cdot c \cdot \left(1 - \frac{2 \cdot m_g}{r_0}\right) = 86{,}603 \quad \frac{Km}{s}$$

Esta velocidad equivale al 28.9 % de la velocidad de la luz en el vacío.

Ya tenemos los principales valores de nuestro imaginario agujero negro. Veamos ahora el comportamiento de la velocidad y tiempo de caída según sea el observador del fenómeno. Comencemos mostrando las curvas de las velocidades de caída en función del radio en el que se encuentra el cuerpo que cae. En los gráficos que mostraremos, la escala de velocidades está en términos de tanto por uno de la velocidad de la luz (v/c).

La Figura 8.9 muestra el comportamiento de la velocidad de caída para tres observadores diferentes: uno de ellos está en un sistema arbitrario de referencia (curva de trazos, caso relativista), otro es el observador local, que está sobre el cuerpo que cae (curva de trazo continuo, caso relativista) y el tercero es la solución que hubiera dado un físico clásico antes del descubrimiento de la Relatividad (curva de trazos y puntos, caso clásico).

Seamos optimistas e imaginemos que en el cuerpo que cae hay una persona que registra su velocidad de caída y que su buena suerte no le permitirá morir en el impacto. En tal caso, este observador local verá que inicia su caída a una velocidad cero y cuando impacta contra la masa gravitatoria, su velocidad es del orden del 87% de la velocidad de la luz (curva de trazo continuo). Vemos que la Mecánica Clásica (curva de rayas y puntos) predice velocidades más altas y llega a la de la luz antes que los dos casos relativistas. Además esta teoría supone que el cuerpo seguiría cayendo a una velocidad superior a la de la luz, lo cual sabemos que es imposible. La conclusión es que la curvatura del espacio obliga a los cuerpos libres a transitar a velocidades menores que en un espacio plano.

Veamos ahora el comportamiento de la velocidad observada desde un sistema arbitrario cualquiera (curva de trazos). El gráfico de la ecuación de $v_0(r)$ muestra un comportamiento completamente diferente al de la velocidad propia. En vez de presenciar una velocidad creciente hasta hacer impacto, el observador externo verá que la velocidad de caída es creciente hasta que llega al radio r_{max} = 20,000 Km, en el cual alcanza el valor máximo ya calculado: 86,603 Km/s. A partir de entonces comienza a decelerar hasta que se detiene al llegar al radio gravitatorio. Ni siquiera hace impacto sobre la superficie de la masa gravitatoria; se deposita suavemente sobre ella.

Si el cuerpo cayera del infinito entonces las ecuaciones relativistas de la velocidad que hemos usado se transforman en las siguientes:

- Velocidad propia para caída desde el infinito:

$$v_p(r) = c \cdot \sqrt{1 - g_{00}(r)} = \frac{9.49 \times 10^{11}}{\sqrt{r}}$$

- Velocidad observada desde un sistema arbitrario para caída desde el infinito:

$$v_o(r) = c \cdot g_{00}(r) \cdot \sqrt{1 - g_{00}(r)} = \left(1 - \frac{10 \times 10^6}{r}\right) \cdot \frac{9.49 \times 10^{11}}{\sqrt{r}}$$

Estas dos ecuaciones se representan en el gráfico de la Figura 8.10. Se ve en él que nuevamente la velocidad observada desde un sistema arbitrario se hace cero en el radio gravitatorio y presenta un máximo en $6 \cdot m_g$, que es el radio en el cual se encuentra la Órbita Circular Interna más Estable (ISCO).

También otra vez se ha "congelado" el tiempo en el radio gravitatorio y para el observador externo, el cuerpo que cae no entra al círculo gravitatorio. En cambio, el observador local se verá entrar a este último exactamente a la velocidad de la luz. Claro que esto supone que el radio geométrico del agujero negro es menor que el radio gravitatorio, lo cual no es nuestro caso. En cualquiera de las dos situaciones: observador local o externo, la velocidad se hace cero en el infinito; es decir que el cuerpo cae siempre con velocidad inicial cero.

Aplicando la fórmula general 8.147 obtenemos los siguientes tiempos de caída:

a.) Tiempo de caída clásico.

$\tau_{clásico}$ = 0.346 segundos

b.) Tiempo propio de caída.

$\tau_{caída}$ = 0.395 segundos

c.) Tiempo observado de caída.

$t_{caída}$ = tiende a infinito

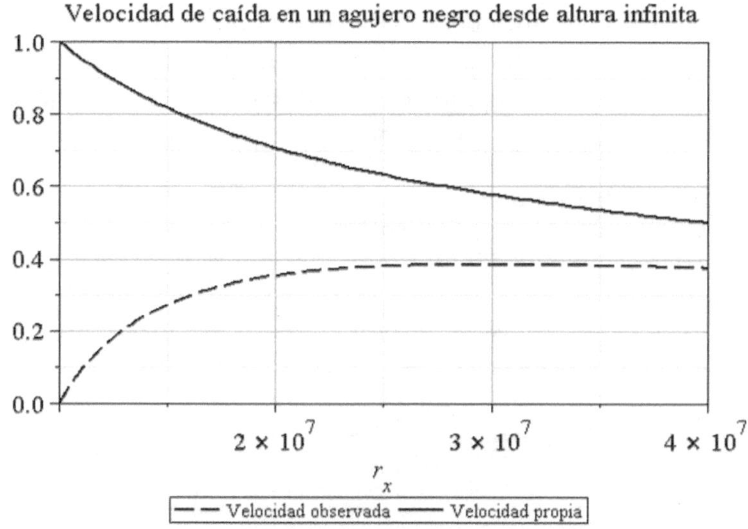

Figura 8.10. Velocidad de caída desde el infinito

Y aplicando las ecuaciones 8.148, 8.150 y 8.152 se obtiene el gráfico de los tiempos de caída de la Figura 8.11, para cada uno de los casos anteriores.

Puede apreciarse que al comenzar la caída y durante una gran parte del trayecto, tanto el tiempo del sistema local como el clásico son del mismo orden. Sin embargo, a medida que el cuerpo se aproxima al círculo gravitatorio, los tiempos de caída para un mismo radio comienzan a diferenciarse entre sí; el caso clásico exhibe tiempos menores. Esto coincide con la mayor velocidad que tienen los cuerpos libres en los espacios planos. Obsérvese también que el tiempo propio es siempre menor que el del observador externo al cuerpo que cae. Cuando el cuerpo cruza el círculo gravitatorio, el tiempo propio tiene un valor finito y el observador local no nota nada especial en ese momento. Suponiendo que el radio geométrico es menor que el gravitatorio, el observador local entrará al círculo gravitatorio y verá que su reloj mide el transcurso del tiempo tal como él siente que éste está fluyendo. En cambio el observador externo, ubicado en un sistema de referencia arbitrario, verá con sorpresa que el cuerpo no llega nunca al radio gravitatorio.

Este comportamiento lo muestra el gráfico de la Figura 8.11 con la tendencia al infinito de la curva de trazos, al aproximarse ésta al círculo gravitatorio. El tiempo se ha "congelado". Y esa imagen así congelada es lo que verá el observador externo el resto de su vida y jamás sabrá que sucede dentro del círculo gravitatorio. Más aún nunca podrá saber experimentalmente si el cuerpo en su caída ha cruzado el círculo gravitatorio. Y finalmente digamos que dentro del círculo gravitatorio el tiempo de un observador externo no tiene sentido físico, ya que los hechos más allá del horizonte de eventos son inobservables.

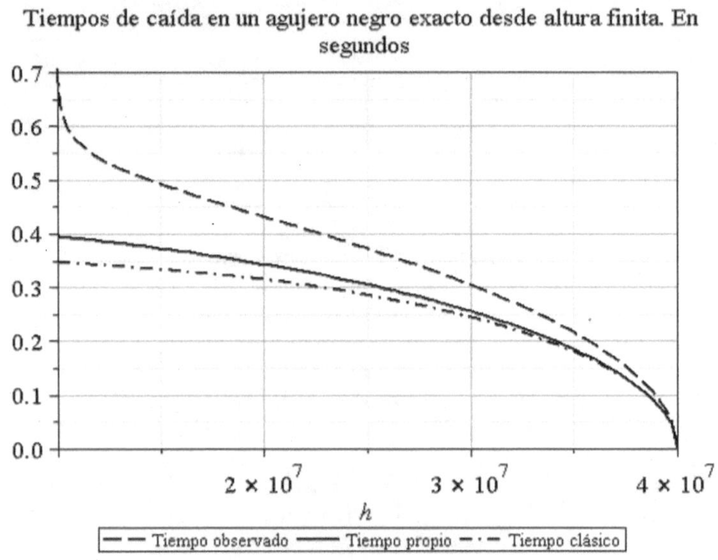

Figura 8.11. Comportamiento de los tiempos de caída

7. Las trayectorias de la luz en un campo de Schwarzschild

La curvatura del espacio tiempo crea caminos por donde transitan las masas. La luz no tiene masa, ya que se trata de una "lluvia" formada por unas partículas llamadas fotones que carecen de masa y que viajan a la velocidad de la luz; lógico, ellos son la luz. Estas partículas son las que hacen que nuestros ojos perciban el entorno. La verdad es que les debemos mucho a estas partículas inmateriales; nada menos que la vista.

Por otra parte, la luz tiene una naturaleza dual: ella es un flujo de partículas, pero también es una onda de energía. Y como toda energía tendría que tener su equivalencia en masa. Pero no la tiene, ya que los fotones carecen de masa y mucho menos tiene la propiedad relativista de exhibir una masa en reposo de una masa aumentada por su velocidad. La

Relatividad General demuestra que un trayecto luminoso está afectado por la curvatura del espacio-tiempo y deberá entonces transitar por los caminos que el espacio-tiempo le imponga. En este punto veremos la forma que tienen esos caminos.

a. Ecuación diferencial general de los rayos de luz

Imaginemos primero la propagación de la luz a partir de una fuente puntual, que se enciende en un determinado instante de tiempo. La onda luminosa será una esfera cuyo radio crece a la velocidad que tenga la luz en el medio en que se encuentre nuestra fuente. La distancia de Universo entre dos de sus puntos está dada por la fórmula general que ha determinado la Relatividad Especial para un espacio plano, la cual es:

$$ds^2 = dx^2 + dy^2 + dz^2 - c^2 \cdot dt^2 \qquad 8.154$$

Al aplicar esta ecuación a la onda de luz, encontramos que la suma de los tres componentes espaciales del segundo miembro es igual al espacio recorrido por la luz. Por lo tanto $ds = 0$, y como ésta es igual a $i{\cdot}c{\cdot}d\tau$ resulta que es $d\tau = 0$. Esto nos dice que si viajamos a la velocidad de la luz, el tiempo propio carece de sentido. No existe. Esta inexistencia del tiempo propio nos permite plantear la métrica de Schwarzschild en la siguiente forma:

$$0 = \frac{dr^2}{g_{00}} + r^2 \cdot d\varphi^2 - g_{00} \cdot c^2 \cdot dt^2 \qquad 8.155$$

Y ahora el procedimiento es similar al que seguimos para deducir la ecuación 8.75. Dividimos por dt^2 para obtener una expresión de la velocidad radial, que nos permita llegar a la función $r(\varphi)$, que es la que define geométricamente a la trayectoria. También multipliquemos por g_{00} para despejar $\dot{r}^2$ y obtendremos:

$$\dot{r}^2 = g_{00}^2 \cdot c^2 - g_{00} \cdot r^2 \cdot \dot{\phi}^2 \qquad 8.156$$

Recordemos que la ecuación métrica de Schwarzschild encierra la energía cinética y la potencial, en este caso de la luz. Vamos a ponerlas de manifiesto dividiendo la 8.156 por 2 y considerando las ecuaciones 8.6 y 7.75 siguientes para eliminar las derivadas $\dot{\phi}$ y $\dot{t}$.

$$l_c = r^2 \cdot \dot{\phi} \qquad 8.68$$

$$\frac{dt}{d\tau} = \frac{\sqrt{\left(1 + 2 \cdot \frac{e_m}{c^2}\right)}}{g_{00}} \qquad 7.75$$

El resultado de estas operaciones es el siguiente:

$$\frac{c^2}{2}\cdot\left(1+2\cdot\frac{e_m}{c^2}\right)=\frac{\dot{r}^2}{2}+\frac{l_c^2}{2\cdot r^2}-\frac{m_g\cdot l_c^2}{r^3}=Constante \qquad 8.157$$

De esta ecuación deducimos que el potencial efectivo de la luz es siempre positivo para $r > 2\cdot m_g$ y su fórmula es:

$$u_{ef}(r)=\frac{l_c^2}{2\cdot r^2}-\frac{m_g\cdot l_c^2}{r^3} \qquad 8.158$$

Igualando la ecuación 8.158 a cero, se demuestra que el potencial efectivo de la luz es cero solamente en $r = 2\cdot m_g$. Por los métodos analíticos habituales podemos determinar que los puntos singulares de este potencial son:

- Ceros del potencial efectivo:

$$u_{ef}(\infty)=0 \qquad u_{ef}(2\cdot m_g)=0 \qquad 8.159$$

- Máximo potencial efectivo

$$r_{max}=3\cdot m_g \qquad u_{ef}(r_{max})=\frac{l_c^2}{54\cdot m_g} \qquad 8.160$$

Para radios inferiores al del círculo gravitatorio, el potencial se hace negativo, al igual que el potencial efectivo de una masa. Sin embargo no presenta, como en el caso de aquéllas un "pozo gravitatorio", lo que nos anticipa que la luz no puede seguir caminos elípticos, pero si puede seguir curvas del tipo de la hipérbola. Y esta conclusión nos dice que la luz se desvía de su trayecto recto por la acción gravitatoria de las masas.

Vayamos ahora a encontrar la ecuación diferencial general de las trayectorias de la luz. Para ello dividiremos a la 8.156 por $\dot{\phi}^2$, para que la derivada temporal del radio se transforme en el cuadrado de una derivada respecto del ángulo φ. Derivando la expresión resultante llegamos al siguiente resultado:

$$\frac{dr(\varphi)}{d\varphi}=\frac{c^2+2\cdot e_m}{l_c^2}\cdot r(\varphi)^4+2\cdot m_g\cdot r(\varphi) \qquad 8.161$$

A continuación reemplazamos r por su inversa $1/u$ (no confundir esta u con la que representa al potencial efectivo) y obtenemos la ecuación diferencial general de las trayectorias luminosas en un campo de Schwarzschild:

$$\frac{d^2u(\varphi)}{d\varphi^2} + u(\varphi) = 3 \cdot m_g \cdot u(\varphi)^2 \qquad 8.162$$

Es muy fácil comparar esta ecuación con la 8.75, que obtuvimos para las trayectorias de las masas. Inmediatamente notamos que a la ecuación 8.162 le falta el término newtoniano del segundo miembro. Solamente tiene el término correspondiente a la curvatura del espacio. La primera conclusión que obtenemos es que en un espacio plano la luz sigue un trayecto recto, pero en uno curvo se desvía de tal tipo de trayectoria. La solución de la 8.162 se puede obtener por los mismos métodos que vimos para resolver la 8.75.

b. Ecuaciones de la geodésicas luminosas

La ecuación 8.155 puede ser puesta de la siguiente forma:

$$c^2 \cdot dt^2 = \frac{dr^2}{g_{00}^2} + \frac{r^2}{g_{00}} \cdot d\varphi^2 \qquad 8.163$$

Si comparamos esta ecuación con la de la distancia de universo 7.48, vemos que el miembro de la izquierda es la distancia espacial recorrida por la luz en el intervalo dt. Este rayo de luz se mueve sobre una superficie bidimensional cuyas coordenadas curvilíneas son r y φ. No debemos esperar entonces que el rayo de luz sea recto sino curvo, porque sigue una geodésica sobre dicha superficie. Por lo tanto la trayectoria de la luz está dada simplemente por la ecuación geodésica 5.77.

La ecuación específica de la geodésica de la luz se obtiene con el mismo procedimiento que aplicamos en el Capítulo 7, para deducir la ecuación métrica de Schwarzschild. En resumen, el procedimiento consiste en:

a.) Calcular los coeficientes métricos de la ecuación 8.156

b.) Aplicar estos coeficientes a las fórmulas 7.23 a 7.31 de los símbolos de Christoffel

c.) Introducir los símbolos de Christoffel obtenidos en la ecuación geodésica 5.77.

La realización de este sencillo procedimiento con “lápiz y papel” es simple, aunque algo laborioso. Sus resultados demostrarán que solamente cuatro son los símbolos de Christoffel no nulos: Γ^1_{11}, Γ^1_{00}, Γ^0_{10} y Γ^0_{01}. Estos dos últimos son iguales entre sí.

Los coeficientes métricos variante y contravariante correspondientes son:

$$g_{\mu\nu} = \begin{vmatrix} \frac{1}{g_{00}^2} & 0 \\ 0 & \frac{r^2}{g_{00}} \end{vmatrix} \quad g^{\mu\nu} = \begin{vmatrix} g_{00}^2 & 0 \\ 0 & \frac{g_{00}}{r^2} \end{vmatrix} \qquad 8.164$$

Y luego de seguir el procedimiento anterior llegamos al siguiente grupo de ecuaciones de la trayectoria de la luz:

$$\frac{d^2r(t)}{dt^2} = \frac{2 \cdot m_g}{r(t)^2 \cdot g_{00}} \cdot \dot{r}(t)^2 + [r(t) - 3 \cdot m_g] \cdot \dot{\varphi}(t)^2 \qquad 8.165$$

$$\frac{d^2\varphi(t)}{dt^2} = -2 \cdot \frac{[r(t) - 3 \cdot m_g]}{r^2 \cdot g_{00}} \cdot \dot{r}(t) \cdot \dot{\varphi}(t) \qquad 8.166$$

La solución de este grupo de ecuaciones no puede hacerse por los métodos analíticos usuales porque son no lineales. Sin embargo, y al igual que las ecuaciones diferenciales 8.64 y 8.65 aplicables a las partículas en un campo de Schwarzschild, su resolución puede hacerse eficientemente con métodos numéricos.

El gráfico que resulta de la aplicación de las ecuaciones geodésicas demuestra que la luz se aproxima tangencialmente al círculo gravitatorio. Véase la Figura 8.13. Parte de este haz luminoso se esparce mientras gira alrededor del círculo de radio igual a $3 \cdot m_g$, conocido como "radio luminoso". Es por esta razón que a tal círculo se lo denomina "círculo luminoso". Externamente se observaría un halo alrededor de él, lo cual sin ninguna duda sería un hermoso espectáculo.

La parte del haz luminoso que no se dispersa en la forma mencionada, sigue su camino sin girar alrededor del centro, y forma un chorro de luz que se aleja de la masa gravitatoria, formando un ángulo de desvío d con el rayo de luz incidente. Claro que este fenómeno ocurre cuando el radio geométrico de la masa gravitatoria es igual o menor que el radio luminoso ($3 \cdot m_g$).

Este caso se presenta cuando el rayo de luz se aproxima a un cuerpo de muy alta densidad como puede ser una estrella de neutrones. De no ser éste el caso, como sucede habitualmente, el rayo de luz simplemente se desvía sin crear el halo luminoso alrededor de la masa gravitatoria y luego sigue su camino hacia el infinito, en forma análoga al de una partícula que transita sobre una trayectoria hiperbólica. Este es el caso que veremos en el tema siguiente.

c. Desvío newtoniano de la luz

Después que Newton sostuvo que la luz podría tratarse de un fenómeno corpuscular, hubo numerosas especulaciones acerca de la trayectoria que estos corpúsculos seguirían en presencia de campos gravitatorios. Ya vimos antes que el mismo Laplace llegó a sugerir que de ser esto cierto, podría ser posible que una masa gravitatoria fuera tan intensa que de ella no escapara la luz. Esta idea de Laplace, incluida en su obra maestra Traité de Mécanique Céleste publicada en 1799, fue uno de los primeros pensamientos del hombre sobre la existencia de los agujeros negros. Sin embargo esta idea fue completamente abandonada por el mismo Laplace, reforzando este abandono la aceptación plena de la teoría ondulatoria de la luz. En la tercera edición de su famosa obra, Laplace eliminó la referencia a la posibilidad de que la gravedad afectara a las trayectorias luminosas.

Sin embargo, en el siglo XX la idea renació, especialmente después que Einstein describiera al fotón como un corpúsculo luminoso y sin masa, que se mueve a la velocidad de la luz. Más aún, Einstein en 1911 publicó un trabajo llamado "Sobre la influencia de la gravitación sobre la propagación de la luz". El estudio de Einstein era novedoso por cuanto revivía la relación entre los trayectos luminosos y la gravedad. Sin embargo, tenía un error conceptual importante: usaba las ecuaciones de la Mecánica Clásica. Apenas cuatro años después, su Relatividad General demostraba que la luz se desvía porque sigue las líneas geodésicas del espacio-tiempo curvado por la gravedad y no por efecto de atracción de masas. La diferencia entre el cálculo clásico de 1911 y el de la Relatividad General de 1915 es considerable. El desvío relativista, que refleja la realidad, es nada menos que el doble del calculado por la Mecánica Clásica.

El Universo, ese gran laboratorio que disponemos para el estudio de la gravedad, fue propuesto por Einstein para demostrar que los rayos de luz son desviados por los campos gravitatorios. En aquel año de 1911 Einstein predijo, erróneamente, que un rayo de luz que pasara tangente al Sol se desviaría 0.87 segundos de arco. Éste ángulo es muy pequeño, pero en ese entonces ya había medios tecnológicos para medir este desvío.

Afortunadamente para Einstein, su propuesta no fue implementada, porque en ese entonces el mundo estaba demasiado ocupado con sus conflictos y el estúpido deseo de declarar la que fuera la Primera Guerra Mundial. Mejor así para Einstein, porque la medición del desvío hubiera demostrado que el cálculo de su trabajo de 1911, estaba equivocado. Y finalmente, en 1919 una expedición liderada por el inglés Arthur S. Eddington, midió el desvío de la luz de estrellas lejanas pasando rasante a la superficie del Sol, durante un eclipse de éste. El valor fue igual a 1.74 segundos de arco, tal como Einstein había calculado con sus fórmulas de la Relatividad General y exactamente el doble de lo que él mismo había predicho en 1911. El resultado fue un triunfo resonante que llevó a Einstein y a su teoría gravitatoria, muy posiblemente a su pesar, a transformarse en una celebridad de primera página en los diarios de todo el mundo.

Pero veamos la primera parte de esta historia, en términos científicos. La idea es que un haz de fotones que pasa rasante a una masa gravitatoria, es desviado por la curvatura del espacio-tiempo de ésta, de igual manera que lo haría con una partícula. La consideración es que el fotón se comporta igual que una partícula en un campo de fuerzas centrales, como son las fuerzas de la gravedad. Es decir que se aproxima a la masa gravitatoria, pasa a una mínima distancia de ella, se desvía y luego sigue asintóticamente hacia el infinito. La descripción indica que la trayectoria es una hipérbola. Por lo tanto podemos aplicar la siguiente fórmula del ángulo entre asíntotas:

$$\alpha = arc\ cos\left(-\frac{1}{\varepsilon}\right) \qquad 8.167$$

Donde ε es la excentricidad de la hipérbola. El desvío será entonces igual a:

$$\delta = \pi - 2 \cdot \alpha \qquad 8.168$$

Y el valor de α se relaciona con los parámetros físicos de la trayectoria mediante la ecuación 8.26 de la excentricidad, de manera que la ecuación del desvío puede escribirse:

$$\frac{\alpha = arc\cos(-1)}{\sqrt{1 + 2 \cdot \frac{e_m \cdot l_c^2}{{m_g}^2 \cdot c^4}}} \qquad 8.169$$

En el punto de máxima aproximación de un fotón a la masa gravitatoria, la velocidad radial es cero porque es donde comienza el cambio de dirección de la trayectoria. Por lo tanto, en ese punto cuyas coordenadas son $\varphi = \pi$ y $r = r_{min}$, la velocidad de cada fotón tiene solamente una sola componente: la lineal, que es igual a c. Lógicamente, esta velocidad es la de la luz. Por lo tanto, en ese punto de máxima aproximación, la energía mecánica del fotón por unidad de masa equivalente, es la siguiente:

$$e_m = \frac{c^2}{2} - \frac{m_g \cdot c^2}{r_{min}} \qquad 8.170$$

El primer sumando es su energía cinética y el segundo su energía potencial gravitatoria.

Con el mismo criterio podemos escribir el momento cinético l_c del fotón en el punto de máxima aproximación a la masa gravitatoria, de la siguiente manera:

$$l_c = r_{min}^2 \cdot \dot{\varphi}(t) = c \cdot r_{min} \qquad 8.171$$

Y reemplazando las fórmulas de la energía mecánica 8.170 y del momento cinético 8.171 en las ecuaciones del ángulo de desvío y de las asíntotas de la trayectoria hiperbólica 8.168 y 8.169 se obtiene:

$$\frac{\delta_n = \pi - 2 \cdot arc\cos(-1)}{\sqrt{1 + \left(\frac{r_{min}}{m_g}\right)^2 - 2 \cdot \frac{r_{min}}{m_g}}} \qquad 8.172$$

El radicando del segundo término es claramente el cuadrado de una diferencia, por lo cual el desvío angular de la luz, según la Mecánica Newtoniana, es finalmente igual a:

$$\delta_n = \pi - 2 \cdot arc\ cos\left(\frac{m_g}{m_g - r_{min}}\right) \qquad 8.173$$

Refiriéndonos ahora un rayo de luz que pasa rasante a la superficie de una masa gravitatoria, como muestra la Figura 8.12, es evidente que r_{min} es el radio de tal masa. En general es m_g muy pequeño en relación a r_{min}, por lo tanto el $arc\ cos$ del segundo miembro de la ecuación 8.173, es siempre levemente inferior a $\pi/2$. Esto indica que el desvío es habitualmente muy pequeño, salvo en casos extremos, como son las estrellas de neutrones.

Esta pequeñez del desvío permite aproximar, sin error significativo, el resultado de la fórmula 8.173 a la siguiente:

$$\delta_n \cong 2 \cdot \frac{m_g}{r_{min}} \qquad 8.174$$

El Sol por ejemplo, que tiene un radio de 696 millones de metros y una masa geométrica igual a 1,475 metros, desviaría un rayo de luz, que pasara rasante a él, aproximadamente 0.87 segundos de arco. Pero a no confundirse; ya dijimos antes que aunque fue Einstein quien calculó este valor, éste es erróneo y fue el mismo Einstein quien lo corrigió cuatro años después de publicarlo.

Y como comparación de un caso extremo, digamos que si aplicamos el cálculo clásico anterior a una estrella de neutrones, cuya masa equivalga a la del Sol, aquélla desviaría un rayo de luz un ángulo del orden de 11^0. O sea casi 500 veces el desvío que produciría el Sol.

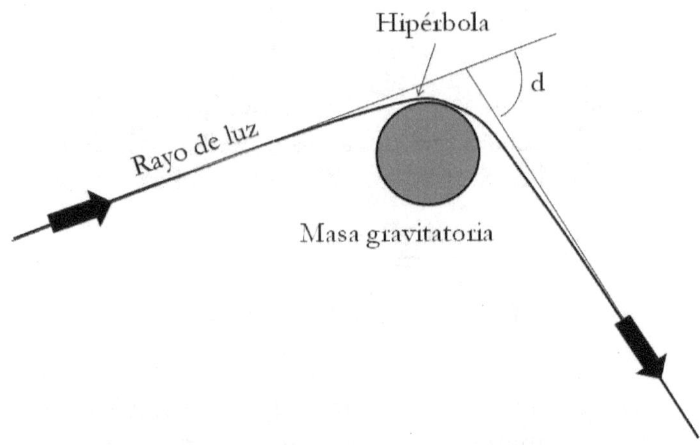

Figura 8.12. Desvío exagerado de un rayo de luz al pasar tangente a una masa

d. Desvío relativista de la luz

En Relatividad General es imposible aceptar el cálculo hecho en el punto anterior para calcular el desvío de un rayo de luz, porque éste se basa en que la gravedad es una fuerza central y no la curvatura del espacio-tiempo. Necesitamos entonces determinar el desvío de los rayos luminosos sobre la base de las ecuaciones relativistas de las geodésicas luminosas que vimos en los puntos 8a y 8b.

La forma matemática de este desarrollo ya la hemos visto; calculamos $\dot{\varphi}$ y $\dot{r}$ y luego hacemos el cociente entre ambas derivadas para eliminar el tiempo como variable independiente y dejar solamente a la relación entre $d\varphi$ y dr, que es la ecuación de la trayectoria en coordenadas polares. Comencemos integrando la ecuación geodésica 8.166 para obtener la expresión de $\dot{\varphi}$. Para hacer esto ponemos esta ecuación de la siguiente forma:

$$\frac{d\dot{\varphi}}{dt} = f(r) \cdot \dot{r} \cdot \dot{\varphi} \qquad 8.175$$

Donde por comodidad para los desarrollos siguientes definimos:

$$f(r) = -2 \cdot \frac{(r - 3 \cdot m_g)}{r \cdot (r - 2 \cdot m_g)} \qquad 8.176$$

La 8.175 se convierte entonces en la siguiente expresión integral:

$$\int \frac{d\dot{\varphi}}{\dot{\varphi}} = \int f(r) \cdot dr \qquad 8.177$$

La solución de esta integral es la siguiente:

$$\ln(\dot{\varphi}) = ln\left(\frac{r - 2 \cdot m_g}{r^3}\right) + C \qquad 8.178$$

Donde C es la constante de integración. Y finalmente reducimos la 8.178 a:

$$\dot{\varphi} = A \cdot \frac{r - 2 \cdot m_g}{r^3} \qquad 8.179$$

Donde $C = ln\ (A)$.

Para calcular la constante de integración, recordemos que conocemos las condiciones de contorno en el punto de máxima aproximación del rayo luminoso a la masa gravitatoria. En ese punto el rayo es tangente a la esfera de la masa gravitatoria. Aplicando estas condiciones el valor A se deduce de la siguiente forma:

$$A = \frac{r_{min}^3}{r_{min} - 2 \cdot m_g} \cdot \dot{\varphi}(r_{min}) \qquad 8.180$$

Esto nos ha dado una ecuación y dos incógnitas: A y $\dot{\varphi}(r_{min})$. Necesitamos entonces una segunda ecuación, que en este caso es la ecuación métrica

8.155. Dividimos a esta última por dt^2 y g_{00}, y de ella despejamos a $\dot{\phi}(r)$. Esta operación arroja el siguiente resultado:

$$\dot{\varphi}^2 = \frac{c^2 \cdot g_{00}}{r^2} - \frac{\dot{r}^2}{g_{00} \cdot r^2} \qquad 8.181$$

En el punto de máxima aproximación a la masa gravitatoria, la velocidad radial $\dot{r}$ de los fotones es nula, por lo tanto $\dot{\phi}(r_{min})$ resulta igual a la siguiente fórmula.

$$\varphi(r_{\min}) = \frac{c \cdot \sqrt{g_{00}(r_{\min})}}{r_{\min}} \qquad 8.182$$

Reemplazando 8.182 en la fórmula 8.180 de la constante de integración A, ésta resulta igual a:

$$A = \frac{r_{min}^2}{r_{min} - 2 \cdot m_g} \cdot \sqrt{g_{00}(r_{\min})} \cdot c \qquad 8.183$$

Bien. Ya conocemos A y por lo tanto ha quedado completamente definida la ecuación 8.179 de la velocidad angular del fotón. Reescribamos las dos ecuaciones que tenemos:

$$\dot{r}^2 = g_{00}^2 \cdot c^2 - r^2 \cdot \dot{\phi}^2 \qquad 8.156$$

$$\dot{\phi} = A \cdot \frac{r - 2 \cdot m_g}{r^3} \qquad 8.179$$

Necesitamos ahora eliminar a la variable tiempo para que nos quede la ecuación de la trayectoria solamente con coordenadas espaciales. Para eliminar la variable tiempo simplemente reemplazamos la 8.179 en la 8.156 y al resultado lo dividimos miembro a miembro por la 8.179. Con esto llegaremos finalmente a la expresión de la derivada del ángulo φ respecto del radio r siguiente:

$$\frac{d\varphi(r)}{dr} = \frac{A \cdot (r - 2 \cdot m_g)}{r \cdot \sqrt{g_{00}^2 \cdot c^2 \cdot r^4 - A^2 \cdot g_{00} \cdot (r - 2 \cdot m_g)^2}} \qquad 8.184$$

Integrando esta ecuación entre r_{min} e infinito obtendremos el ángulo entre las ramas del rayo de luz, de manera que el desvío se obtiene mediante la siguiente fórmula, similar a la que vimos para el caso newtoniano:

$$\delta_r = \pi - 2 \cdot \int_{r_{min}}^{\infty} \frac{A \cdot (r - 2 \cdot m_g) \cdot dr}{r \cdot \sqrt{g_{00}^2 \cdot c^2 \cdot r^4 - A^2 \cdot g_{00} \cdot (r - 2 \cdot m_g)^2}} \qquad 8.185$$

El resultado de esta integral no es sencillo y por eso no tiene sentido exponer su resultado. Afortunadamente es posible hacer un desarrollo en series del integrando de la 8.185 y resumir en una simple fórmula el cálculo del desvío relativista. La fórmula final que se obtiene de esta manera es la siguiente:

$$\delta_r \cong 4 \cdot \frac{m_g}{r_{min}} \qquad 8.186$$

Las mediciones realizadas han demostrado que esta fórmula es razonablemente exacta. Si comparamos este desvío relativista con el newtoniano veremos que el relativista es exactamente el doble de aquél (Ver fórmulas 8.174 y 8.186). Cuando comentamos la fórmula newtoniana 8.174 mencionamos el caso de una estrella de neutrones que según la Mecánica Clásica desviaría 11^0 el rayo de luz. Sin embargo, la realidad será un desvío de 22^0, toda vez que este valor que arroja la Relatividad General es el correcto.

Seguramente que el lector se ha quedado con la lógica impresión que el estudio presentado vale para un fotón, porque no se ha aclarado que sucede cuando se trata de un "chorro de fotones", como realmente son los rayos luminosos. Efectivamente, falta decir que un estudio más profundo del rayo de luz incidente, indica que el haz luminoso que llega a la superficie de una masa gravitatoria de muy alta densidad exhibe dos fenómenos; una parte de él se "pega" a la superficie a causa de su desvío gravitatorio como si tuviera un comportamiento plástico y otra se dispersa siguiendo el ángulo de desvío. Véase la Figura 8.13.

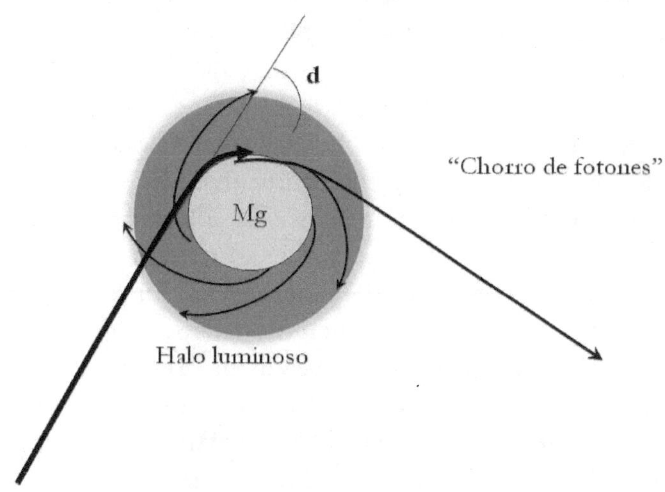

Figura 8.13. Halo luminoso alrededor de una masa gravitatoria intensa

Pero a su vez, a medida que avanza la parte pegada a la superficie, ésta también comienza a dispersarse. En todos los casos, la luz dispersa sigue el ángulo de desvío y se transforma finalmente en rayos rectos. Es por esta razón que si pudiéramos iluminar un agujero negro, veríamos un halo a su alrededor.

8. Algo para recordar; las trayectorias celestes y la fantasía cósmica

Las trayectorias que siguen los astros en el cielo se las puede obtener sobre la base de tres pilares fundamentales: el principio de conservación de la energía, el principio de conservación del momento cinético y la métrica del espacio tiempo. Con los dos primeros se pudo construir toda la Mecánica Celeste clásica. La obra de Laplace, Traité de Mécanique Céleste, fue el "buque insignia" de esa ciencia en el siglo XIX, y aún hoy es digna de admiración. En su forma más simple, es decir una configuración formada por una masa gravitatoria y otra, mucho más pequeña, que es atraída por la primera, la solución de Newton es sencilla: hay tres formas de trayectorias solamente: elipse, parábola e hipérbola. Eso es todo. Un parámetro sencillo como es la excentricidad de la trayectoria permite decir con precisión cuál de las trayectorias es válida. Para configuraciones más complejas, formadas por varias masas gravitatorias, el problema de encontrar las trayectorias se complica pero no se hace imposible. Es interesante recordar que podemos también resolver un problema inverso: dada la trayectoria de un astro podemos determinar la existencia de aquéllos que lo están atrayendo significativamente. Éste fue el caso de Neptuno que fue descubierto por la alteración que produce a la órbita de Urano. Y luego sucedió lo mismo con Neptuno y Plutón.

Pero este mundo no es tan sencillo. La Mecánica Clásica ha explicado sólo una parte del problema. Eso sí, una parte más que significativa. Y aquí es donde aparecen Einstein y Schwarzschild. El primero descubre que la gravedad es en realidad la curvatura del espacio-tiempo y el segundo produce la primera solución al conjunto de ecuaciones de Einstein, para el caso de una masa esférica y estática. Esta solución puede ser tildada de "demasiado simple", pero sería una injusticia, ya que ella ha explicado un amplio rango de fenómenos gravitatorios y descubierto, al menos en las ecuaciones de campo, que existen seres extraños en el Universo que son los agujeros negros. Algo parecido al caso de Neptuno y Plutón, que fueron descubiertos con "lápiz y papel".

La solución de Schwarzschild nos sumerge en un mundo cósmico fascinante. Aparecen términos como radio gravitatorio, círculo gravitatorio, horizonte de eventos, congelamiento del transcurso del tiempo, etc. Claro que ya la Relatividad Especial había adelantado algunas sorpresas respecto del tiempo y el espacio, pero de ninguna manera había anticipado la fuerte distorsión que a éstos le producen los campos gravitatorios. Y ni que decir de las trayectorias de los astros. Ya no existen tres simples curvas como determinó Newton. Las posibles trayectorias son infinitas y su forma coincide con las geodésicas sobre espacios curvos.

Si bien hay algunas ecuaciones de curvas que representan trayectorias razonablemente exactas, bajo ciertas circunstancias, también es verdad que las soluciones más confiables son aquellas provenientes de la solución numérica de las ecuaciones diferenciales de las trayectorias.

Hay que hacer una mención especial al método de la perturbación, porque al menos en el Sistema Solar ha tenido una notable capacidad de predecir. Lógicamente, sus ecuaciones están sujetas a errores, tema que ha sido tratado mediante una propuesta que mide el residuo de la ecuación diferencial de la trayectoria. Otros procedimientos como el de las series numéricas se han mencionado solamente porque no han resultado tan exitosos.

Es interesante notar aquí que si un astro se mueve por un espacio, éste está forzosamente curvado ya que la sola existencia de un momento cinético relativo diferente de 0, hace que el coeficiente relativista sea menor que 1, lo que indica la presencia de la curvatura. Es como decir "veo un tren en marcha, por lo tanto allí hay vías férreas". En nuestro caso las "vías férreas" son las geodésicas. Esta idea es una de las bases fundacionales de la Relatividad General: una partícula que se mueve libremente en un campo gravitatorio lo hace porque éste está curvado y no porque haya una fuerza que lo atrae.

Finalmente cerremos este "algo para recordar" con el increíble desvío de la luz y la caída de un cuerpo dentro del círculo gravitatorio. De la primera ya no tenemos dudas porque ha sido verificada experimentalmente: los campos gravitatorios desvían los rayos de luz, convirtiendo a éstos en verdaderos "lápices" que dibujan las geodésicas en el espacio-tiempo. En cambio, la caída dentro de un círculo gravitatorio todavía está sujeta a la experimentación. ¿En dónde estamos en este caso? Los científicos tienen la casi certeza que los agujeros negros existen. Entonces, cuando vemos en ellos las impresionantes velocidades que las fórmulas de Schwarzschild nos anticipan y las distorsiones del tiempo y el espacio dentro del horizonte de eventos, no es de sorprender que nos preguntemos si estamos haciendo ciencia o fantasía. La casi certeza de la existencia de los agujeros negros nos obligan a pensar que estamos haciendo ciencia . . . dentro de un marco de fantasía.

Capítulo 9

ATLAS DE TRAYECTORIAS

Las rutas del espacio tiempo en las cercanías de los agujeros negros

Ya tenemos suficientes conocimientos sobre la curvatura del espacio-tiempo y las geodésicas como para aplicarlos a la determinación de las extrañas formas de las trayectorias provocadas por los efectos relativistas. Los casos que presentamos tienen masas gravitatorias cuyos radios geométricos son equivalentes o algo menores que su radio de Schwarzschild, lo que nos dice que estamos tratando con estrellas de neutrones o agujeros negros.

Las trayectorias mostradas son el resultado de simulaciones realizadas con el auxilio del programa Maple y se han usado exclusivamente los parámetros adimensionales definidos en el punto 7.5, para darle generalidad a los resultados.

1. Recapitulando los campos de Schwarzschild

Antes de presentar los casos simulados de trayectorias para culminar este libro, vamos a recordar brevemente cuanto hemos visto hasta ahora sobre la Relatividad General y que sea aplicable a la determinación de las trayectorias. Las consideraciones que siguen han sido ya presentadas y demostradas de una forma u otra en el resto de este libro y pedimos paciencia al lector por la reiteración de conceptos y fórmulas, pero esto se ha hecho con la intención de presentar un "breviario" de todos aquellos aspectos importantes para la obtención e interpretación de las trayectorias relativistas.

a. Los parámetros líderes

La forma de una trayectoria está caracterizada por los parámetros constantes que surgen de los dos principios de conservación de la Mecánica Clásica y que son igualmente válidos en ambas Teorías de la Relatividad:

a.) Momento cinético. $l_c = r^2 \cdot \dot{\phi}$

b.) Energía mecánica. $e_m = e_k + e_p = e_{kr} + u_{efectivo}$

Tanto el momento cinético como la energía mecánica se mantienen constantes a lo largo de la trayectoria del astro, no importa de qué tipo sea aquélla y esta constancia es la que permite hacer un modelo matemático sencillo para predecir la forma de aquélla.

La variable para la cual la forma de la trayectoria es más sensible, posiblemente sea la relación entre el momento cinético y la masa gravitatoria, ya que su sólo valor identifica totalmente la distribución de los potenciales gravitatorios en el espacio. Recordemos la expresión 7.83 de la curva del potencial efectivo:

$$\upsilon_e(\rho) = -\frac{1}{\rho} + \frac{\lambda^2}{2 \cdot \rho^2} - \frac{\lambda^2}{\rho^3} \qquad 7.83$$

El gráfico de esta expresión tiene un solo parámetro: el momento cinético relativo λ . Éste define entonces la forma de la curva del potencial efectivo, y por ende la ubicación de las zonas gravitatorias permitidas. Recordemos que la condición de zona gravitatoria permitida es aquélla en la cual la energía mecánica del astro es superior a su potencial efectivo y su velocidad total es inferior a la de la luz. En las regiones donde no se cumplan estas dos condiciones el astro no puede encontrarse. Para éste, ésas son zonas prohibidas. En la Mecánica Clásica, el momento cinético relativo identifica el latus rectum de las trayectorias (ecuación 8.23).

Recordemos que λ no es el momento cinético absoluto sino el relativo. (ecuación 7.78). Dado que tal momento cinético está referido a la masa creadora del campo gravitatorio, podemos decir que es un parámetro que conjuga las propiedades de ambos; el astro y la masa gravitatoria que curva el espacio por donde transita aquél. Cuanto menor sea su valor, más pronunciados son los efectos relativistas en las trayectorias de los astros.

Podemos decir que para valores de λ inferiores a 100, los efectos relativistas son notorios. Para tener una idea: el planeta con menos momento cinético relativo en el sistema solar es Mercurio, cuyo valor es aproximadamente igual a 6,300 y tiene una precesión de 43 segundos de arco por siglo. El resto de los planetas tienen lógicamente mayor momento cinético y su precesión es mucho menor. El planeta más alejado, que es Plutón (ya no más en la categoría de planeta), tiene un momento cinético relativo equivalente a 63,665 y una precesión calculada de 0.00042 segundos de arco por siglo, ángulo que es unas cien mil veces inferior al de Mercurio.

La energía mecánica es el otro "parámetro líder" de una trayectoria. Su sólo valor nos dice si la trayectoria es abierta o cerrada. Sin embargo nada nos dice sobre la forma exacta de la trayectoria, aunque sus intersecciones con la curva del potencial efectivo definen donde se encuentra el astro. Al igual que en la Mecánica Clásica, si la energía mecánica es igual o superior a cero, la trayectoria del astro es abierta pero en la Relatividad General puede suceder que la trayectoria forme "nudos", toda vez que se cruza el camino de alejamiento del astro de la masa gravitatoria, con el camino previo de aproximación a ésta.

b. La masa gravitatoria

La geometría de la masa creadora del campo gravitatorio y su masa, definen la curvatura del espacio-tiempo. Ya vimos que la relación entre el radio gravitatorio y el geométrico de esta masa da idea de la zona de máxima aproximación a ella, su densidad, su velocidad de escape y hasta orienta sobre su naturaleza: enana blanca, estrella de neutrones, agujero negro, etc., según se vio en el punto 7.12.

En el Sistema Solar tenemos débiles manifestaciones de los efectos relativistas debido a que sus masas no son de magnitud significativa. Aunque parezca irreal, la gravedad de sus planetas no es de consideración, ya que la masa total de todos ellos es apenas el 0.14% de toda la masa contenida en el Sistema Solar. ¿Dónde está el 99.86% faltante? Pues en el Sol. Sin embargo, éste apenas curva el espacio-tiempo a su alrededor. Ya comentamos el famoso experimento de 1919, en el que se demostró que el Sol desvía la luz en solamente 1.74 segundos de arco. Y también dijimos que la probabilidad de que el Sol se convierta en una estrella de neutrones y eventualmente en un agujero negro es prácticamente nula, ¡debido a su escasa masa! Bien podemos entonces repetir que vivimos en un sistema planetario de gravedad débil, pese a que el Sol tiene una masa gigantesca frente a la de los planetas.

¿Y que sería una gravedad intensa? Pues aquélla en que la luz no pueda escapar del astro. Dicho de otra manera: todo cuerpo cuya velocidad de escape sea igual o mayor a la de la luz, crea un campo gravitatorio extraordinariamente intenso. Veremos que los casos correspondientes a esta velocidad de escape exhiben trayectorias imposibles de predecir por la Mecánica Clásica.

También podemos decir que una estrella tiene un campo gravitatorio intenso toda vez que su radio geométrico sea del mismo orden que su radio gravitatorio. Esto equivale a decir "toda vez que ésta sea un agujero negro". En tal caso la velocidad de escape es del mismo orden que la de la luz. Esto puede comprobarse haciendo el radio geométrico r_e igual al gravitatorio r_g en la fórmula 7.127. De manera entonces que no es la cantidad de masa creadora del campo gravitatorio la que determina la intensidad de éste, sino la relación entre sus radios geométrico y gravitatorio. Y una manera de medir tal intensidad, aunque sea indirectamente, es mediante la velocidad de escape y su alejamiento o proximidad a la de la luz.

Pese a que nos hemos referido a la "intensidad del campo gravitatorio", recordemos que en la Relatividad General es científicamente más correcto hacer referencia a la "curvatura del espacio-tiempo", como medida de la intensidad gravitatoria en una región.

c. Las trayectorias clásicas

Las ecuaciones que describen las trayectorias de partículas libres en campos gravitatorios están expresadas en coordenadas polares por comodidad. Es decir que responden a la forma general de $\rho = f(\varphi)$, donde ρ es el radio donde se encuentra la partícula, dividido por la masa gravitatoria geométrica, y φ es la latitud del punto. Debido a la simetría del campo generado por las masas esféricas, las trayectorias son planas, no tienen formas alabeadas, y por lo tanto su longitud ϑ no tiene influencia alguna sobre ellas. Es por eso que las expresiones de las trayectorias se simplifican significativamente haciendo $\vartheta = 90°$, sin que aquéllas pierdan generalidad.

En la Mecánica Clásica se demuestra que las ecuaciones de las trayectorias corresponden a curvas cónicas y que tales ecuaciones se deducen sobre la base del principio de conservación de la energía y el del momento cinético.

Hacemos esto partiendo de las ecuaciones de Euler Lagrange, en las que el lagrangiano es igual a la diferencia entre energía cinética y energía potencial ($L = T - U$). El resultado de este procedimiento es la ecuación diferencial 8.16 de las trayectorias, válida para un esquema newtoniano de fuerzas centrales.

$$\frac{d^2\mu(\varphi)}{d\varphi^2} + \mu(\varphi) = \frac{1}{\lambda^2} \qquad 8.16$$

Donde μ es la inversa del radio adimensional ρ. La solución de 8.16 es la siguiente ecuación:

$$\rho(\varphi) = \frac{\lambda^2}{1 + \varepsilon \cdot cos\varphi} \qquad 8.25$$

Donde ε es la excentricidad y λ el momento cinético relativo. La excentricidad es el valor que por sí sólo define el tipo de curva que es la trayectoria: elipse, parábola o hipérbola y su valor depende del momento cinético y energía mecánica del astro. Su fórmula es la siguiente:

$$\varepsilon = \sqrt{1 + 2 \cdot \varepsilon_m \cdot \lambda^2} \qquad 8.27$$

Esta ecuación la aplicaremos también a las trayectorias relativistas pero hacemos la salvedad que aquéllas no son cónicas exactamente, aunque el valor de ε sirve como referencia.

d. Las trayectorias relativistas obtenidas por métodos numéricos

Según la Relatividad General las partículas libres en un campo gravitatorio se mueven siguiendo curvas geodésicas que responden a la ecuación diferencial de las geodésicas 5.56. Si en ella introducimos los potenciales gravitatorios 7.49 de la métrica de Schwarzschild, llegamos al siguiente juego de ecuaciones diferenciales de la trayectoria:

$$\ddot{p}(t) - \frac{\dot{p}(t)^2}{\rho(\tau)\cdot g_{00}(\rho)} - \frac{g_{00}\cdot\lambda^2\cdot c^2}{\rho(\tau)^3\cdot m_g} + \frac{c^2\cdot(1+2\cdot\varsigma_m)}{m_g{}^2\cdot\rho(\tau)^2\cdot g_{00}(\rho)} = 0 \qquad 8.71$$

$$c\cdot\lambda - m_g\cdot\rho(\tau)^2\cdot\dot{\varphi}(\tau) = 0 \qquad 8.72$$

La solución de este juego de ecuaciones se debe hacer con métodos numéricos. En todos los casos que se presentan más adelante se ha aplicado este procedimiento.

e. Las trayectorias relativistas obtenidas por métodos analíticos

Operando sobre la ecuación métrica de Schwartzschild se llega a la ecuación diferencial general de las trayectorias relativistas, cuya analogía con la solución clásica es evidente. El resultado es el siguiente:

$$\frac{d^2\mu(\varphi)}{d\varphi^2} + \mu(\varphi) = \frac{1}{\lambda^2} + 3 \cdot (\varphi)^2 \qquad 8.76$$

Donde el segundo sumando del término de la derecha es la corrección relativista a la ecuación newtoniana 8.16.

La ecuación 8.76 tiene varias soluciones posibles, aunque ninguna de ellas es exacta, salvo el caso en que el momento cinético relativo sea igual a $\sqrt{12}$, solución que recordaremos más adelante. Hemos visto que la solución más común es la derivada del método de la perturbación, la cual arroja la ecuación 8.93. Se trata de una solución que requiere algunas simplificaciones pero que resulta muy cómoda porque también tiene una expresión análoga a la de la Mecánica Clásica.

$$\rho_r(\varphi) = \frac{\lambda^2}{1 + \varepsilon \cdot \cos((\cdot \varphi)} \qquad 8.93$$

Donde η es el coeficiente relativista de la trayectoria. Cuanto menor es éste mayor es el alejamiento de la trayectoria relativista respecto de la newtoniana. Compárese esta ecuación con la 8.25 re-escrita antes. La expresión 8.93 corresponde lógicamente a una geodésica en el espacio-tiempo y representa razonablemente bien a las trayectorias relativistas, toda vez que el astro en movimiento tenga un momento cinético relativo superior a 100. Esta propiedad puede verse gráficamente en las Figuras 9.1 a 9.4.

El método de la perturbación es una serie de sumandos que se obtienen por sucesivas reiteraciones de las soluciones del paso anterior. Lamentablemente los términos superiores al primero introducen uno que es inestable, ya que depende linealmente de las revoluciones que realiza el astro. Este término "envenena" la solución, provocando el aumento continuo del radio mayor de la órbita, lo cual no es realista. Sin embargo, para valores del momento cinético relativo superiores a 100 aproximadamente y un número de órbitas reducido, los resultados son aceptables. No obstante esta posibilidad, no hemos utilizado esta solución para simular las trayectorias relativistas de los astros. La solución adoptada en los casos presentados es la correspondiente a la ecuación 8.93 a los que denominaremos "solución para campos débiles" por las condiciones de la intensidad de su campo.

De la ecuación de la trayectoria 8.93 se deducen las fórmulas de seis parámetros importantes, que son propios de las trayectorias relativistas. Ellos son:

i. Coeficiente relativista de la trayectoria

$$\eta = \sqrt{1 - \frac{6}{\lambda^2}} \quad 8.96$$

ii. Ángulo de precesión en radianes

$$\delta\varphi_p = 2 \cdot \pi \cdot \left(\frac{1}{\eta} - 1\right) \quad 8.98$$

iii. Velocidad angular de precesión, en radianes por segundo

$$\omega_p = \omega_n \cdot (1 - \eta) \quad 8.102$$

Donde ω_n es la velocidad angular newtoniana del astro derivada de las leyes de Kepler, cuya fórmula es:

$$\omega_n = \frac{c}{\rho_a \cdot m_g} \quad 9.1$$

Las Figuras 9.1 a 9.4 muestran la influencia del momento cinético relativo λ sobre la forma de las trayectorias. Las curvas corresponden a la solución de las ecuaciones diferenciales de la trayectoria por métodos numéricos.

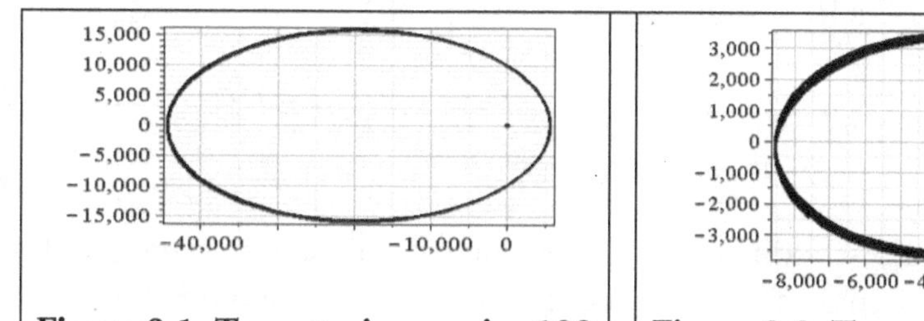

Figura 9.1. Trayectoria para λ = 100

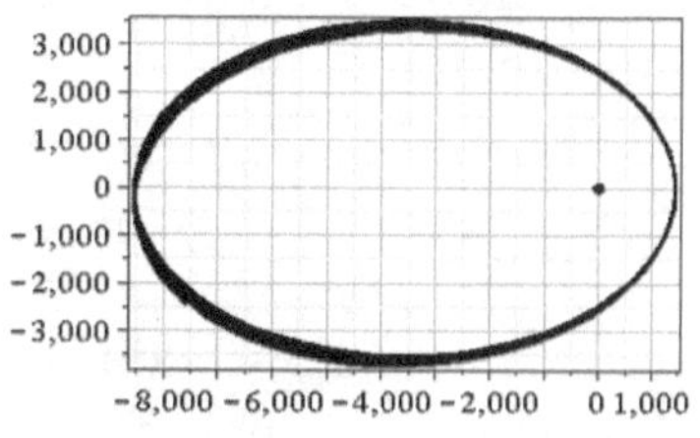

Figura 9.2. Trayectoria para λ = 50

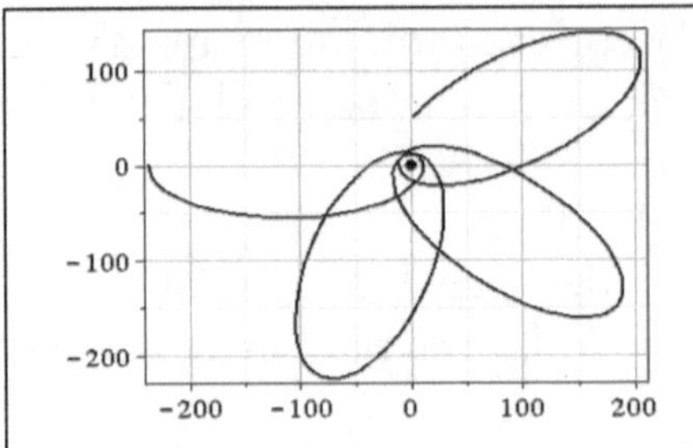

Figura 9.3. Trayectoria para λ = 25

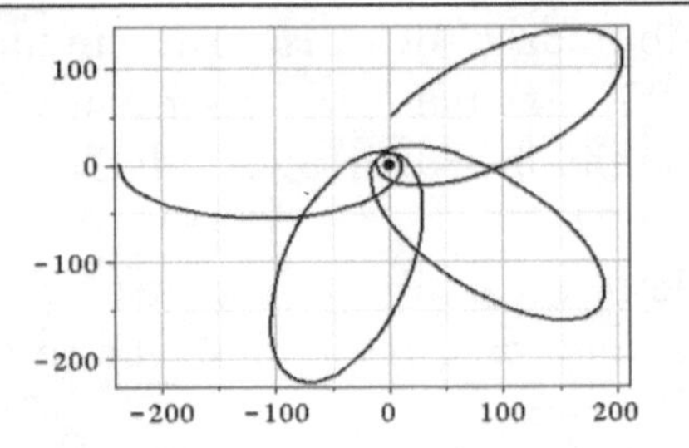

Figura 9.4. Trayectoria para λ = 5

i. Período de repetición del mismo valor del radio

$$T_r = \frac{T_{newtoniano}}{\eta} \tag{9.2}$$

Donde:

$$T_{newtoniano} = \frac{2\pi}{\omega_n} \tag{9.3}$$

ii. Ángulo de direcciones asintóticas de las trayectorias abiertas:

$$\varphi_a = \frac{1}{\eta} \cdot arc\ cos\left(-\frac{1}{\varepsilon}\right) \tag{8.105}$$

iii. Nudos en una trayectoria abierta. Se obtiene dividiendo φ_a por π :

$$Nudos = \frac{\varphi_a}{\pi} \tag{8.106}$$

f. Las trayectorias para $\lambda = \sqrt{12}$

La ecuación 8.76 tiene una solución exacta en el caso especial de un astro que tenga un momento cinético $\lambda = \sqrt{12}$ y una energía mecánica $\varepsilon_m = -0.05556$. Dicha solución es la ecuación 8.123 que reproducimos a continuación:

$$\rho_{\sqrt{12}}(\varphi) = \frac{6 \cdot \varphi^2}{12 + \varphi^2} \tag{8.123}$$

Esta ecuación demuestra que el astro se encuentra inicialmente en el radio $\rho = 6$, a partir del cual cae hacia el centro de la masa gravitatoria con un movimiento en espiral. La trayectoria obtenida por métodos numéricos para este caso, es similar a la exacta. Véase la Figura 8.8. En cambio, la solución obtenida sobre la base del método de la perturbación (ecuación 8.93) no puede ser aplicada porque la excentricidad, en este caso, es imaginaria.

2. Visión tridimensional de las trayectorias

La idea de un espacio-tiempo curvo nos lleva a imaginar una superficie alabeada en el espacio tridimensional, aunque de esa manera perdemos las otras dos dimensiones. Pero esa representación es bidimensional, lo que nos hace perder las otras dos. Lamentablemente nada podemos hacer para ver "cuadri-dimensionalmente" un espacio de esas características. Pero al menos, al imaginar una superficie alabeada en el espacio tenemos un "soporte" para representar sobre él las geodésicas que queremos visualizar, aunque perdamos las otras dos dimensiones. Y esa superficie curva es la mejor imagen que podemos pensar para visualizar tales geodésicas.

En el Capítulo 4 vimos que la representación de un espacio-tiempo curvo es posible cuando el espacio curvo es bidimensional y se trata de sucesos simultáneos. Vamos ahora a demostrar que tal representación es una superficie curva bidimensional inserta en un espacio 3D, como muestra la Figura 9.5. Para espacios que responden a la métrica de Schwarzschild esta superficie es conocida como el paraboloide de Flamm. Es decir que la distancia entre dos de sus puntos se debe hacer aplicando la fórmula 7.48 de ds de dicha métrica, en la que las dos dimensiones que perderemos son el tiempo t y la longitud ϑ ($dt = 0$ y $d\vartheta = 0$).

Dado que $dt = 0$ representaremos solamente sucesos en el espacio. Esta representación bidimensional del espacio curvo de dos dimensiones puede ser "inmersa" en un espacio 3D. En éste se puede observar los sucesos que ocurren sobre la superficie.

- Distancia entre dos puntos del espacio tridimensional plano:

$$dl^2 = dz^2 + dr^2 + r^2 \cdot d\varphi^2 \qquad 9.4$$

- Distancia equivalente sobre la superficie curva a la cual pertenecen los dos puntos:

$$ds^2 = \frac{dr^2}{1 - \frac{2 \cdot m_g}{r}} + r^2 \cdot d\varphi^2 \qquad 9.5$$

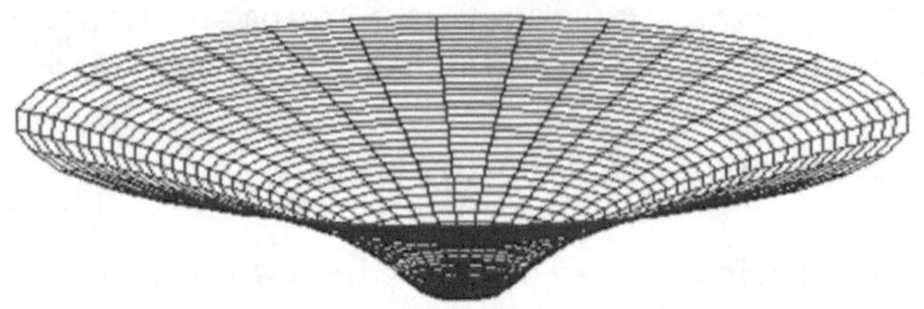

Figura 9.5. Paraboloide de Flamm inserto en 2 dimensiones

Para que la equivalencia entre ambas distancias exista debe ser $ds^2 = dl^2$, lo que obliga a que se cumpla:

$$dz^2 + dr^2 = \frac{dr^2}{1 - \frac{2 \cdot m_g}{r}} \qquad 9.6$$

De donde resulta

$$1 + \left(\frac{dz}{dr}\right)^2 = \frac{1}{1 - \frac{2 \cdot m_g}{r}} \qquad 9.7$$

Despejamos dz/dr y de este resultado resolvemos para dz e integramos:

$$1 + \left(\frac{dz}{dr}\right)^2 = \frac{1}{1 - \frac{2 \cdot m_g}{r}} \qquad 9.8$$

Esta es la ecuación del paraboloide de Flamm, cuya superficie cumple con las condiciones de la métrica de Schwarzschild de acuerdo a la deducción que acabamos de hacer. Esta "membrana" puede usarse entonces para representar sobre ella un espacio-tiempo de dos dimensiones, curvado por la acción gravitatoria. Una partícula libre en este campo gravitatorio se desplazará sobre esta superficie, siguiendo alguna de sus líneas geodésicas.

Para determinar la constante de integración C de la 9.8 debemos considerar que la esfera gravitatoria y la superficie de Flamm coinciden en el ecuador de dicha esfera. Es decir que la superficie del espacio-tiempo "emana" de la esfera a partir de su ecuador. Geométricamente el conjunto se comporta como la famosa analogía de la membrana elástica: una bola pesada colocada sobre ésta, la deforma en la manera mostrada en la Figura 9.5.

Veamos ahora como introducir la esfera gravitatoria en este esquema. La ecuación de la esfera en el espacio 3D es la siguiente:

$$z_e(r) = r_e - \sqrt{r_e^2 - r^2} \quad 9.9$$

Igualando la ecuación de la esfera 9.9 con la de la superficie del espacio-tiempo 9.8, obtenemos la condición matemática de la unión entre ellas:

$$r - \sqrt{r_e^2 - r^2} = \sqrt{8 \cdot m_g \cdot (r - 2 \cdot m_g)} + C \quad 9.10$$

Y para $r = r_e$ podemos despejar la constante de integración C de esta ecuación, la que resulta igual a:

$$C = r_e - \sqrt{8 \cdot m_g \cdot (r_e - 2 \cdot m_g)} \quad 9.11$$

Habiendo determinado C las superficies de la esfera gravitatoria y del espacio-tiempo fuera de ella quedan completamente descriptas por las ecuaciones 9.8 y 9.9, y por lo tanto pueden ser graficadas según muestra la Figura 9.6. Tal como dijimos se observa que la superficie del espacio-tiempo "emana" del ecuador de la esfera gravitatoria y responde a la ecuación siguiente:

$$z(r) = \sqrt{8 \cdot m_g \cdot (r - 2 \cdot m_g)} + r_e - \sqrt{8 \cdot m_g \cdot (r_e - 2 \cdot m_g)} \quad 9.12$$

Toda vez que la esfera gravitatoria es sólida, ninguna geodésica tiene sentido dentro de ella porque nada puede transitar por su interior. Sin embargo, si la masa gravitatoria estuviera formada por partículas de polvo, como es habitual en la inmensidad del Cosmos, entonces puede haber tránsito de astros dentro de ella. En este caso podemos determinar la superficie del espacio-tiempo dentro de la esfera de la manera que sigue a continuación.

Dentro de la esfera gravitatoria la ecuación 9.8 tiene la siguiente forma:

$$z(r) = \int \left(1 - \frac{2 \cdot m_i}{r}\right)^{-0.5} \cdot dr \quad 9.13$$

Donde m_i es la masa encerrada por un radio cualquiera menor que el radio r_e de la esfera. Los valores que adopta la variable r de la 9.13 son lógicamente siempre inferiores o iguales a r_e.

Dado que suponemos que la masa gravitatoria tiene densidad constante en todos sus puntos, entonces la masa m_i de las infinitas esferas concéntricas interiores es una función del radio r de cada una de ellas, y responde a la siguiente expresión:

$$m_i = \left(\frac{r}{r_e}\right)^3 \cdot m_g \qquad 9.14$$

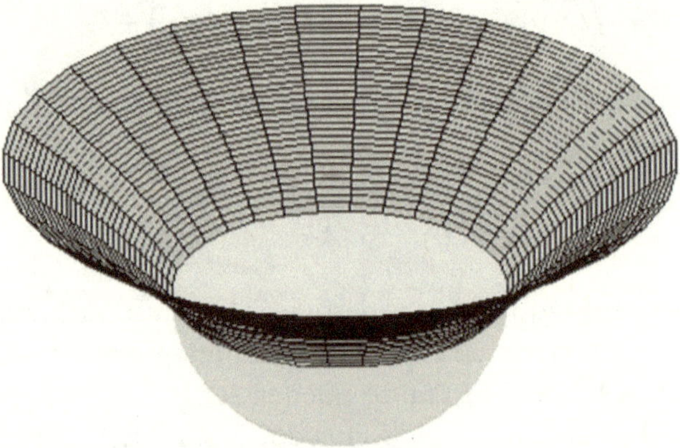

Figura 9.6. Superficie del espacio-tiempo y de la esfera gravitatoria

Reemplazando la 9.14 en la 9.13 obtenemos la ecuación de la superficie del espacio-tiempo dentro de la esfera:

$$z(r) = \int \left(1 - \frac{2 \cdot m_g}{r_e^3} \cdot r^2\right)^{-0.5} \cdot dr + A \qquad 9.15$$

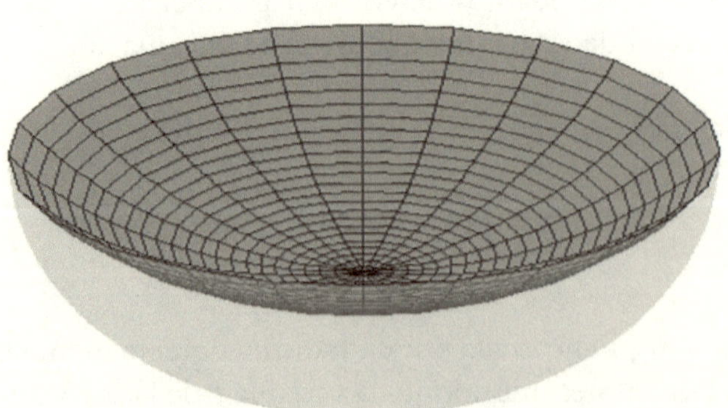

Figura 9.7. Esfera gravitatoria y superficie del espacio tiempo dentro de ella

La constante de integración A se puede obtener de dos maneras diferentes. En la primera se halla la intersección de la superficie dada por la ecuación 9.15, con la de la esfera 9.9 para $r = r_e$. En la segunda se busca la intersección de esa misma superficie con la superficie del espacio tiempo en el vacío, que “emana” del ecuador de la esfera. En esta segunda alternativa se iguala la ecuación 9.12 con la 9.15. En ambos casos se llega a la misma expresión siguiente:

$$A = r_e - \sqrt{\frac{r_e^3}{m_g}} \cdot arc\ tg\left[\left(\frac{r_e}{2 \cdot m_g} - 1\right)^{-0.5}\right] \qquad 9.16$$

Después de integrar la 9.15 obtenemos la siguiente ecuación de la superficie del espacio-tiempo dentro de la esfera.

$$z(r) = \frac{1}{2} \cdot \sqrt{\frac{r_e^3}{m_g}} \cdot arc\ tg\left[\left(1 - \frac{2 \cdot r^2 \cdot m_g}{r_e^3}\right)^{-0.5} \cdot \sqrt{2 \cdot \frac{m_g}{r_e^3} \cdot r_x}\right] + r_e - \sqrt{\frac{r_e^3}{m_g}} \cdot arc\ tg\left[\left(\frac{r_e}{2 \cdot m_g} - 1\right)^{-0.5}\right] \qquad 9.17$$

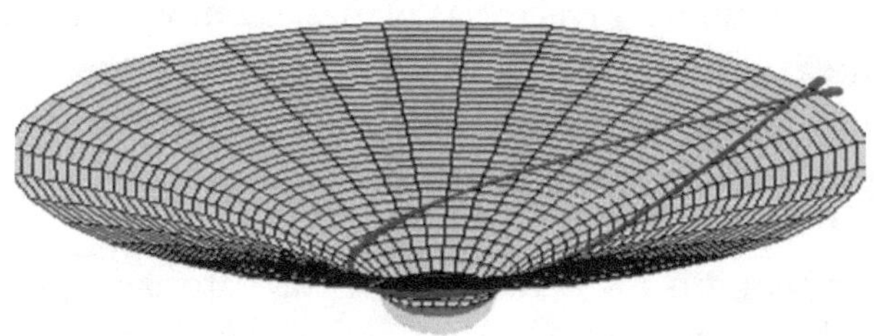

Figura 9.8. Trayectoria sobre una superficie de Flamm

La expresión no parece práctica pero con un programa de computación adecuado se la puede operar y representar fácilmente.

El resultado se grafica en la Figura 9.7. Finalmente, con las ecuaciones deducidas se llega a la composición gráfica de la Figura 9.8, que muestra la esfera gravitatoria, la superficie completa del espacio-tiempo y una trayectoria de un astro cualquiera. Éste sigue una geodésica abierta cuyas ramas se cruzan después que el astro giró alrededor de la masa gravitatoria. Es lo que se llama trayectoria abierta con un nudo.

En el atlas de trayectorias del punto siguiente se encuentran ejemplos de las representaciones 3D que hemos explicado.

3. Trayectorias y regiones gravitatorias

El "sustrato básico" de las trayectorias relativistas son las conocidas cónicas de la Mecánica Clásica: circunferencia, elipse, parábola e hipérbola. La curvatura del espacio-tiempo agrega, según sea el caso, variaciones a estas formas geométricas, a las que llamaremos "efectos relativistas". Los principales efectos son tres:

a.) Nudos en trayectorias abiertas

b.) Espirales de caída hacia la masa gravitatoria

c.) Precesión en trayectorias cerradas

Estos efectos aparecen según sea la zona gravitatoria donde se mueve el astro. Y cómo siempre: su forma exacta depende fundamentalmente del momento cinético relativo y de la energía mecánica del astro. Dado que en todos los casos se trata de trayectorias planas, es muy fácil visualizarlas en el plano mediante coordenadas polares. No obstante hemos agregado algunos ejemplos en 3D para ayudar a interpretar la curvatura del espacio-tiempo y su influencia sobre las trayectorias de los astros.

Hemos visto en el punto 7.8, "Las regiones gravitatorias", que en el diagrama potencial efectivo versus radio es posible determinar regiones en las que a un astro le está permitido transitar, y otras que le están vedadas debido a la relación existente entre su potencial efectivo y la energía mecánica. Existen cuatro regiones gravitatorias permitidas (Véase Figura 9.9):

a.) Zona de hundimiento

b.) Zona positiva baja

c.) Zona positiva alta

d.) Zona negativa

a.) Zona de hundimiento: se llama así porque cualquier astro que esté en ella se hunde irremediablemente hacia el centro de la masa gravitatoria siguiendo un movimiento en espiral. Esta zona se encuentra a la izquierda de la rama ascendente del potencial efectivo que viene de menos infinito.

b.) Zona positiva alta: esta zona está arriba del potencial efectivo máximo y abarca desde el radio cero hasta el infinito. No existe en ella barrera gravitatoria alguna, de manera que los astros se desplazan en ella hasta hacer impacto en la masa gravitatoria. Según sea la dirección de su velocidad inicial puede caer siguiendo una espiral o rectamente en caída libre.

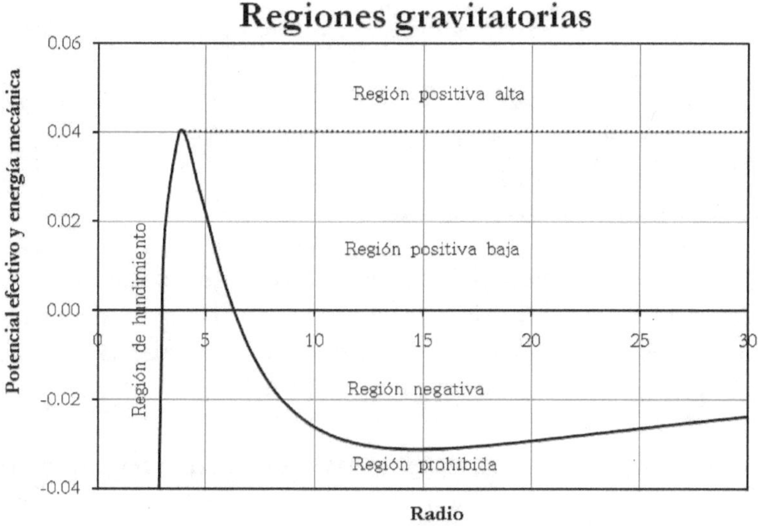

Figura 9.9. Zonas gravitatorias permitidas

c.) Zona positiva baja: es la que se encuentra entre el potencial efectivo cero y el máximo, a la derecha de la curva de potencial que desciende del máximo. Las trayectorias son abiertas y pueden formar nudos. Vienen del infinito y retornan a él.

d.) Zona negativa: es la que está entre la parte negativa de la curva del potencial efectivo y el eje de potencial cero. Las trayectorias en esta zona son cerradas y sus órbitas tienen un movimiento de precesión.

La realidad es que las masas de alto poder gravitatorio son los agujeros negros y las estrellas de neutrones. En estas últimas sus radios geométricos oscilan entre ρ = 3 y 6 aproximadamente. Si vamos ahora al gráfico de la Figura 7.3 vemos que el potencial máximo se ubica también entre ρ = 3 y 6. Por lo tanto la superficie de la esfera se encuentra en las proximidades del potencial máximo, lo cual no sucede con el resto de los astros.

Tabla 7.1. Parámetros físicos principales de astros de alta densidad

Astro	Masas solares	Radio gravitatorio kilómetros	Radio geométrico kilómetros	Densidad kg masa/m^3
Agujeros negros	4 a 50,000	30 a 1,500,000	30 a 1,500,000	7.0 x10^6 a 1.8 x10^{17}
Estrellas de neutrones	1 a 2	3 a 6	10 a 30	3.6 x10^{16} a 4.8 x10^{17}
Enanas blancas y negras	0.3 a 1	0.3 a 0.5	5,600 a 14,000	1.5 x10^7 a 7.5 x10^8

Los agujeros negros tienen un radio geométrico igual o menor que 2, por lo tanto dejan libre para el tránsito de los astros toda la región de hundimiento. El caso general es que la superficie del astro está mucho más allá de su potencial gravitatorio máximo.

Veremos en el estudio de las trayectorias, que es en la región del potencial máximo donde se producen los más extraños fenómenos relativistas debidos a la curvatura del espacio-tiempo. Éstos son más notorios en las estrellas de neutrones y los agujeros negros y esta propiedad se manifiesta en las trayectorias de los astros que atraen. Como resumen de cuánto hemos visto puede consultarse nuevamente la Tabla 7.1 donde se exponen las características físicas de los objetos estelares más importantes que afectan al espacio-tiempo, a causa de su extraordinaria densidad y de la relación entre su radio geométrico y su radio gravitatorio. Obsérvese en particular la relación entre los valores del radio geométrico de los agujeros negros y los de las estrellas de neutrones, respecto de su radio gravitatorio (ρ geométrico). Tales valores indican que la región donde se notan más los fenómenos gravitatorios relativistas es dentro del ISCO, o sea para ρ menor que 6. Véase la Figura 9.10

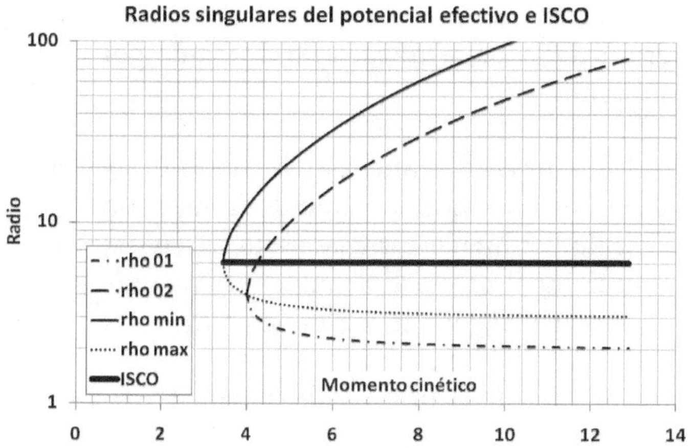

Figura 9.10. Ubicación de ISCO en el diagrama de radios singulares

En esa zona los agujeros negros y las estrellas de neutrones permiten el tránsito de otros astros, que lo harán siguiendo trayectorias muy diferentes a las previstas por la Mecánica Clásica. Otro tipo de astros, como las estrellas negras, a pesar de su enorme densidad no nos mostrarán los fenómenos relativistas en forma tan perceptible porque se supone que mucho antes de llegar a la región del potencial máximo ya habrán hecho impacto sobre la superficie del astro.

4. Sumario del modelo de simulación de trayectorias

La secuencia de cálculos del modelo de simulación, usado para representar las trayectorias que siguen en este capítulo, es la siguiente:

1. Se prefijan:

    a. Momento cinético relativo del astro
    b. Masa gravitatoria en términos de masas solares
    c. Energía mecánica del astro
    d. Posición angular inicial del astro

2. Determinación de la trayectoria newtoniana

   a. Cálculo de la excentricidad
   b. Cálculo del radio inicial del astro
   c. Determinación de la función de la trayectoria

3. Determinación de la trayectoria obtenida por el método de la perturbación

   a. Cálculo del coeficiente relativista de la trayectoria
   b. Determinación de la función de la trayectoria
   c. Cálculo del ángulo entre las asíntotas en trayectorias abiertas
   d. Cálculo de la cantidad de nudos en trayectorias abiertas
   e. Cálculo del ángulo de precesión en trayectorias cerradas

4. Determinación de la función del potencial efectivo y sus puntos singulares:

   a. Potencial mínimo y su radio
   b. Potencial máximo y su radio
   c. Radio menor en el caso de órbitas cerradas
   d. Radio mayor en el caso de órbitas cerradas

5. Gráfico del potencial efectivo y de la energía mecánica en función del radio.

6. Determinación de las zonas gravitatorias permitidas, en el diagrama Potencial Efectivo-Radio.

7. Determinación de las funciones de la velocidad radial, lineal y total

8. Determinación del radio de velocidad total igual a la de la luz

9. Cálculo de otras condiciones iniciales

   a. Energía potencial
   b. Energía cinética
   c. Velocidad radial
   d. Velocidad angular

10. Cálculo de:

    a. Energía en reposo del astro
    b. Energía total del astro

11. Cálculo de la trayectoria obtenida por métodos numéricos

    a. Resolución de las ecuaciones diferenciales de la trayectoria
    b. Gráfico de la trayectoria

12. Gráfico de las tres trayectorias comparadas: "Numérica", "Perturbación" y "Newtoniana".

Para mejor interpretar este proceso, en el primer caso a presentar se mostrará paso a paso su cálculo. El resto mostraremos simplemente los resultados a modo de "ficha" de cada caso. Es recomendable revisar y comparar los casos entre sí, y así sacar conclusiones sobre la influencia de las propiedades físicas de los astros y de las masas gravitatorias sobre las trayectorias de aquéllos.

5. Ejemplo de cálculo de una trayectoria cerrada

Designación	Fórmula o método de cálculo	Valor resultante
Datos iniciales		
λ	Momento cinético relativo. Dato	30
m_g	Masa gravitatoria. Dato = 2 masas solares	2,950 m
Φ_m	Energía mecánica del astro. Dato	-0.00015
φ_0	Posición angular inicial. Dato	0^0
Trayectoria newtoniana		
ε	Excentricidad de la trayectoria clásica $\varepsilon = \sqrt{1 + 2 \cdot \varepsilon_m \cdot \lambda^2}$	0.8544
ρ	Se elige igual al modelo de Newton para que las trayectorias clásica y relativista sean comparables: $\rho_0 = \frac{\lambda^2}{1+\varepsilon}$	489.33

$\rho_N(\varphi)$	Función de la trayectoria newtoniana $\rho_N(\varphi) = \frac{\lambda^2}{1+\varepsilon\cdot\cos(\varphi)}$	$\rho_N(\varphi) = \frac{900}{1+0.8544\cdot\cos(\varphi)}$
Trayectoria relativista. Método de la perturbación		
η	Coeficiente relativista $\eta = \sqrt{1-\frac{6}{\lambda^2}}$	0.9967
$\rho_p(\varphi)$	Función de la trayectoria por perturbación $\rho_p(\varphi) = \frac{\lambda^2}{1+\varepsilon\cdot\cos(\eta\cdot\varphi)}$	$\rho_p(\varphi) = \frac{900}{1+0.8544\cdot\cos(0.9967\cdot\varphi)}$
$\delta\varphi_p$	Ángulo de precesión por revolución $\delta\varphi_p = 2\cdot\pi\cdot\left(\frac{1}{\eta}-1\right)$	0.021
Potencial efectivo		
$\upsilon_e(\rho)$	Función del potencial efectivo $\upsilon_e(\rho) = -\frac{1}{\rho}+\frac{\lambda^2}{2\cdot\rho^2}-\frac{\lambda^2}{\rho^3}$	$\upsilon_e(\rho) = -\frac{1}{\rho}+\frac{450}{\rho^2}-\frac{900}{\rho^3}$
$\upsilon_{ef\ mín}$	Potencial efectivo mínimo $\upsilon_{ef\ mín} = 2\cdot\frac{\lambda\cdot\sqrt{\lambda^2-12}+\lambda^2-8}{\lambda\cdot\left(\lambda-\sqrt{\lambda^2-12}\right)^3}$	-0.0005568
$\upsilon_{ef\ máx}$	Potencial efectivo máximo $\upsilon_{ef\ máx} = 2\cdot\frac{-\lambda\cdot\sqrt{\lambda^2-12}+\lambda^2-8}{\lambda\cdot\left(\lambda-\sqrt{\lambda^2-12}\right)^3}$	16.3339
ρ_{min}	Radio del potencial mínimo $\rho_{min} = \frac{\lambda^2+\lambda\cdot\sqrt{\lambda^2-12}}{2}$	897.0
ρ_{max}	Radio del potencial máximo $\rho_{max} = \frac{\lambda^2-\lambda\cdot\sqrt{\lambda^2-12}}{2}$	3.01
ρ_{menor}	Radio menor de la órbita $\varepsilon_m = \varepsilon_e(\rho_{menor})$	483.2
ρ_{mayor}	Radio mayor de la órbita $\varepsilon_m = \varepsilon_e(\rho_{mayor})$	6,181.5
Velocidades radial, lineal y total		
$v_r(\varphi)$	Velocidad radial $v_r(\varphi) = \sqrt{2\cdot\{\varepsilon_m-\upsilon_e[\rho_p(\varphi)]\}}$	$v_r(\varphi) = \sqrt{-0.0003+\frac{1}{\rho_p(\varphi)}-\frac{900}{\rho_p(\varphi)^2}+\frac{1800}{\rho_p(\varphi)^3}}$

$v_l(\varphi)$	Velocidad lineal. Vale sólo para perturbación $v_l(\varphi) = \frac{\lambda}{\rho(\varphi)}$	$v_l(\varphi) = \frac{1 + 0.8544 \cdot \cos(0.9967 \cdot \varphi)}{30}$
$v_{total}(\varphi)$	Velocidad total	$v_{total}(\varphi) = \sqrt{v_r(\varphi)^2 + v_l(\varphi)^2}$
ρ_{luz}	Radio en el que la velocidad total se iguala con la de la luz $1 = \sqrt{v_r(\rho_{luz})^2 + v_l(\rho_{luz})^2}$	12.87
Condiciones iniciales para la solución numérica de las ecuaciones diferenciales de la trayectoria. Ver ecuaciones 8.71 y 8.72		
ρ_0	Posición inicial del astro. En este caso se calcula para que coincida con las dos soluciones anteriores. $\rho_0 = \frac{\lambda^2}{1+\varepsilon}$	489.3
φ_0	Posición angular inicial del astro. Puede elegirse arbitrariamente.	0
$\upsilon_e(\rho_0)$	Potencial efectivo en el instante inicial $\upsilon_e(\rho_0) = -\frac{1}{\rho_0} + \frac{\lambda^2}{2 \cdot \rho_0^2} - \frac{\lambda^2}{\rho_0^3}$	-0.0001579
$\upsilon_{kr}(\rho_0)$	Energía cinética radial inicial $\varepsilon_{kr}(\rho_0) = \varepsilon_m - \mu_e(\rho_0)$	0.000007873
$v_r(\varphi_0)$	Velocidad radial inicial $v_r(\varphi_0) = \sqrt{2 \cdot \varepsilon_{kr}(\rho_0)}$	0.003968
$\omega(\varphi_0)$	Velocidad angular inicial. Rad/segundo $\omega(\varphi_0) = \frac{\lambda \cdot c}{m_g \cdot \rho_0}$	12.95

Una vez obtenidas las ecuaciones del potencial efectivo, de las velocidades y de las trayectorias, se pueden representar estas variables de acuerdo a lo que muestran los gráficos de las Figuras 9.11 a 9.14, que se dan más abajo.

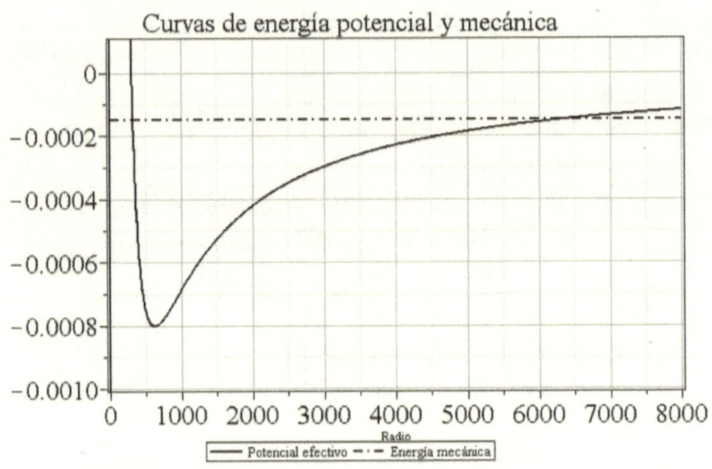

Figura 9.11. Potencial efectivo para λ = 25

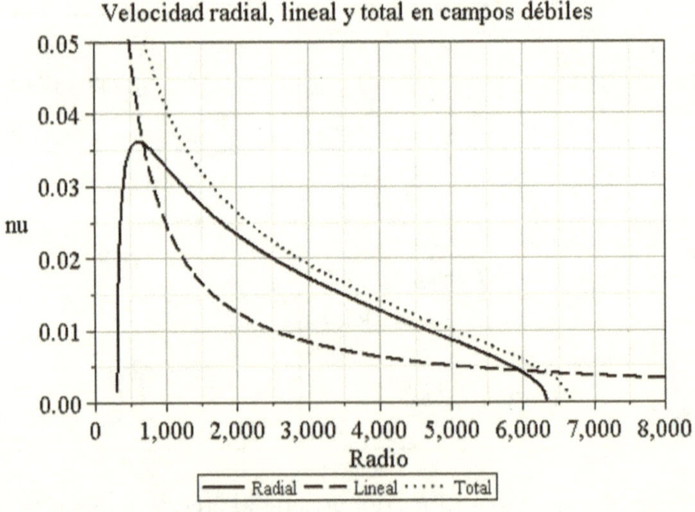

Figura 9.12. Velocidades según la ecuación de los campos débiles

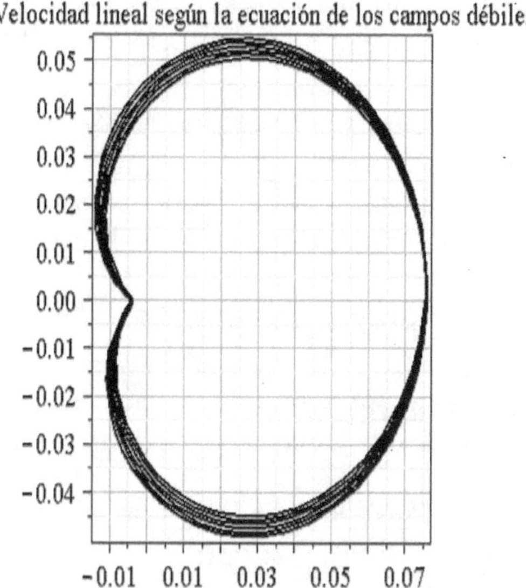

Figura 9.13. Velocidad lineal según la ecuación de los campos débiles

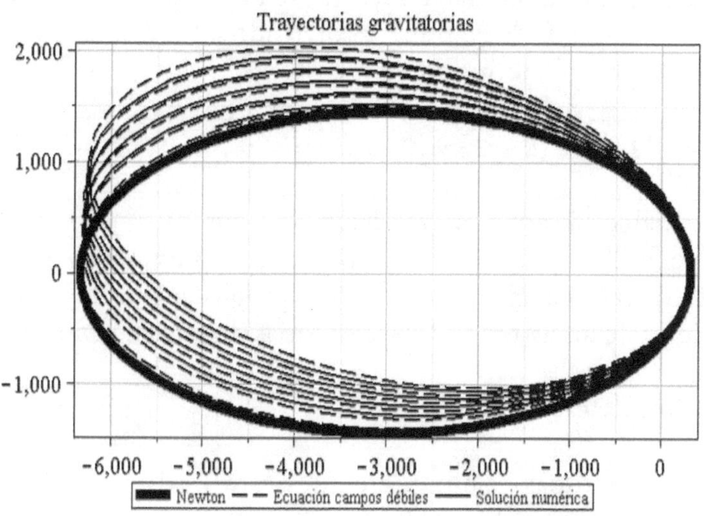

Figura 9.14. Trayectorias comparadas

6. Atlas de trayectorias

A continuación se exponen los resultados gráficos de treinta casos de trayectorias con fuertes efectos relativistas. Las trayectorias se obtuvieron aplicando el modelo de simulación explicado en el punto 9.4 y usando unidades no dimensionales según las definiciones dadas en el punto 7.5.

Las ecuaciones y trayectorias mostradas son las siguientes:

- En las trayectorias de los casos 2D se presenta, a los fines comparativos, la trayectoria newtoniana que surge de la ecuación 8.25

$$\rho(\varphi) = \frac{\lambda^2}{1 + \varepsilon \cdot cos\varphi} \qquad 8.25$$

- En todos los casos se agregó la trayectoria obtenida mediante la solución numérica de las ecuaciones diferenciales 8.71 y 8.72.

$$\ddot{\rho}(t) - \frac{\dot{\rho}(t)^2}{\rho(\tau)\cdot g_{00}(\rho)} - \frac{g_{00}\cdot\lambda^2\cdot c^2}{\rho(\tau)^3\cdot m_g} + \frac{c^2\cdot(1+2\cdot\varsigma_m)}{m_g{}^2\cdot\rho(\tau)^2\cdot g_{00}(\rho)} = 0 \qquad 8.71$$

$$c\cdot\lambda - m_g\cdot\rho(\tau)^2\cdot\dot{\varphi}(\tau) = 0 \qquad 8.72$$

- Las trayectorias en diagramas 3D se hicieron con la ecuación 9.12 del paraboloide de Flamm y resolviendo sobre él las ecuaciones 8.71 y 8.72 por métodos numéricos.

$$z(r) = \sqrt{8\cdot m_g\cdot(r - 2\cdot m_g)} + r_s - \sqrt{8\cdot m_g\cdot(r_s - 2\cdot m_g)} \qquad 9.12$$

Es recomendable observar las variaciones de los datos de cada caso y la manera en que ellas influyen sobre la forma de las trayectorias. Este ejercicio permite interpretar mejor como influyen las propiedades físicas de los campos gravitatorios y de los astros en las trayectorias de estos últimos.

- **Índice de casos simulados:**

i. Trayectorias de hundimiento. Casos 1 a 10
ii. Trayectorias abiertas. Casos 11 a 18
iii. Trayectorias cerradas. Casos 19 a 23
iv. Trayectoria exacta. Caso 24
v. Trayectorias en 3D. Casos 25 a 30

Caso 1

Sumario de parámetros destacados		
Momento cinético relativo	λ	4.3
Potencial efectivo máximo	$\upsilon_{ef\ máx}$	0.04
Energía Mecánica	ε_m	0.06
Excentricidad	ϵ	1.794
Coeficiente relativista	η	0.822
Posición inicial del astro	ρ_0	37.68

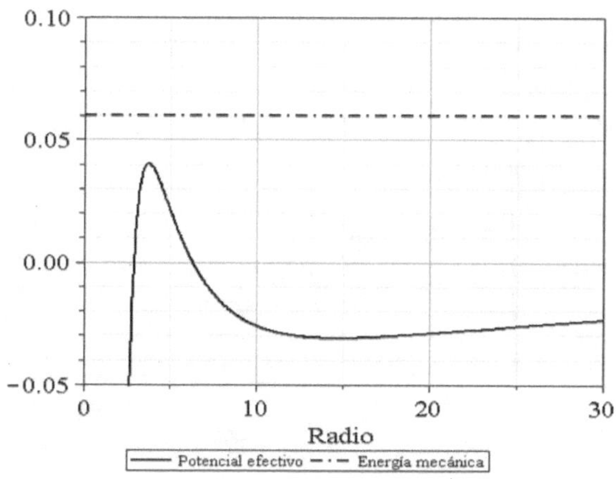

9.15. Curvas de potencial y de energía mecánica

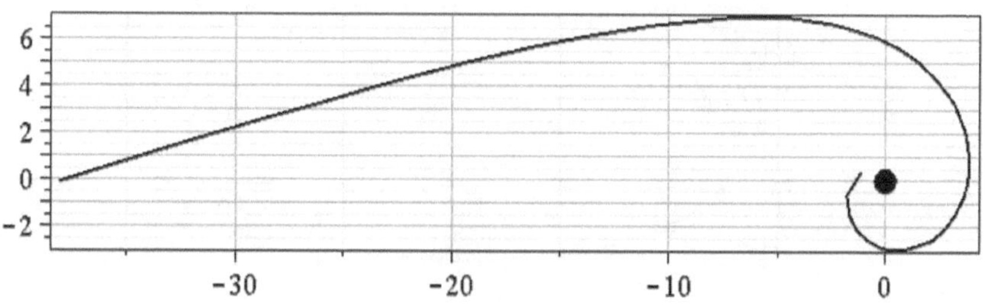

9.16. Trayectoria según la solución numérica

Caso 2

Sumario de parámetros destacados		
Momento cinético relativo	λ	4.3
Potencial efectivo máximo	$\nu_{ef\ máx}$	0.040
Energía Mecánica	ε_m	0.042
Excentricidad	ϵ	1.598
Coeficiente relativista	η	0.822
Posición inicial del astro	ρ_0	37.00

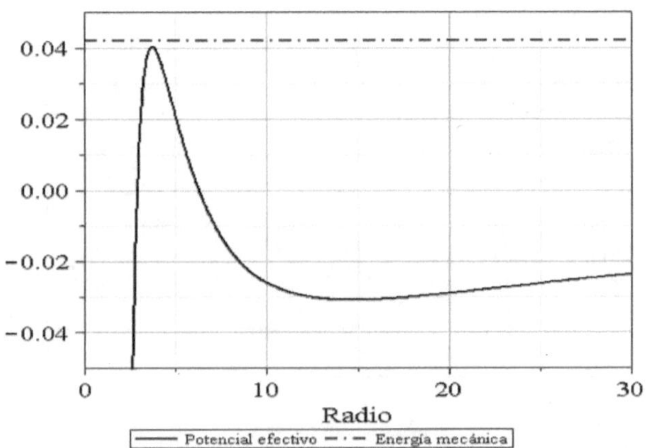

9.17. Curvas de potencial y de energía mecánica

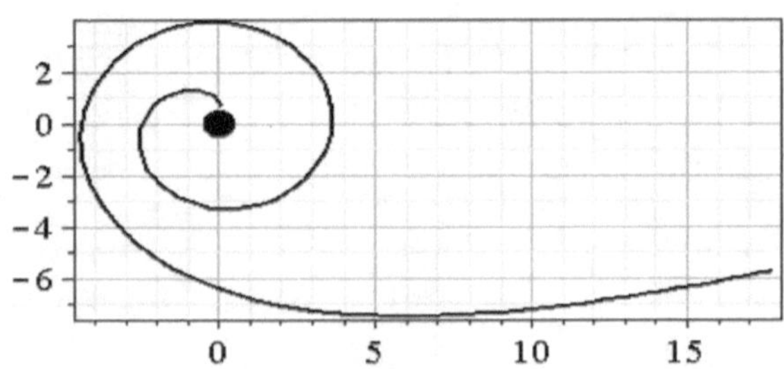

9.18. Trayectoria según la solución numérica

Caso 3

Sumario de parámetros destacados		
Momento cinético relativo	λ	5.0
Potencial efectivo máximo	$\upsilon_{ef\ máx}$	0.15
Energía Mecánica	ε_m	0.1
Excentricidad	ϵ	2.44
Coeficiente relativista	η	0.87
Posición inicial del astro	ρ_0	2.7

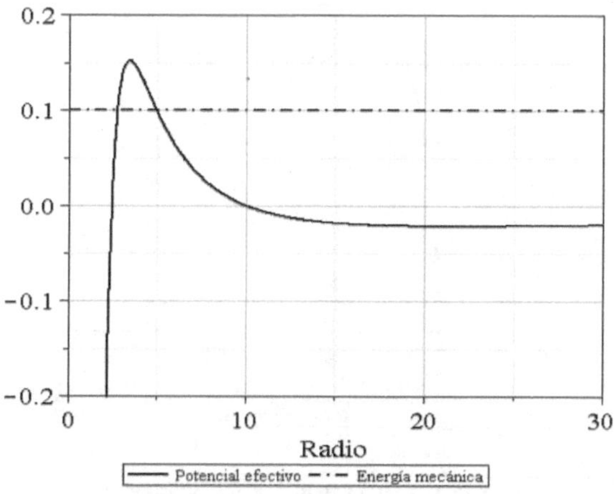

9.19. Curvas de potencial y de energía mecánica

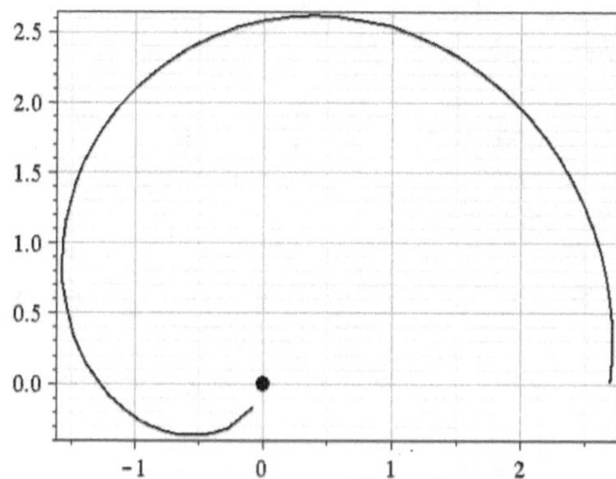

9.20. Trayectoria según la solución numérica

Caso 4

Sumario de parámetros destacados		
Momento cinético relativo	λ	7
Potencial efectivo máximo	$\upsilon_{ef\ máx}$	0.585
Energía Mecánica	ε_m	0.700
Excentricidad	ϵ	8.342
Coeficiente relativista	η	0.937
Posición inicial del astro	ρ_0	6.00

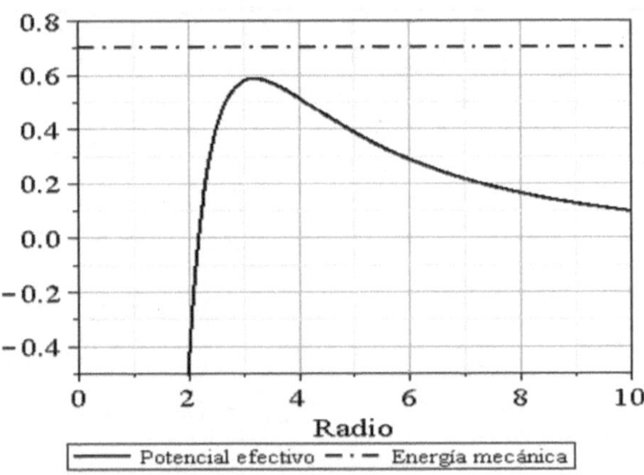

9.21. Curvas de potencial y de energía mecánica

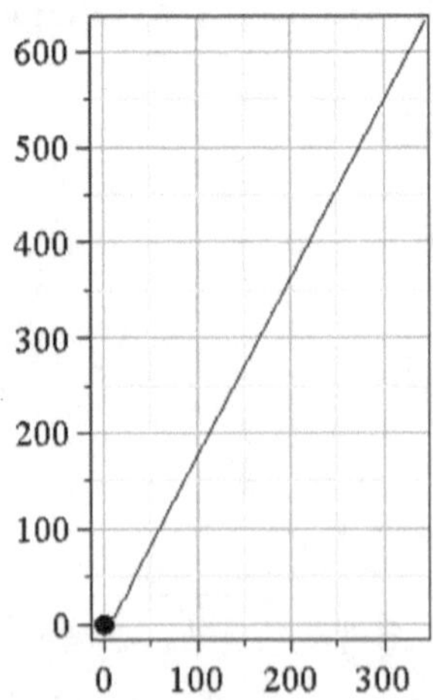

9.22. Trayectoria según la solución numérica

Caso 5

Sumario de parámetros destacados		
Momento cinético relativo	λ	7.0
Potencial efectivo máximo	$v_{ef\ máx}$	0.585
Energía Mecánica	ε_m	0.590
Excentricidad	ε	7.67
Coeficiente relativista	η	0.937
Posición inicial del astro	ρ_0	3.00

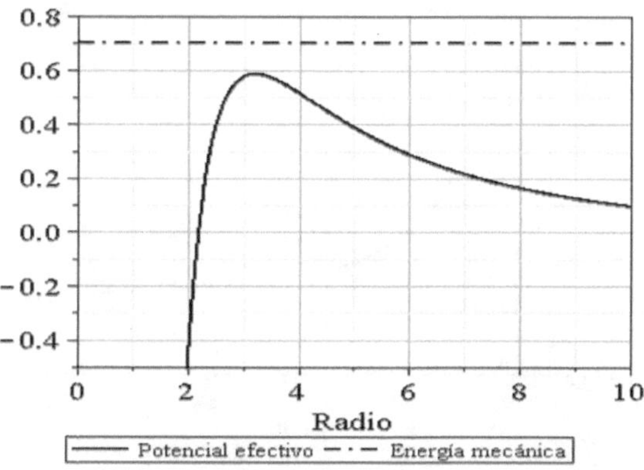

9.23. Curvas de potencial y de energía mecánica

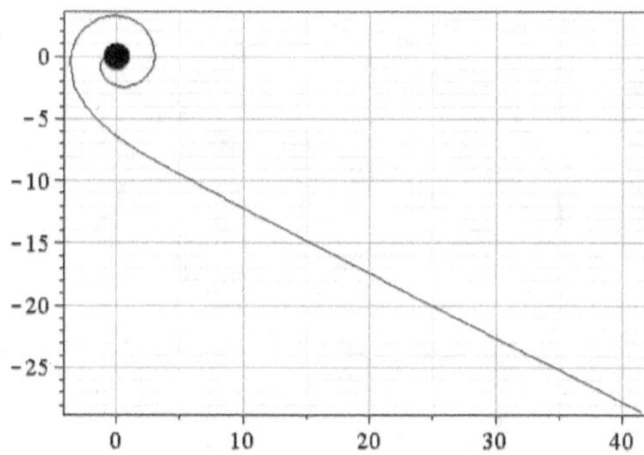

9.24. Trayectoria según la solución numérica

Caso 6

Sumario de parámetros destacados		
Momento cinético relativo	λ	30.0
Potencial efectivo máximo	$\nu_{ef\ máx}$	16.33
Energía Mecánica	ε_m	16.33
Excentricidad	ϵ	171.5
Coeficiente relativista	η	.9967
Posición inicial del astro	ρ_0	3.0

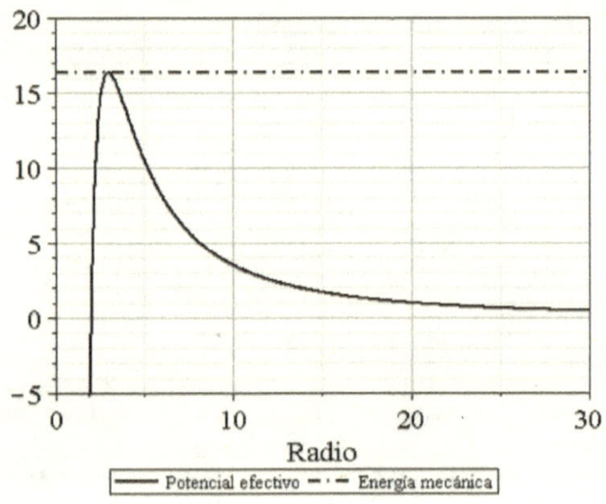

9.25. Curvas de potencial y de energía mecánica

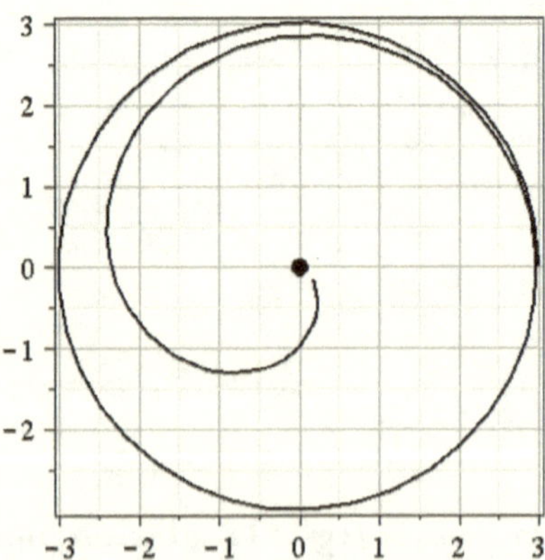

9.26. Trayectoria según la solución numérica

Caso 7

Sumario de parámetros destacados		
Momento cinético relativo	λ	30
Potencial efectivo máximo	$\upsilon_{ef\ máx}$	16.33
Energía Mecánica	ε_m	10
Excentricidad	ε	134
Coeficiente relativista	η	0.9967
Posición inicial del astro	ρ_0	2.27

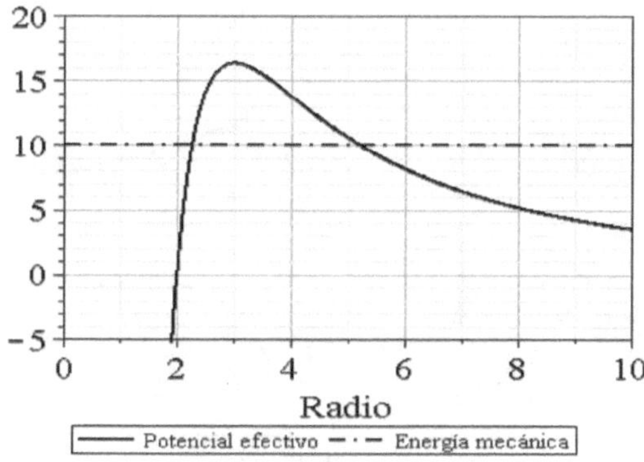

9.27. Curvas de potencial y de energía mecánica

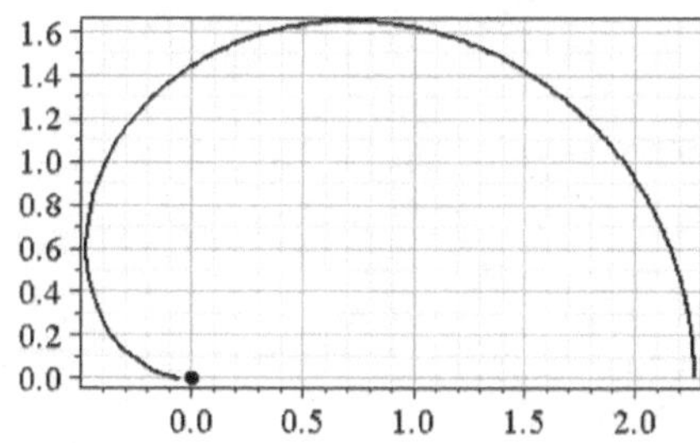

9.28. Trayectoria según la solución numérica

Caso 8

Sumario de parámetros destacados		
Momento cinético relativo	λ	30
Potencial efectivo máximo	$\upsilon_{ef\ máx}$	16.33
Energía Mecánica	ε_m	16.40
Excentricidad	ϵ	172
Coeficiente relativista	η	0.9967
Posición inicial del astro	ρ_0	2.272

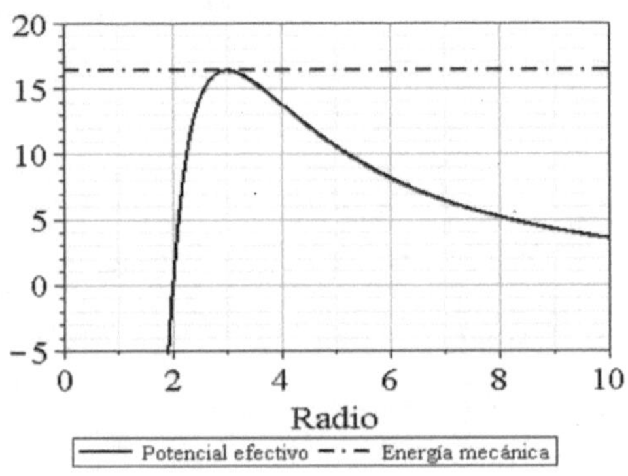

9.29. Curvas de potencial y de energía mecánica

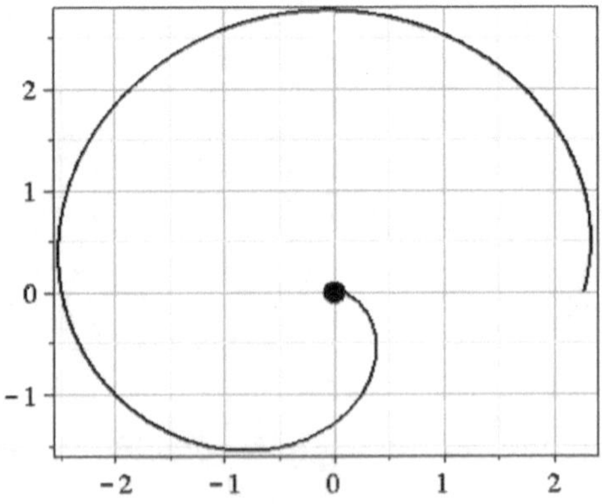

9.30. Trayectoria según la solución numérica

Caso 9

Sumario de parámetros destacados		
Momento cinético relativo	λ	30
Potencial efectivo máximo	$\upsilon_{ef\ máx}$	16.33
Energía Mecánica	ε_m	16.5
Excentricidad	ϵ	172.3
Coeficiente relativista	η	0.9967
Posición inicial del astro	ρ_0	3.014

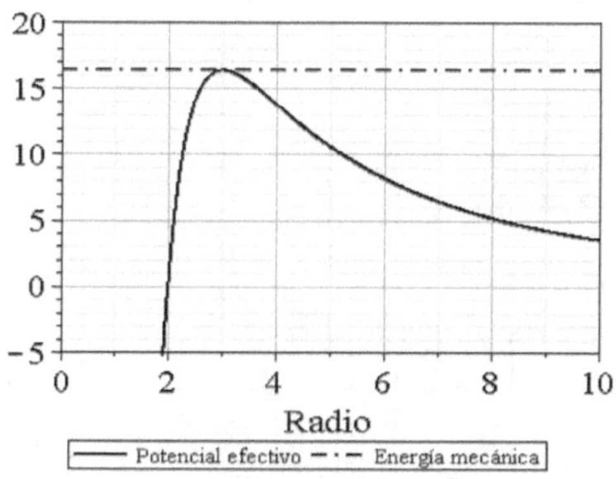

9.31. Curvas de potencial y de energía mecánica

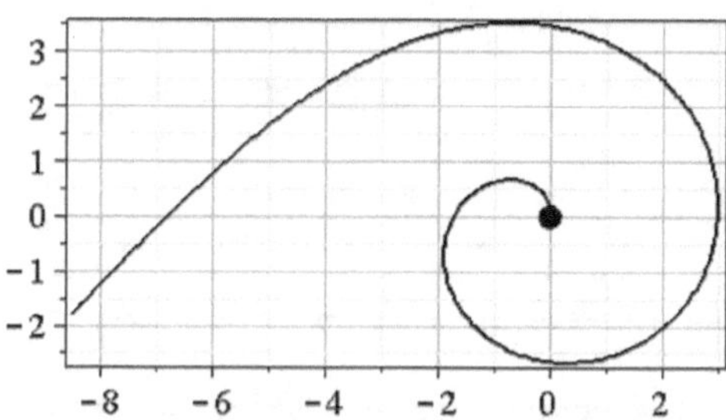

9.32. Trayectoria según la solución numérica

Caso 10

Sumario de parámetros destacados		
Momento cinético relativo	λ	5
Potencial efectivo máximo	$v_{ef\ máx}$	0.15
Energía Mecánica	ε_m	0.4
Excentricidad	ϵ	4.6
Coeficiente relativista	η	0.88
Posición inicial del astro	ρ_0	10

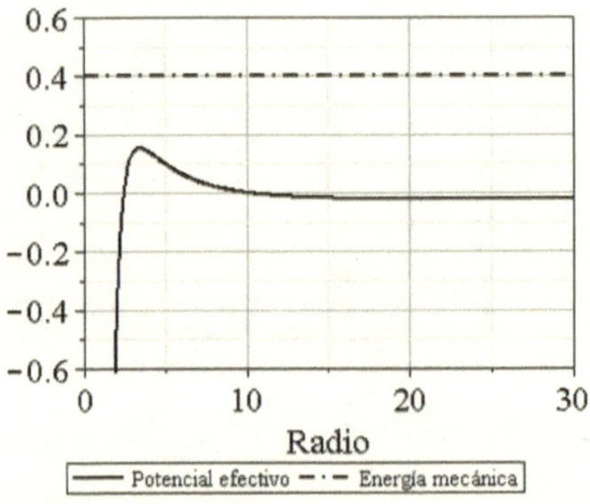

9.33. Curvas de potencial y de energía mecánica

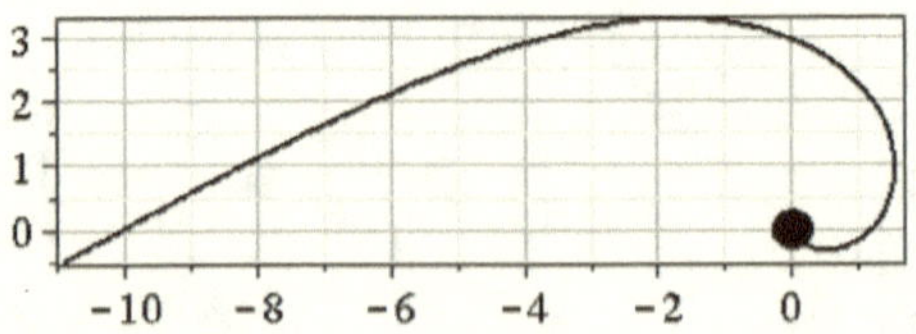

9.34. Trayectoria según la solución numérica

Caso 11

Sumario de parámetros destacados		
Momento cinético relativo	λ	5.0
Potencial efectivo máximo	$v_{ef\ máx}$	0.15
Energía Mecánica	ε_m	0.1
Excentricidad	ε	2.45
Coeficiente relativista	η	0.87
Posición inicial del astro	ρ_0	6

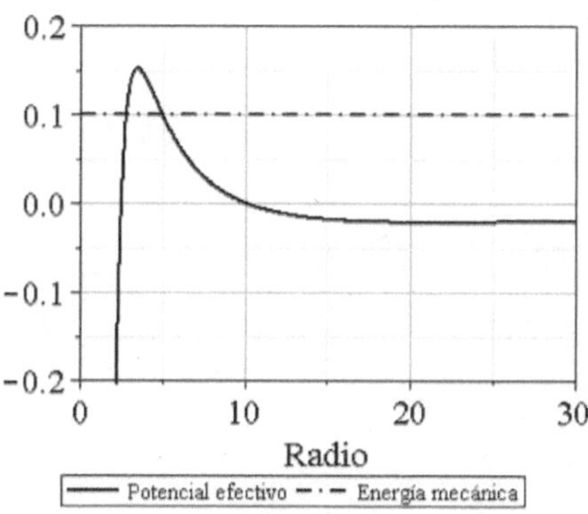

9.36. Curvas de potencial y de energía mecánica

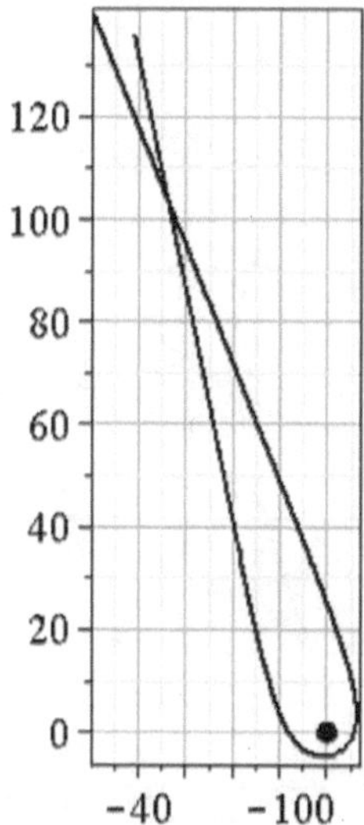

9.37. Trayectoria según la solución numérica

Caso 12

Sumario de parámetros destacados		
Momento cinético relativo	λ	5
Potencial efectivo máximo	$\upsilon_{ef\ máx}$	0.15
Energía Mecánica	ε_m	0.15
Excentricidad	ε	2.92
Coeficiente relativista	η	0.87
Posición inicial del astro	ρ_0	10

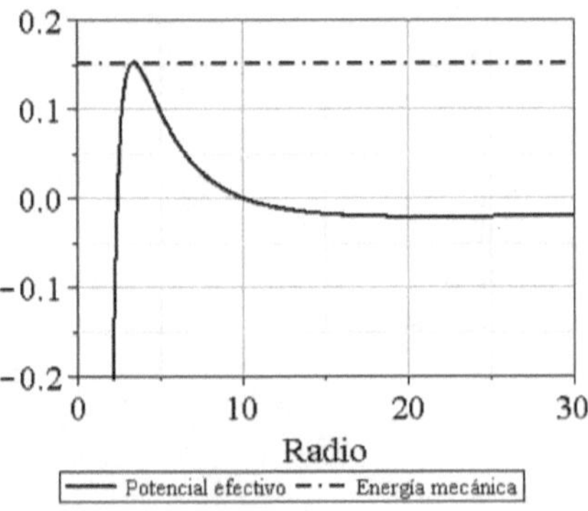

9.37. Curvas de potencial y de energía mecánica

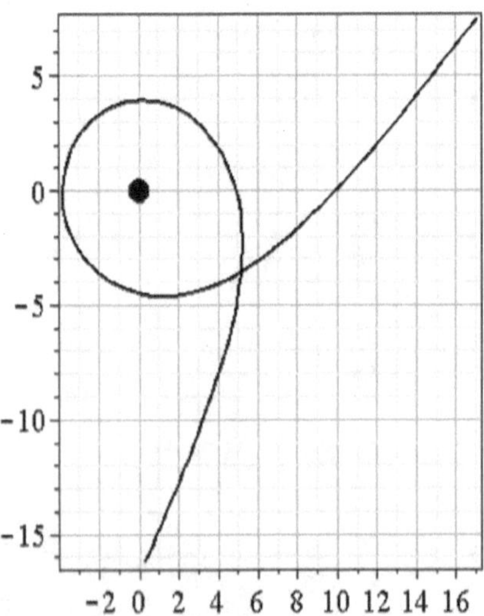

9.38. Trayectoria según la solución numérica

Caso 13

Sumario de parámetros destacados		
Momento cinético relativo	λ	5
Potencial efectivo máximo	$\upsilon_{ef\ máx}$	0.15
Energía Mecánica	ε_m	0.15
Excentricidad	ε	2.93
Coeficiente relativista	η	0.87
Posición inicial del astro	ρ_0	3.5

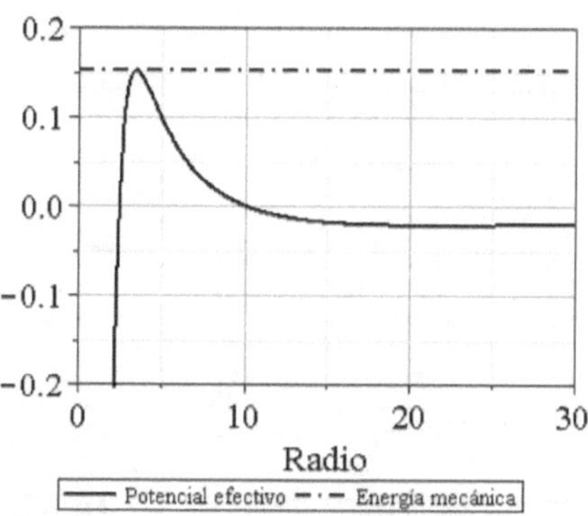

9.39. Curvas de potencial y de energía mecánica

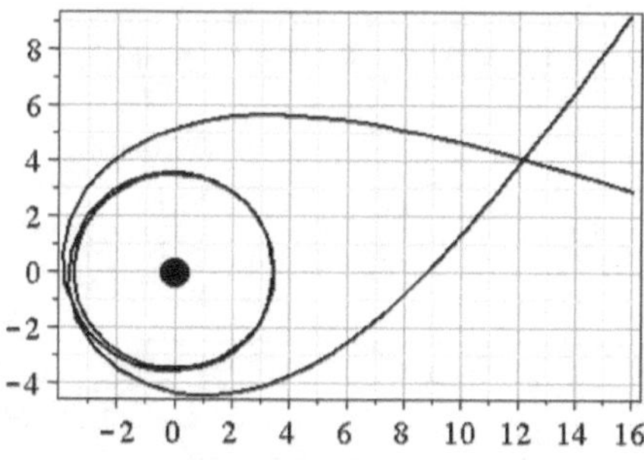

9.40. Trayectoria según la solución numérica

Caso 14

Sumario de parámetros destacados		
Momento cinético relativo	λ	4.0
Potencial efectivo máximo	$\upsilon_{ef\ máx}$	0
Energía Mecánica	ε_m	0
Excentricidad	ε	1.0
Coeficiente relativista	η	0.79
Posición inicial del astro	ρ_0	5

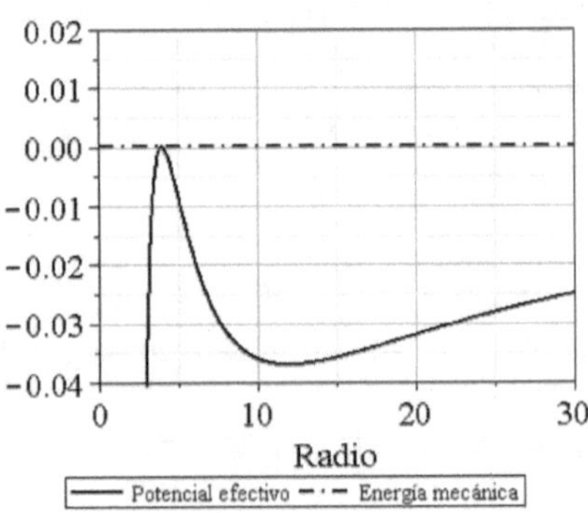

9.41. Curvas de potencial y de energía mecánica

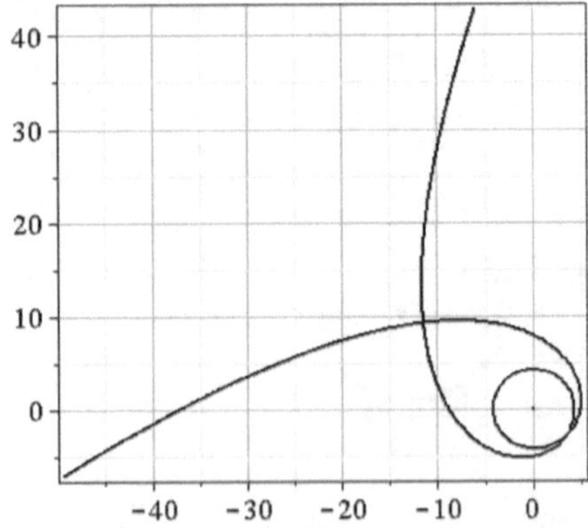

9.42. Trayectoria según la solución numérica

Caso 15

Sumario de parámetros destacados		
Momento cinético relativo	λ	30
Potencial efectivo máximo	$\upsilon_{ef\ máx}$	16.33
Energía Mecánica	ε_m	16.33
Excentricidad	ϵ	171.5
Coeficiente relativista	η	0.9967
Posición inicial del astro	ρ_0	3.02

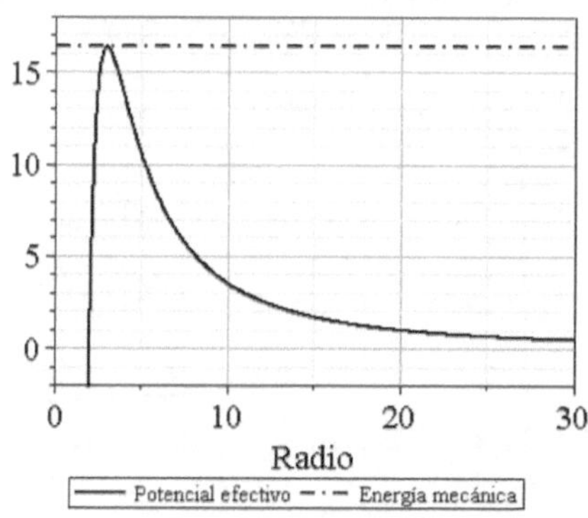

9.43. Curvas de potencial y de energía mecánica

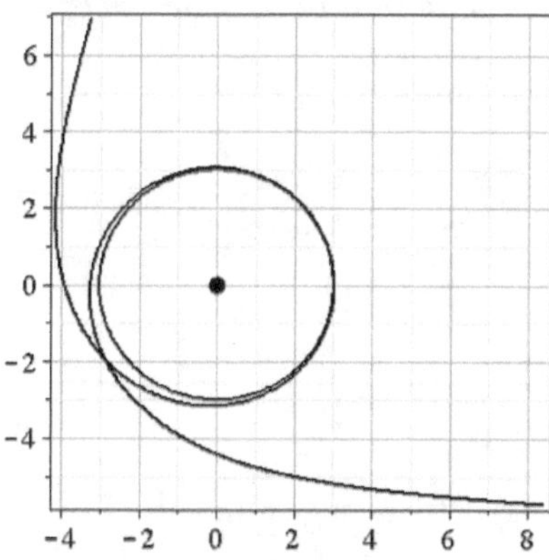

9.43. Trayectoria según la solución numérica

Caso 16

Sumario de parámetros destacados		
Momento cinético relativo	λ	30.0
Potencial efectivo máximo	$v_{ef\ máx}$	16.33
Energía Mecánica	ε_m	16.33
Excentricidad	ϵ	171.5
Coeficiente relativista	η	0.9967
Posición inicial del astro	ρ_0	35

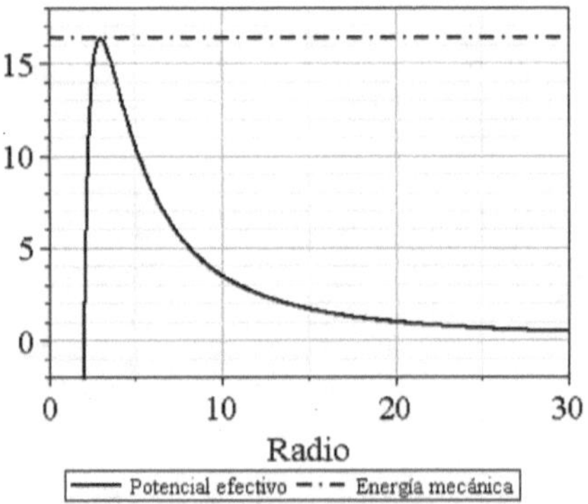

9.45. Curvas de potencial y de energía mecánica

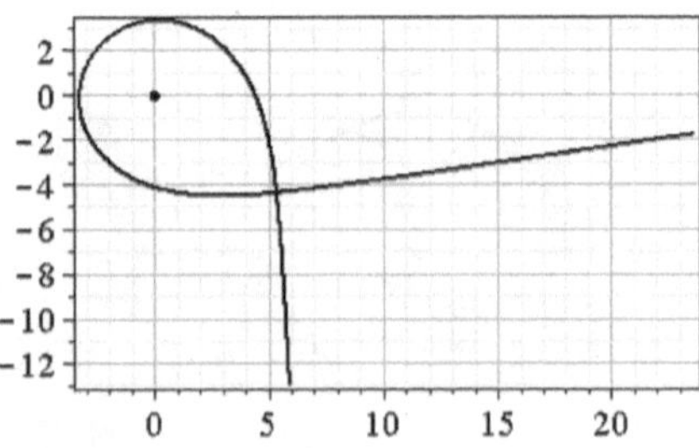

9.46. Trayectoria según la solución numérica

Caso 17

Sumario de parámetros destacados		
Momento cinético relativo	λ	30.0
Potencial efectivo máximo	$\upsilon_{ef\ máx}$	16.33
Energía Mecánica	ε_m	15
Excentricidad	ϵ	164.3
Coeficiente relativista	η	0.9967
Posición inicial del astro	ρ_0	35

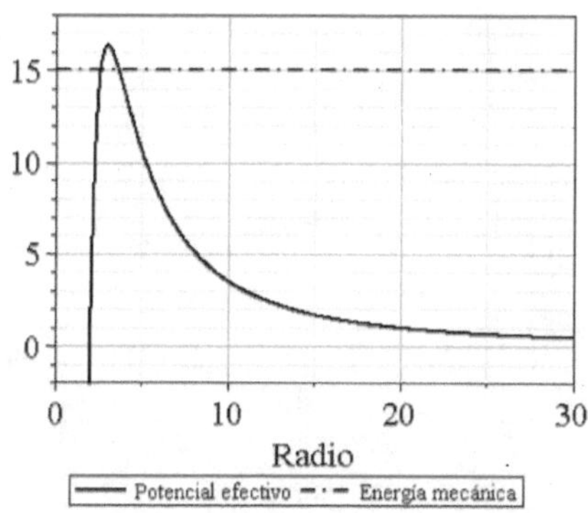

9.47. Curvas de potencial y de energía mecánica

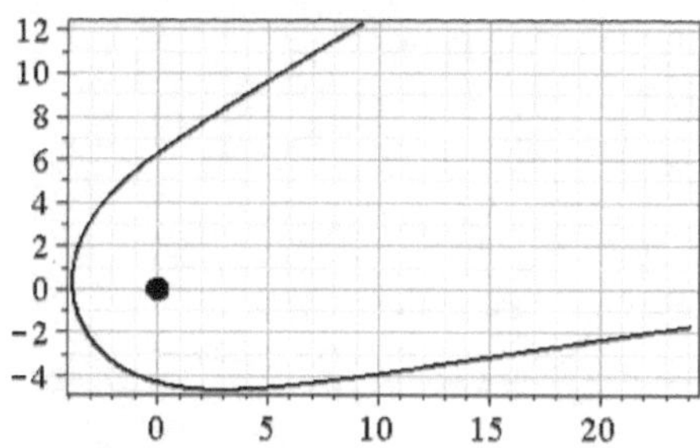

9.48. Trayectoria según la solución numérica

Caso 18

Sumario de parámetros destacados		
Momento cinético relativo	λ	20
Potencial efectivo máximo	$v_{ef\ máx}$	7.07
Energía Mecánica	ε_m	5
Excentricidad	ε	63.25
Coeficiente relativista	η	0.9925
Posición inicial del astro	ρ_0	50

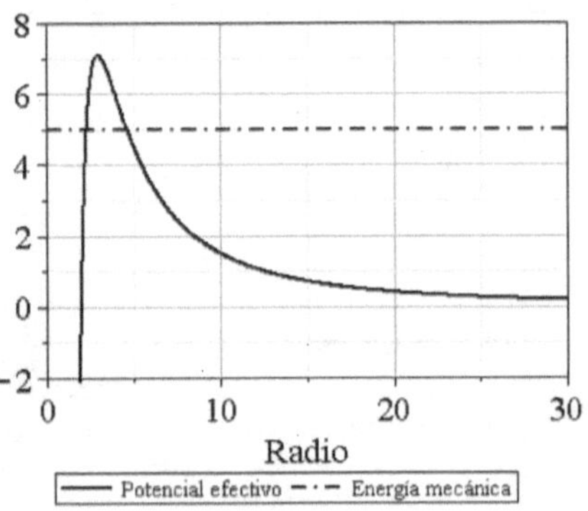

9.49. Curvas de potencial y de energía mecánica

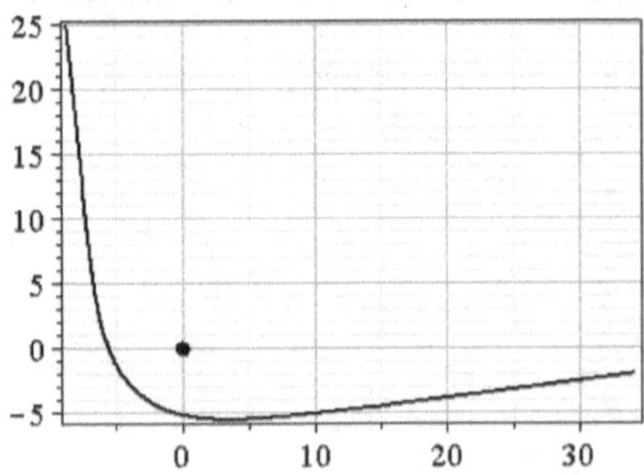

9.50. Trayectoria según la solución numérica

Caso 19

Sumario de parámetros destacados		
Momento cinético relativo	λ	5
Potencial efectivo máximo	$\upsilon_{ef\ máx}$	0.15
Energía Mecánica	ε_m	-0.01
Excentricidad	ε	0.71
Coeficiente relativista	η	0.88
Posición inicial del astro	ρ_0	20

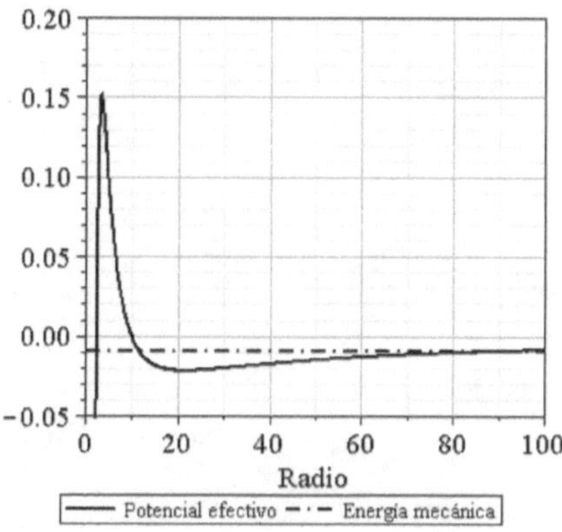

9.51. Curvas de potencial y de energía mecánica

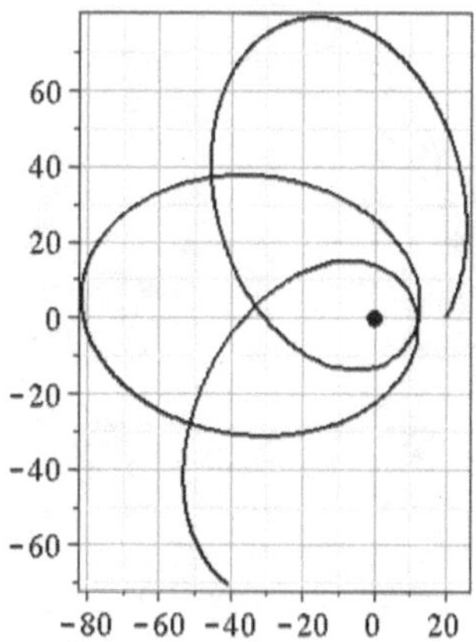

9.52. Trayectoria según la solución numérica

Caso 20

Sumario de parámetros destacados		
Momento cinético relativo	λ	10.0
Potencial efectivo máximo	$\upsilon_{ef\ máx}$	1.5236
Energía Mecánica	ε_m	-0.004
Excentricidad	ε	0.45
Coeficiente relativista	η	0.97
Posición inicial del astro	ρ_0	70

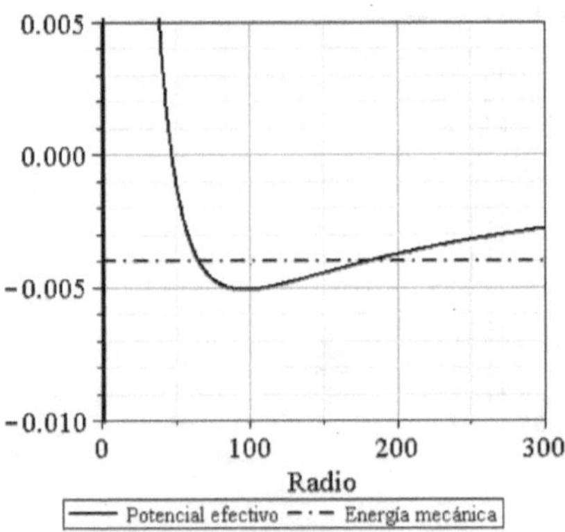

9.53. Curvas de potencial y de energía mecánica

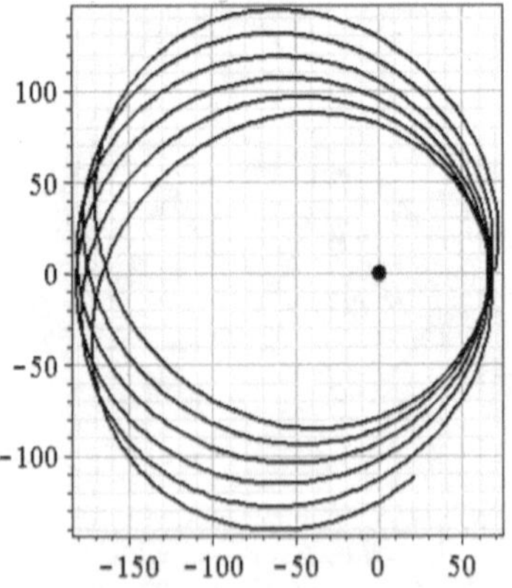

9.54. Trayectoria según la solución numérica

Caso 21

Sumario de parámetros destacados		
Momento cinético relativo	λ	10.0
Potencial efectivo máximo	$\upsilon_{ef\ máx}$	1.53
Energía Mecánica	ε_m	-0.0002
Excentricidad	ϵ	0.98
Coeficiente relativista	η	0.9695
Posición inicial del astro	ρ_0	1000

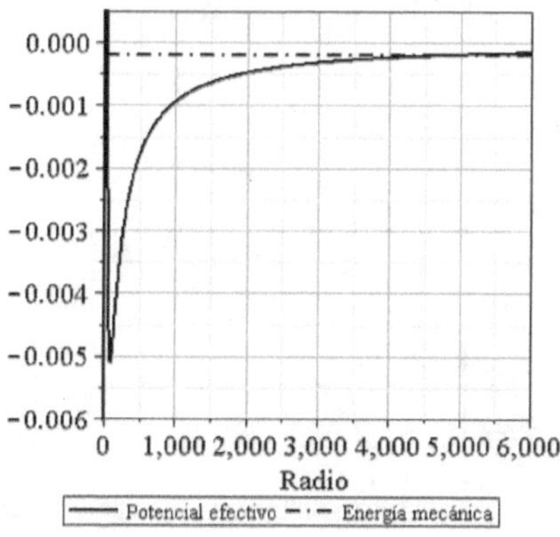

9.51. Curvas de potencial y de energía mecánica

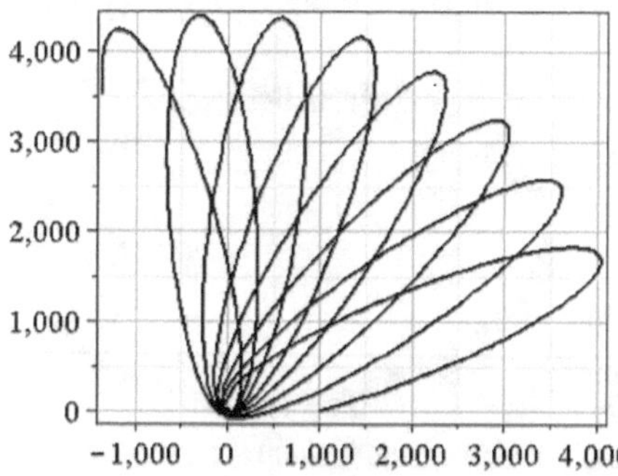

9.52. Trayectoria según la solución numérica

Caso 22

Sumario de parámetros destacados		
Momento cinético relativo	λ	30.0
Potencial efectivo máximo	$v_{ef\ máx}$	16.33
Energía Mecánica	ε_m	-0.0002
Excentricidad	ϵ	0.8
Coeficiente relativista	η	0.9967
Posición inicial del astro	ρ_0	1000

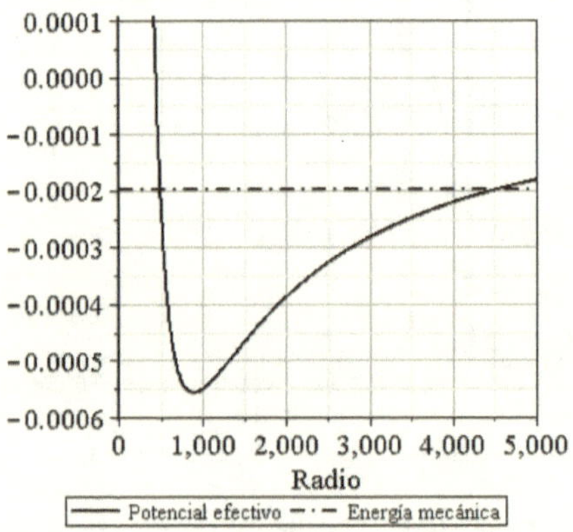

9.57. Curvas de potencial y de energía mecánica

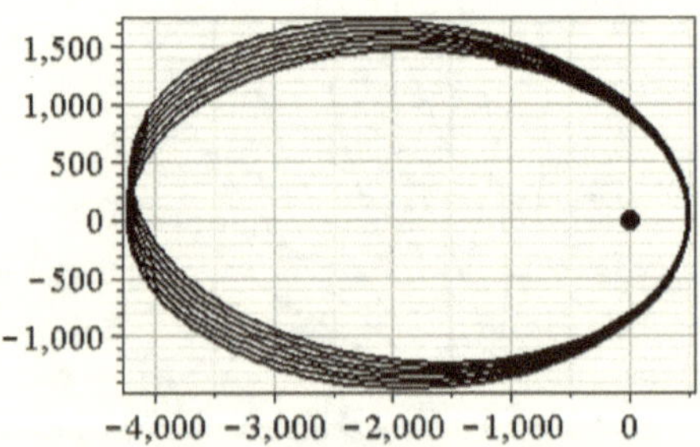

9.58. Trayectoria según la solución numérica

Caso 23

Sumario de parámetros destacados		
Momento cinético relativo	λ	30.0
Potencial efectivo máximo	$v_{ef\ máx}$	16.33
Energía Mecánica	ε_m	-0.0004
Excentricidad	ϵ	0.53
Coeficiente relativista	η	0.9966
Posición inicial del astro	ρ_0	1000

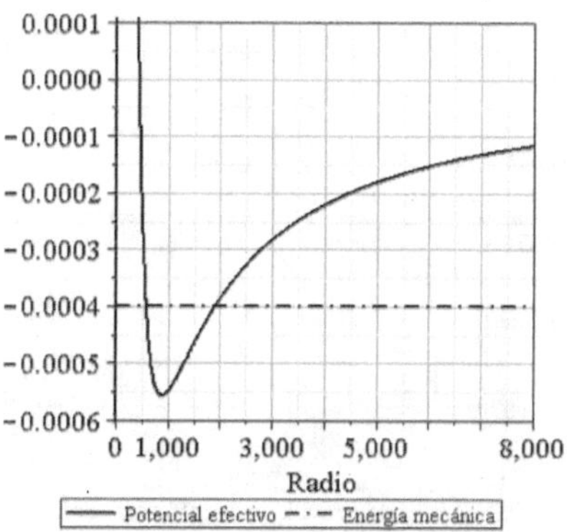

9.59. Curvas de potencial y de energía mecánica

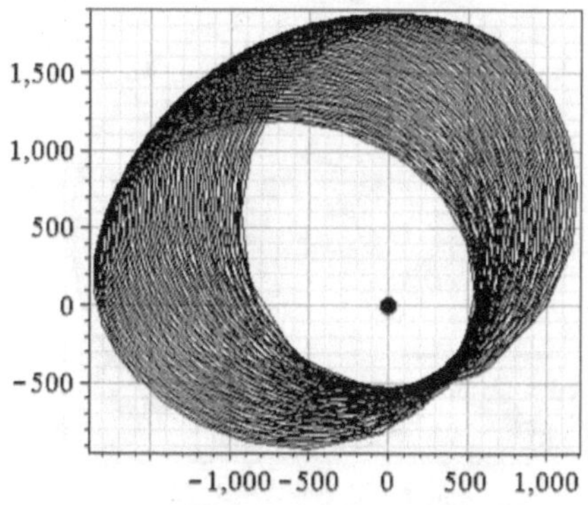

9.60. Trayectoria según la solución numérica

Caso 24

Sumario de parámetros destacados		
Momento cinético relativo	λ	$\sqrt{12}$
Potencial efectivo máximo	$\upsilon_{ef\ máx}$	-0.05556
Energía Mecánica	ε_m	-0.05556
Excentricidad	ϵ	0.576
Coeficiente relativista	η	0.707
Posición inicial del astro	ρ_0	6.00

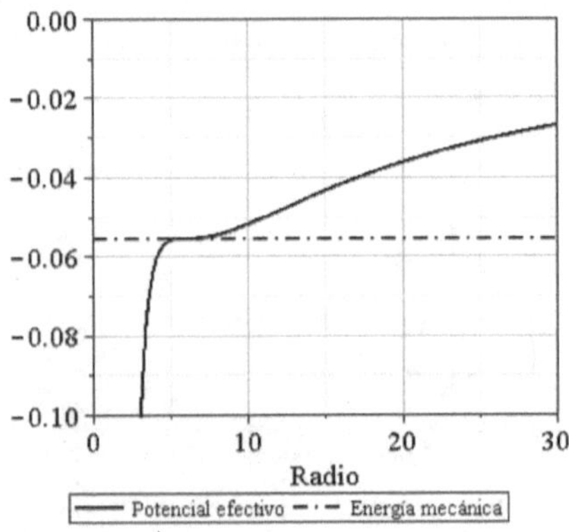

9.61. Curvas de potencial y de energía mecánica

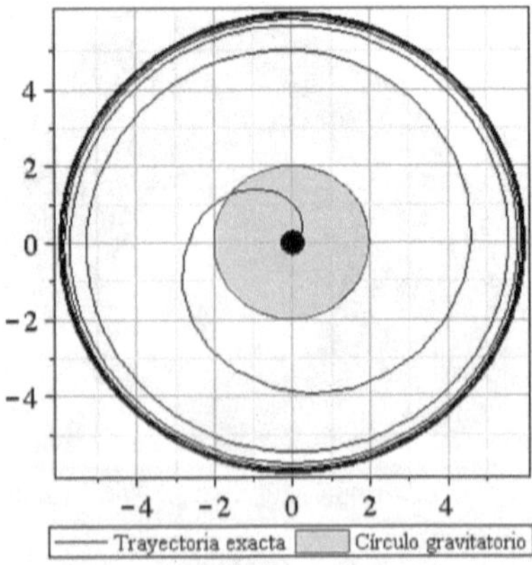

9.62. Trayectoria según la solución numérica

Caso 25

Sumario de parámetros destacados		
Momento cinético relativo	λ	10
Potencial efectivo máximo	$\upsilon_{ef\ máx}$	1.523
Energía Mecánica	ε_m	1.371
Excentricidad	ε	16.59
Coeficiente relativista	η	0.9695
Posición inicial del astro	ρ_0	3.856

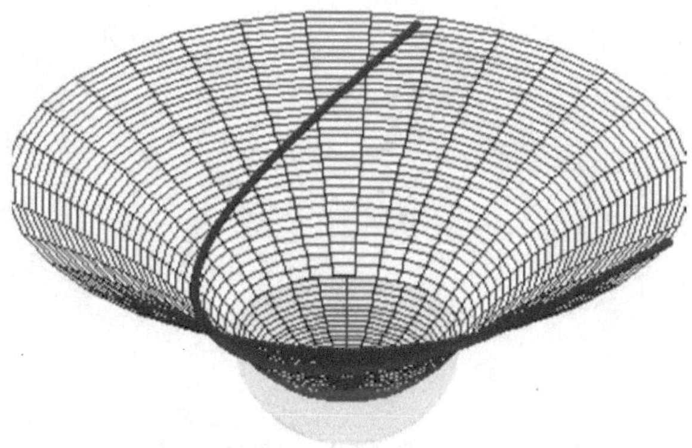

9.63. Trayectoria en el espacio-tiempo

Caso 26

Sumario de parámetros destacados		
Momento cinético relativo	λ	4
Potencial efectivo máximo	$\upsilon_{ef\ máx}$	0
Energía Mecánica	ε_m	-0.0259
Excentricidad	ϵ	0.413
Coeficiente relativista	η	0.791
Posición inicial del astro	ρ_0	20

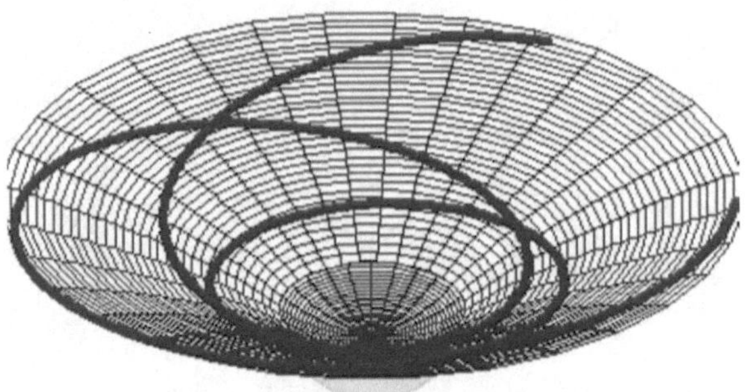

9.64. Trayectoria en el espacio-tiempo

Caso 27

Sumario de parámetros destacados		
Momento cinético relativo	λ	6
Potencial efectivo máximo	$\upsilon_{ef\ máx}$	0.348
Energía Mecánica	ε_m	-0.0074
Excentricidad	ϵ	0.684
Coeficiente relativista	η	0.9129
Posición inicial del astro	ρ_0	100

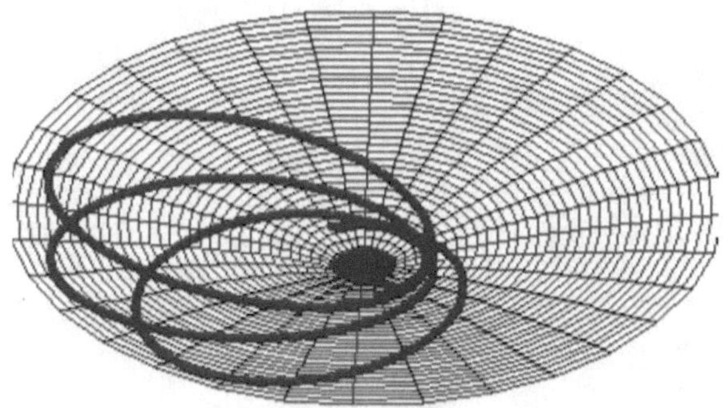

9.65. Trayectoria en el espacio-tiempo

Caso 28

Sumario de parámetros destacados		
Momento cinético relativo	λ	5
Potencial efectivo máximo	$v_{ef\ máx}$	0.152
Energía Mecánica	ε_m	2.93
Excentricidad	ε	2.93
Coeficiente relativista	η	0.872
Posición inicial del astro	ρ_0	3.486

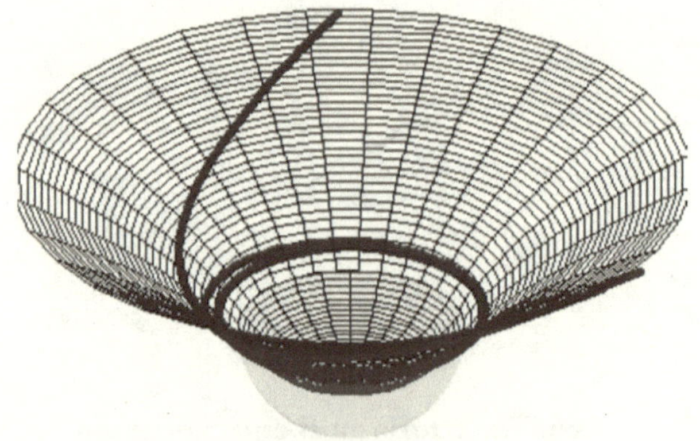

9.66. Trayectoria en el espacio-tiempo

Caso 29

Sumario de parámetros destacados		
Momento cinético relative	λ	4.5
Potencial efectivo máximo	$v_{ef\ máx}$	0.070
Energía Mecánica	ε_m	0.063
Excentricidad	ε	1.88
Coeficiente relativista	η	0.8389
Posición inicial del astro	ρ_0	4.616

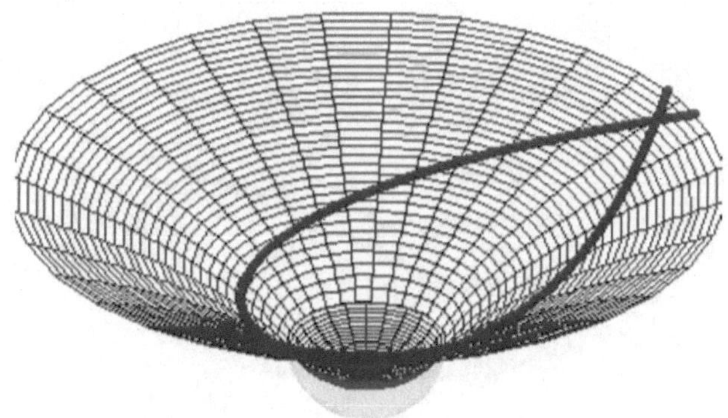

9.67. Trayectoria en el espacio-tiempo

Caso 30

Sumario de parámetros destacados		
Momento cinético relative	λ	5
Potencial efectivo máximo	$\upsilon_{ef\ máx}$	0.152
Energía Mecánica	ε_m	0.136
Excentricidad	ϵ	2.797
Coeficiente relativista	η	0.871
Posición inicial del astro	ρ_0	4.525

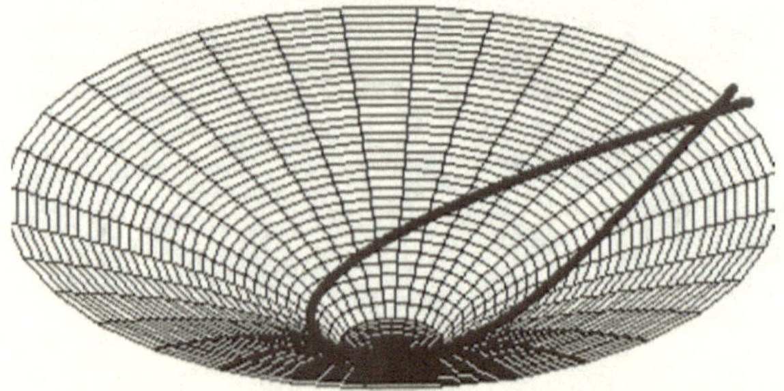

9.68. Trayectoria en el espacio-tiempo

7. Algo para recordar: las trayectorias gravitatorias y la fantasía cósmica

¿Cómo resumimos este capítulo? Masas . . . curvatura . . . movimiento de las masas . . . nuevamente la curvatura . . . nuevamente las masas . . . y así estos dos fenómenos se están realimentando mutuamente desde el comienzo de los tiempos. Y es la Física la que crea la Geometría del espacio-tiempo y es ésta la que dibuja las geodésicas y son éstas los caminos por donde transitan las masas. Este mecanismo, aún hoy poco conocido, es la esencia de lo que encierra el "código cósmico" del Universo, bajo la forma de las ecuaciones de campo de Einstein. ¿Porqué las masas curvan el espacio-tiempo? La respuesta no la podemos dar aquí pero debemos señalar que es en el campo de la gravedad cuántica donde probablemente se encuentre la explicación que buscamos. La teoría de cuerdas es hoy la más firme candidata a dar esta explicación, aunque probablemente venga de la mano de "otro código cósmico", en el que el espacio-tiempo estaría formado por diez u once dimensiones. Pero aún no hay evidencias de la validez de esta teoría. Más aún hay quienes no la consideran una teoría.

Hemos visto también como las trayectorias se "apoyan" sobre hipersuperficies imaginarias en cuatro dimensiones, que si bien no las podemos dibujar, si las podemos describir con el lenguaje de las matemáticas o visualizar en casos sencillos en gráficos 2D y 3D. Estos solos, a pesar de ser simplificaciones de la realidad, ya demuestran que los astros, en campos gravitatorios intensos, exhiben comportamientos asombrosos.

La curvatura de tales hipersuperficies es un fenómeno que se "amortigua" a medida que nos alejamos de la masa gravitatoria. Y es por eso que la lejanía de ésta hace que los fenómenos retornen a la Mecánica de Newton, donde tiempo y espacio no están curvados. En esa ciencia, las trayectorias son simplemente cualquiera de las curvas cónicas que conocemos desde los comienzos del pensamiento científico, allá entre el siglo III y II antes de Cristo. Fue en aquel entonces que el griego Apolonio de Perga las descubrió. Pero a medida que nos acercamos a la masa creadora del campo gravitatorio, comenzamos a advertir fenómenos que no responden a los que se manifiestan en un espacio-tiempo plano, ni se pueden producir por efecto de un esquema de fuerzas centrales.

Y si la masa gravitatoria es de muy alta densidad, es posible que su círculo gravitatorio se haga accesible para la circulación de astros. En esa región las curvaturas son tan intensas que los astros y partículas circulan formando verdaderos remolinos que llevan al centro de la masa gravitatoria. La luz, cuya energía hace que se comporte como una masa, no escapa a este fenómeno y también se arremolina alrededor de la masa gravitatoria. Más aún, una vez que está dentro del círculo gravitatorio ya no podrá escapar jamás de él, al igual que cualquier masa. Un radio-telescopio que muestre un halo tenue alrededor de una zona negra, nos dice que allí hay un agujero negro fagocitando radiaciones luminosas, a las que hace girar a su alrededor hasta hacerla entrar a su círculo gravitatorio, donde la hace desaparecer para siempre.

Sin necesidad de llegar a la extraña existencia de los agujeros negros, nos hemos asombrado también del colapso de las estrellas, que caen sobre sí mismas hasta llegar a ser un cuerpo compacto, de altísima densidad, cuyos vínculos inter-atómicos se han destruido. En este asombroso fenómeno una estrella con una masa de dos o tres veces la masa del Sol se contrae desde un diámetro de aproximadamente un millón de kilómetros, a solamente unos diez kilómetros en apenas unos pocos segundos. El resultado es una estrella formada solamente por neutrones y el fenómeno es único en el Universo. Los alrededores de este tipo de estrellas están también fuertemente curvados, aunque no llegan a absorber las masas y los rayos de luz como lo hace un agujero negro. Sin embargo, el comportamiento de los astros a su alrededor también difiere sustancialmente de las trayectorias que vemos en nuestro Sistema Solar.

Y así hemos llegado al final de un relato que ha unido la Física con la Geometría, la ciencia con la fantasía y las ecuaciones con el Cosmos, ese Cosmos que poco advertimos y cuya mayor parte no podemos ver en nuestra vida diaria. Pero este relato es apenas el principio. La Relatividad General y sus ecuaciones de campo, una maraña de ecuaciones en derivadas parciales, son un código del que apenas hemos develado una parte en este libro; que es aquélla que relaciona una masa gravitatoria con las geodésicas de los espacios curvados. También hemos descubierto que aquellas ecuaciones nos descubren "seres cósmicos" insospechados como los agujeros negros. Es por eso que nada nos impide decir que el Código Cósmico de Einstein y nuestro intelecto han actuado a manera de radio-telescopio, permitiéndonos "ver lo invisible y lo fantástico". Y si después de leer este libro, al menos un lector sigue enriqueciendo su intelecto y complaciendo su curiosidad sobre el Cosmos, podremos decir con alegría, poco disimulada, que las horas dedicadas a investigar y redactar este libro han valido la pena y ésta es la mejor moneda que hemos aspirado a recibir.

BIBLIOGRAFÍA

Principales obras consultadas para hacer la investigación expuesta en la Parte III y escribir este libro.

I. **Obras científicas de Albert Einstein**

a. The Principle of Relativity. H.A. Lorentz. A. Einstein. H. Minkowski. H. Weyl. Dover Publications. Colección de memorias originales sobre la Teoría Especial y General de la Relatividad que incluye, entre otros, los dos trabajos fundamentales de Einstein sobre la Relatividad y la conferencia de Minkowski sobre tiempo y espacio de 1908.:

   i. On the Electrodynamics of Moving Bodies. A. Einstein. Tradución de: "Zur Elektrodynamik bewegter Körper", Annalen der Physik,17, 1905.
   ii. The Foundation of the General Theory of Relativity. A. Einstein Tradución de: "Die Grundlage der allgemeinen Relativitätstheorie", Annalen der Physik, 49, 1916.
   iii. Space and time. H. Minkowski. Traducción de su conferencia en la 80 Assembly of German Natural Scientists and Physicians, en Colonia, Alemania, 21 of September de 1908

b. El Significado de la Relatividad. Conferencias en Princeton. 1921. Albert Einstein. Planeta Agostini.
c. Sobre la Teoría Especial y la Teoría General de la Relatividad. Albert Einstein. Planeta Agostini.
d. Relativity. The Special and the General Theory. Albert Einstein. Three Rivers Press.

e. Notas Autobiográficas. Albert Einstein. Alianza Bolsillo.
f. Einstein's 1912 Manuscript on the Special Theory of Relativity. George Braziller, Publishers in association with Edmond J. Safra Philantropic Foundation.

II. Obras científicas sobre Relatividad General y Gravedad

a. La Teoría de la Relatividad. Selección de L. Pearce Williams. Albert Einstein. Adolf Grünbaum. A.S. Eddington y otros. Alianza Universidad.
b. The Theory of Relativity. R. K. Pathria. 2nd. Edition. Dover Publications.
c. Theory of Relativity. W. Pauli. Dover Publications.
d. Tensors Relativity and Cosmology. Mirjana Dalarsson and Nils Dalarsson. Elsevier Academic Press.
e. Gravity. An introduction to Einstein's General Relativity. James B. Hartle. Adison Wesley.
f. Gravity from the ground up. Bernard Schutz. Cambridge University Press.
g. Exploring Black Holes. Introduction to General Relativity. Edwin F Taylor y John Archibald Wheeler. Addison Wesley Longman.
h. Gravitation. Charles Misner. Kip S. Thorne. John Archibald Wheeler. W. H. Freeman and Company.
i. Geometry, Relativity and the Fourth Dimension. Rudolf v. B. Rucker. Dover Publications.
j. Introducción a la Relatividad. Paul Langevin. Ediciones Leviatán.
k. The Riddle of Gravitation. Peter G. Bergmann. Dover Publications.
l. Einstein's Theory of Relativity. Max Born. Dover Publications.
m. El Señor es sutil. La ciencia y la vida de Albert Einstein. Abraham Pais. Ariel Methodos.
n. Introduction to Theory of Relativity. Peter Gabriel Bergmenn. Dover Publications.
o. Introduction to Tensor Calculus, Relativity and Cosmology. D. F. Lawden.
p. A Short Course in General Relativity. J. Foster. J. D. Nightingale. Springer.

q. Relativistic Orbits and Black Holes. Frank Wang. Universidad de Columbia. Aplicación de Maple a la solución de las ecuaciones diferenciales del movimiento en campos gravitatorios de Schwarzschild. 20 de Mayo de 2004.
r. Introduction to Relativistic Astrophysics and Cosmology through Maple. Vladimir L. Kalashinov. Belorussian Polytecchnical Academy.
s. Teoría Clásica de los Campos. Landau y Lifshitz. Volumen 2. Editorial Reverté S.A., 1987.
t. Lagrangian and Hamiltonian Mechanics. M. G. Calkin. Dalhousie University, Halifax. World Scientific.
u. Las Hipótesis de los Planetas. Ptolomeo. Alianza Editorial.
v. Space—Time Structure. Erwin Schrödinger. Cambridge University Press
w. The Meaning of Einstein's Equation. John C. Baez y Emory F. Bunny. Trabajo publicado en Internet. 4 de Enero de 2006.

III. **Obras científicas sobre la Teoría de la Relatividad Especial**

En la bibliografía anterior es frecuente encontrar también temas y desarrollos de la Relatividad Especial.

a. Introducción a la Teoría Especial de la Relatividad. Robert Resnick. Limusa.
b. Teoría Especial de la Relatividad. Electromagnetismo y Electrodinámica de los Cuerpos en Movimiento. Ernesto Galloni. Heraclio Ruival. Editorial Geminis.
c. La Teoría de la Relatividad al Alcance de la Enseñanza Media. Alfredo Plos. Librería de la Universidad.
d. Problemas de Teoría de Relatividad Especial de Einstein. Juan Kervor. Nueva Librería.
e. Compendium of Theoretical Physics. Armin Watcher y Henning Hoeber. Springer

IV. **Obras de divulgación**

a. The Story of Physics. Lloyd Motz y Jefferson Hane Weaver. Avon Books.
b. Gravedad. George Gamow. Eudeba.

c. God's equations. Einstein Relativity and the Expanding Universe. Amir D. Aczel. Four Walls Eight Windows.
d. Que es la Teoría de la Relatividad. L. Landau. Y. Rumer. Editorial MIR. Moscú.
e. La Teoría de la Relatividad de Einstein. Joseph Lehman. Editorial Leviatán.
f. Gravity's Arc. David Darling. Wiley.
g. El Mundo Relativista. V. Dubrovski. Ya. Smorodinski. E. Surkov. Editorial MIR. Moscú.
h. La Relatividad General (de la A a la B) Robert Geroch. Alianza Universidad.
i. Un Viaje por la Gravedad y el Espacio-Tiempo. John Archibald Wheeler. Alianza Editorial.
j. The Science of Islam. A History. Ehsan Masood. Icon Books.
k. Black Holes & Time Warps. Kip. S. Thorne. W. W Norton and Company. Copyright 1994 by Kip S. Thorne.
l. Cinco Ecuaciones que Cambiaron el Mundo. Michael Guillen. Editorial De Bolsillo.
m. Great Ideas in Physics. Alan Lightman. McGraw Hill.
n. The Elegant Universe. Brian Greene. Vintage Books.
o. Universe on a T Shirt. Dan Falk. Viking Canada.
p. Agujeros Negros y Pequeños Universos. Stephen Hawking. Planeta.
q. Kepler. Arthur Koestler. Editorial Salvat.
r. Our Cosmic Habitat. Martin Rees. Phoenix.

www.ingramcontent.com/pod-product-compliance
Lightning Source LLC
LaVergne TN
LVHW101938220826
846093LV00006B/45

* 9 7 8 1 4 5 3 5 7 2 7 5 7 *